Dr. Rainer Graumann

Welten ohne Zahl

Sind Religion und Wissenschaft vereinbar?

Autor

Dr. Rainer Graumann, geboren 1952 in Neumünster, Studium der Physik und Astronomie an der Universität Hamburg. Promotion in Elementarteilchenphysik am Deutschen Elektronensynchrotron (DESY) in Hamburg. 1982 Eintritt in die Siemens AG Bereich Medizintechnik. Leitender Mitarbeiter in der Grundlagenentwicklung für die medizinische Bildgebung. 2011 Erfinderpreis der Siemens AG. Von 2007 -2012 Gastdozent für medizinische Physik an der Technischen Universität München und von 2010 - 2015 Lehrbeauftragter für medizinische Physik an der Hochschule Furtwangen am Campus Tuttlingen. Dr. Graumann veröffentlichte mehr als 50 wissenschaftliche Publikationen und ist Gründungsmitglied der Deutschen Gesellschaft für Computer- und Roboterassistierte Chirurgie e.V. (CURAC).

Umschlag:

Welten ohne Zahl

Sind Religion und Wissenschaft vereinbar?

Dr. Rainer Graumann

Impressum

Bibliografische Information der Deutschen Nationalbibliothek: Die Deutsche Nationalbibliothek verzeichnet diese Publikation in der Deutschen Nationalbibliografie; detaillierte bibliografische Daten sind im Internet über http://dnb.dnb.de abrufbar.

Die automatisierte Analyse des Werkes, um daraus Informationen insbesondere über Muster, Trends und Korrelationen gemäß §44b UrhG („Text und Data Mining") zu gewinnen, ist untersagt.

1. Auflage erschien 2022 durch den Verlag LDSB&N GmbH, Freilassing, Deutschland

Verlag: BoD · Books on Demand GmbH, In de Tarpen 42,
22848 Norderstedt, bod@bod.de
Druck: Libri Plureos GmbH, Friedensallee 273, 22763 Hamburg

ISBN: 978-3-7693-5140-8

„Und Welten ohne Zahl habe ich erschaffen"

„Aber ich gebe dir nur von dieser Erde und ihren Bewohnern Bericht. Denn siehe, es gibt viele Welten, die durch das Wort meiner Macht vergangen sind. Und es gibt viele, die jetzt bestehen, und für die Menschen sind sie unzählbar."

Köstliche Perle: Mose 1: 33,35,40

Joseph Smith (Juni 1830)

Dieses Buch widme ich meiner Frau Regina und meinen Kindern Julian, Jared, Ina-Daniele, Andreas und Matthias, sowie allen Menschen auf ihrer Suche nach Wahrheit.

Inhaltsverzeichnis

Vorwort

Als Naturwissenschaftler und Mitglied der Kirche Jesu Christi der Heiligen der Letzten Tage wird mir häufig die Frage gestellt, ob Wissenschaft und Religion miteinander vereinbar sind. Diese Frage ist naturgemäß sehr schwer zu beantworten, da sich beide Bereiche scheinbar komplementären, also gegensätzlichen, aber sich trotzdem ergänzenden Fragestellungen zuwenden. Die Wissenschaft fragt nach dem Wie. Wie funktioniert die Natur, wie ist das Universum entstanden oder wie wirkt die Gravitation? Die Wissenschaft versucht die Natur durch Gesetzmäßigkeiten und Modelle zu beschreiben, sie beschreibt die Welt erklärt sie aber nicht. Sie kann die Frage nach dem Warum nicht beantworten, weil diese Frage nicht mit den Methoden und Verfahren der Wissenschaften beantwortbar ist. Die Religion hingegen widmet sich genau dieser Frage nach dem Warum und damit nach dem Sinn der sich hinter allem verbirgt. Warum gibt es das Universum, warum ist die Welt genauso wie sie ist oder warum hat Gott den Kosmos erschaffen? Wissenschaften und Religionen haben ihren eigenen Blick auf die Wirklichkeit und erleben Grenzen, die sich aus ihren Inhalten und Methoden ableiten lassen. Es ist wie der Blick aus zwei verschiedenen Fenstern auf die Wirklichkeit, das Fenster der Wissenschaft und das Fenster der Religion. Erst wenn man die Wirklichkeit aus beiden Fenstern betrachtet, beginnt man das große Ganze zu begreifen, denn letztlich müssen beide Fragen gemeinsam gestellt und beantwortet werden, um das große Ganze, die Schöpfung Gottes und damit den Sinn unseres Lebens erkennen zu können. Glaube und Wissenschaft sind keine Widersacher, sondern unterschiedliche Wege um gemeinsam die Wirklichkeit zu begreifen. Ergänzend kommt hinzu, dass die Naturwissenschaft eine sehr lebendige Disziplin ist, die sich fortwährend weiterentwickelt, falsche Sichtweisen überwindet und neue Erkenntnisse gewinnt. Während sich die Religion auf die ewig gültigen Wahrheiten aus göttlichen Offenbarungen beruft. Trotz dieser vermeintlichen Gegensätze werden sich wahre Religion und die Erkenntnisse der Wissenschaft zunehmend einander annähern, denn ein Widerspruch zwischen diesen beiden Bereichen kann nur auf einen Mangel an Erkenntnissen und Wissen beruhen. Direkt konfrontiert wurde ich mit dieser elementaren Fragestellung bereits vor über zwanzig Jahren, als ich erstmals John A. Widtsoes 1908 erschienenes Buch „Joseph Smith - Der Wissenschaft voraus" lesen konnte. Ein faszinierendes Buch, das religiöse Themen mit der wissenschaftlichen Ideenwelt Anfang des 20. Jahrhunderts in Übereinstimmung zu bringen versuchte.

Viele dieser Vergleiche haben bis heute ihre Gemeinsamkeiten behalten, während andere aufgrund fortschreitender wissenschaftlicher Erkenntnisse an Bedeutung verloren haben. Wie würde ein solcher Vergleich heute, etwa 110 Jahre später aussehen? Die religiösen Aussagen sind unverändert geblieben, wir lesen sie heute wie vor 110 Jahren in denselben Heiligen Schriften. Aber wo steht die Wissenschaft heute, was hat sich verändert? Wie sieht ein Vergleich heute aus und lassen sich größere Zusammenhänge erkennen, die vor 110 Jahren noch kaum sichtbar waren? Mit unseren Augen sehen wir nur einen winzig kleinen Ausschnitt der Wirklichkeit. Erst durch die wissenschaftlichen Erkenntnisse und die Offenbarungen Gottes erweitert sich unser Blickwinkel und wir fangen an, das Wesen der Natur in seiner Gesamtheit, Schönheit und Sinnhaftigkeit zu begreifen. Dieses Buch soll helfen, die Natur und damit auch die Größe und das Wesen der Schöpfung Gottes besser verstehen zu können.

Die Entwicklungen der Naturwissenschaften während der vergangenen 110 Jahre waren geradezu atemberaubend. Faszinierende neue Erkenntnisse aus den Bereichen des Allerkleinsten, also der Welt der Atome und Elementarteilchen, sowie des Allergrößten, das sich mit dem Aufbau und der Struktur des Universums befasst, erlauben uns heute tiefe Einblicke in das Wesen der Natur. Einfach erscheinende grundlegende Strukturen wie Raum und Zeit, in denen sich unser Leben abspielt, stellen sich uns heute im Licht der Wissenschaften völlig anders dar, als wir sie in unserer Lebensrealität wahrnehmen. Raum und Zeit sind weitaus komplexer als wir es uns jemals vorstellen können. Sie sind das Grundgerüst unserer Welt. Dieser Zuwachs an wissenschaftlichen Einsichten macht es nun aber möglich, die Gemeinsamkeiten von offenbarter Religion und wissenschaftlichen Erkenntnissen besser als jemals zuvor zu verstehen. Der Weg dorthin führt an die beeindruckenden Grenzen der heutigen Wissenschaften und damit auch an die Grenzen unseres Verständnisses. Denn auch die Wissenschaften erkennen zunehmend, dass es ernst zu nehmende Hinweise darauf gibt, dass unser Universum nicht aus reinem Zufall entstanden ist, sondern einem Zweck unterliegt. Deshalb begleitet uns auf diesem Weg der Erkenntnis auch die göttliche Inspiration, wie der Psalmist eindrucksvoll schreibt:

„Die Himmel erzählen die Herrlichkeit Gottes und das Firmament kündet das Werk seiner Hände"   *Psalm 19:2*

1.0. EINFÜHRUNG

Vor etwas mehr als 100 Jahren veröffentlichte John A. Widtsoe, ein großer Gelehrter und Apostel der Kirche Jesu Christi der Heiligen der Letzten Tage, ein wegweisendes und unter Gläubigen viel beachtetes Buch zum Thema Kirche und Wissenschaft, mit dem Titel:

„Joseph Smith as Scientist", 1908[1]

Als einer der ersten Autoren von kirchlicher Sekundärliteratur nach der Wiederherstellung der Kirche Jesu Christi der Heiligen der Letzten Tage im Jahr 1830 hat er versucht, wissenschaftlich relevante Offenbarungen in den Heiligen Schriften und diesbezügliche Aussagen des Propheten Joseph Smith den damals aktuellen wissenschaftlichen Erkenntnissen gegenüberzustellen und ihre Inhalte miteinander zu vergleichen. Es ist bemerkenswert, dass einige der Vergleiche auch heute noch ihre Gemeinsamkeit behalten haben, wohingegen andere nicht mehr dem aktuellen wissenschaftlichen Stand der Erkenntnis entsprechen. In einigen Fällen hat sich der wissenschaftliche Erkenntnisstand auch so erweitert, dass erst heute eine Übereinstimmung der Inhalte erkennbar ist.

Die Naturwissenschaften haben sich während der letzten 100 Jahre in einem geradezu atemberaubenden Tempo entwickelt und dabei viele neue Erkenntnisse gewonnen, die Anfang des 20. Jahrhunderts noch nicht einmal im Ansatz vorstellbar waren. Dies hat zwangsläufig dazu geführt, dass viele Aussagen in den Heiligen Schriften heute in einem völlig neuen Licht zu sehen sind. Beispielsweise lässt sich das fundamentale Wesen von Raum und Zeit, das grundlegend für unsere sterbliche Existenz auf unserer Erde ist, heute wesentlich besser verstehen und in einem größeren, auch religiösen Kontext einordnen.

Offenbarungen haben Ewigkeitswert, während sich wissenschaftliche Erkenntnisse weiterentwickeln und dabei auch manche Fehler hinter sich lassen. Die

---

[1] Deutsche Ausgabe: „Joseph Smith – der Wissenschaft voraus", 1998, LDS Books, Bad Reichenhall

wissenschaftlichen Einsichten verbessern sich Tag für Tag und nähern sich der Wahrheit, die wir in den Offenbarungen Gottes finden. Denn Wahrheit ist Kenntnis von Dingen wie sie waren, wie sie sind und wie sie sein werden (LuB 93:24). Oder wie es der Prophet Jakob im Buch Mormon ausdrückt: „Der Geist spricht die Wahrheit und lügt nicht. Darum spricht er von Dingen wie sie wirklich sind, und von Dingen, wie sie sein werden". (BM Jakob 4:13). Die Wahrheit ist nicht relativ, sie ist absolut und der Geist der Offenbarung spricht die Wahrheit, er verkündet uns die Dinge wie sie wirklich sind.

Vor mehr als 3.300 Jahren erschien Gott dem Propheten Mose um ihm zu verkünden, dass er eine überaus wichtige Arbeit zu verrichten habe. Er solle das Volk Israel nach 400 Jahren aus der ägyptischen Knechtschaft befreien. Aber er sprach mit Mose nicht nur über diese eine Aufgabe, sondern er vermittelte ihm auch den größeren Zusammenhang, in dem diese Aufgabe eingebettet war. Dadurch erlangte Mose ein Wissen, das unerreichbar über das hinausging, was der damaligen Bevölkerung bekannt war. Und es sollten einige Jahrtausende vergehen, bis dieses Wissen Einzug in die Wissenschaften halten und unseren Blick auf die Schöpfung für immer verändern sollte. Gott entrückte Mose auf einen überaus hohen Berg und ließ ihn eine der herrlichsten Erfahrungen machen, die ein Mensch in seiner Sterblichkeit erleben kann.

> *„Die Worte Gottes, die er zu Mose sprach zu einer Zeit, als Mose auf einen überaus hohen Berg entrückt wurde."* (KP: Mose 1:1)[2]

Er zeigte ihm das Werk seiner Hände, aber nicht alles, denn seine Werke sind wahrlich ohne Ende und für den Menschen in ihrer Fülle unbegreifbar.

> *„Und siehe, du bist mein Sohn; darum schaue, und ich werde dir das Werk meiner Hände zeigen; aber nicht alles, denn meine Werke sind ohne Ende wie auch meine Worte, denn sie hören nie auf."* (KP: Mose 1:4)

---

[2] Die Bücher der Heiligen Schriften werden in diesem Buch wie folgt abgekürzt: BM: Buch Mormon, L&B: Lehre und Bündnisse, KP: Köstliche Perle, NT: Das Neue Testament der Bibel, AT: Das Alte Testament der Bibel

Und Mose sah die Welt und ihre Enden sowie alle Menschenkinder, die es jetzt gibt, die es je gab und die jemals auf dieser Erde leben werden und darüber staunte er und wunderte sich sehr (KP: Mose 1:8). Und Mose fing an, die Grenzenlosigkeit und Ewigkeit von Gottes Schöpfung zu erahnen. Im Anblick dieser unvorstellbaren Macht und Größe fühlte sich Mose verständlicherweise klein und unbedeutend. Deshalb rief er aus:

„Nun weiss ich aus diesem Grunde, dass der Mensch nichts ist, und das hätte ich nie gedacht." (KP: Mose 1:10)

Doch die Wirklichkeit der Schöpfung wird dieser Aussage nicht gerecht, denn allein der Mensch steht im Mittelpunkt und das Universum wurde von Gott geschaffen, um jedem einzelnen Menschen den Weg zur Unsterblichkeit und zum ewigen Leben zu bereiten. Das grenzenlos erscheinende Universum ist daher nur ein Mittel zum Zweck, um dieses Ziel zu erreichen:

„Denn siehe, dies ist mein Werk und meine Herrlichkeit – die Unsterblichkeit und das ewige Leben des Menschen zustande zu bringen." (KP: Mose 1: 39)

Gott zeigte Mose nur einen sehr kleinen Teil seiner Schöpfung, aber schon dadurch erlangte Mose einen tiefen und unlöschbaren Eindruck über das Wesen der Unendlichkeit. Gott offenbarte Mose damals, dass er für seine Kinder Welten ohne Zahl erschaffen hat und dass viele davon bereits wieder vergangen sind, viele jetzt existieren und viele neu entstehen werden. Diese Offenbarung erhielt Mose sehr lange bevor die Menschheit im 20. und 21. Jahrhundert, durch wissenschaftliche Beobachtungen, Kenntnis von der unvorstellbar großen Anzahl von Sternen und Planeten und deren Vergänglichkeit erlangte:

„Und Welten ohne Zahl habe ich erschaffen." „Aber ich gebe dir nur von dieser Erde und ihren Einwohnern Bericht. Denn siehe, es gibt viele Welten, die durch das Wort meiner Macht vergangen sind. Und es gibt viele, die jetzt bestehen, und für die Menschen sind sie unzählbar."

„Und nun, Mose, mein Sohn, will ich zu dir über die Erde sprechen, auf der du stehst; und du sollst das, was ich sprechen werde, niederschreiben."
(KP: Mose 1: 33, 35, 40)

Aus diesen Schriftstellen geht noch etwas Wichtiges hervor, was unser Verständnis der Offenbarungen Gottes erweitert: Die Welten, von denen Gott hier spricht, sind Planeten wie unsere Erde in unserem Universum, erschaffen für die Kinder Gottes für die Phase ihrer Sterblichkeit. Nachdem er Mose die Fülle der Werke seiner Hände gezeigt hat, sprach Gott mit Mose nur noch über unsere Erde, der Welt auf der Mose lebte.

Mose hörte Gottes Worte und schrieb die Geschichte unserer Erde nieder. Teile dieser von Mose aufgeschriebenen Offenbarungen Gottes bilden den Anfang des Alten Testaments, wie wir sie heute sowohl in der Bibel als auch in einer vollständigeren Version in der Köstlichen Perle, im Buch Mose und im Buch Abraham, lesen können. Wir kennen diese Offenbarungen als Genesis, die von der Schöpfungsgeschichte bzw. von der Entstehung der Erde mit all ihren Pflanzen, Lebewesen und Menschen berichtet. Geschrieben in Worten und Bildern, die die Menschen vor 3300 Jahren verstehen konnten, lange bevor es den Begriff der Naturwissenschaften überhaupt gab und die Wissenschaftler anfingen viele Geheimnisse der Natur zu entschlüsseln. Es sind faszinierende Entdeckungen, deren komplexe Zusammenhänge und Verknüpfungen einen demütig und ehrfürchtig werden und die Größe Gottes nur im Ansatz erahnen lassen. Aber Gott hat die Menschen mit Fähigkeiten ausgestattet, die es ihnen erlauben das Wunder der Natur, ihrer Erschaffung und Entwicklung selbst zu enträtseln.

1820 wurde wieder eine Tür weit geöffnet, als Gott Vater und sein Sohn Jesus Christus dem jungen Joseph Smith erschienen und ihm mitteilten, dass auch er eine große Arbeit zu verrichten habe. Sie offenbarten Joseph Smith zusätzlich zur Bibel neue Heilige Schriften, die unsere theologischen Erkenntnisse auf eine höhere Stufe hoben und uns den Blick auf Gottes Wirklichkeit und den Plan der Erlösung in großer Klarheit öffneten. Dadurch erlangte Joseph Smith auch ein Wissen über die Natur, das weit über das hinausgeht, was der Bevölkerung im 19. Jahrhundert bekannt war. Joseph Smith war es somit nicht nur gegeben, wissenschaftliche Erkenntnisse vorwegzunehmen, er konnte bereits das große Ganze sehen und verstehen – in seiner ewigen Dimension.

Dieses Wissen konnte Joseph Smith nur durch Offenbarung von Gott zugänglich gemacht werden, zumal er weder über eine profunde Schulausbildung verfügte noch zum Wissenschaftler ausgebildet wurde. Dennoch verfügte er über Kenntnisse, die weit über die Lehrmeinungen der damaligen Wissenschaften hinausgingen und die teilweise erst Jahrzehnte später Eingang in die Naturwissenschaften gefunden haben. Nur Gott konnte ihm das offenbart haben. Dadurch ermöglichte es Gott den Menschen, sein Werk, seine Herrlichkeit und das Wesen von Schöpfung und Natur zu erkennen.

Joseph Smith war kein Wissenschaftler und dies war auch nicht seine Bestimmung. Er hatte eine weit wichtigere Aufgabe zu erfüllen. Aber Gottes Weisheit sah vor, dass sich in den Heiligen Schriften viele wissenschaftliche Wahrheiten verbergen, die sich erst langsam entschlüsseln lassen und die die enge Verbindung zwischen Wissenschaft und Religion offenbar werden lassen. Denn ohne Wissenschaft und ohne Religion würden wir nur sehr wenig über die Beziehung zwischen dem, was wir von der Welt wahrnehmen und dem, was die Welt wirklich ist, wissen.

Es ist sicherlich kein Zufall, dass sich parallel zur Wiederherstellung der Kirche Jesu Christi der Heiligen der Letzten Tage im Jahr 1830, auch langsam die Türen zu den modernen Wissenschaften zu öffnen begannen und den Menschen einen fantastischen Blick auf das Wesen der Natur ermöglichen. Und diese Tür öffnet sich jeden Tag ein Stückchen weiter, sodass uns die neuen wissenschaftlichen Erkenntnisse mehr und mehr in Staunen versetzen. Die auf diese Weise zutage tretenden Wahrheiten über die Natur lassen uns auch das Wirken Gottes besser verstehen.

Viele bedeutende und herausragende Wissenschaftler haben an dieser neuzeitlichen Wissenschaftsgeschichte mitgeschrieben. James Clerk Maxwell muss dabei hervorgehoben werden, er konnte ab Mitte des 19. Jahrhunderts bereits die gemeinsame Grundlage der elektrischen und magnetischen Phänomene entschlüsseln und damit auch die Basis für das Verständnis des physikalischen Lichts legen.

Dieses Verständnis wird uns später zu den Geheimnissen von Raum und Zeit und deren Verbindungen zum Wirken Gottes führen.

Bemerkenswert ist, dass die Wissenschaft heute dort ihre Fortsetzung findet, wo die menschliche Vorstellungskraft an ihre Grenzen stößt: So zum Beispiel im Reich des Allerkleinsten, wo die komplexen Gesetze der Quantenphysik gelten. Aber auch im Reich des Größten, wo die Gesetze der Gravitation die Strukturen des Universums und damit auch die der Galaxien und Galaxienhaufen festlegen. Mit den großen Teleskopen blicken wir heute zurück bis fast an den Anfang von Raum und Zeit und erkennen dabei zunehmend die großen Zusammenhänge, die letztlich zur Entwicklung unseres Universums geführt haben. Auf diese Weise bietet sich für uns ein schwer durchschaubares, ja geradezu abstraktes Bild einer Welt, deren Herrlichkeit und Vollkommenheit sich im Zusammenspiel all dieser Gesetzmäßigkeiten aber doch erahnen lässt.

Ein zweifelsfreier Höhepunkt der wissenschaftlichen Erkenntnisse sind die Arbeiten Albert Einsteins. Seine spezielle und seine allgemeine Relativitätstheorie offenbaren uns ein völlig anderes Wesen von Raum und Zeit, als wir es in unserer Lebensumgebung wahrnehmen. Albert Einstein erhob das Licht zum Herrscher über Raum und Zeit. Aber diese Wahrheit ist so weit entfernt von unserem menschlichen Verständnis, dass wir sie zwar physikalisch nachvollziehen, aber inhaltlich kaum vollständig begreifen können. Doch das Wesen von Raum und Zeit, sowie die Eigenschaften des Lichts erweisen sich geradezu als der Schlüssel, wenn es darum geht, die Bedeutung der Ewigkeit und der Unendlichkeit zu verstehen. Auch bilden sie eine Basis, um viele Aussagen in den Heiligen Schriften besser begreifen zu können. Der seit sehr langer Zeit bestehende scheinbare Widerspruch zwischen der Entscheidungsfreiheit des Menschen und dem offensichtlichen Vorherwissen Gottes findet darin seine Aufklärung. Demnach ist es möglich, dass vor Gott einerseits alles gegenwärtig ist, die Vergangenheit, die Gegenwart und die Zukunft, er also alles von Anfang an kennt, dass aber trotzdem die elementare Entscheidungsfreiheit des einzelnen Menschen bestehen bleibt.

Die Entstehung des Universums in seinem allerersten Stadium ist dem Blick des Menschen nicht zugänglich und wird es wahrscheinlich ohne Offenbarung auch niemals sein. Zu extrem und zu außergewöhnlich waren deren Begleitumstände.

Doch die nachfolgende Entwicklung des Universums bis heute entfaltet sich auf faszinierende Weise vor dem menschlichen Auge. Eine Entwicklung, die auch heute noch andauert und die – wenn wir uns einer aufmerksamen Wahrnehmung nicht verschließen - uns ehrfürchtig werden lässt. Aus den ewig vorhandenen Elementen Energie und Licht hat sich alles nach strengen Gesetzmäßigkeiten entwickelt, die den Lauf des Universums in seinen Grundzügen bestimmen. Dieser Umstand bildete die Voraussetzungen dafür, dass die unbelebte Natur entstehen und die belebte Natur, die Tiere, die Pflanzen und letztlich auch der Mensch auf diesem Planeten existieren und sich entfalten konnten. Auf diese Weise wurde alles vorbereitet, sodass Gott Adam und Eva, die ersten Menschen, auf die Erde bringen konnte.

Dass diese Vorbereitung höchste Kenntnisse erforderlich machte, ist gut nachvollziehbar. Denn in den zahlreichen Naturgesetzen, die das Verhalten der Materie und die Entwicklung des Universums beschreiben, finden sich unter anderem viele Naturkonstanten[3], die sich grundsätzlich nicht aus physikalischen Theorien ableiten lassen. Ihre Werte sind von der Natur, also von Gott vorgegeben und sind von allergrößter Wichtigkeit. Denn sie bestimmen die Größe der Kräfte und der Wechselwirkungen im Universum und legen damit die Struktur und das Verhalten des Kosmos fest. Hätte nur eine dieser vielen Naturkonstanten einen minimal abweichenden Wert gehabt, würde es das Universum und die Erde in der uns bekannten Form, aber auch uns selbst als irdische Wesen, nicht geben. Das Wunder der Schöpfung offenbart sich gewissermaßen in der Fähigkeit Gottes, die Voraussetzungen zu schaffen und die Dinge so zu steuern und zu bewahren, dass ein Universum mit darin enthaltenen Sonnen und Planeten entstehen konnte, das geeignet ist, die Menschen in ihrem sterblichen Zustand auf Welten ohne Zahl zu beherbergen. Das Universum wurde extrem lebensfreundlich erschaffen. Dies bezieht sich natürlich nicht auf alle Orte in unserem Universum, denn die weitaus meisten von ihnen sind tatsächlich außerordentlich lebensfeindlich und nur ein winziger Bruchteil ist geeignet um Leben nicht nur hervorzubringen, sondern auch zu beherbergen. Aber damit dieser winzige Bruchteil von lebensfreundlichen

---

[3] Eine Naturkonstante ist eine physikalische Größe die sich nicht aus physikalischen Theorien ableiten lässt, sondern gemessen werden muss. Sie gilt im ganzen Universum und zu jedem Zeitpunkt.

Umgebungen wie unsere Erde, entstehen und existieren kann, sind all die anderen lebensfeindlichen Bereiche existentiell wichtig. Denn nur im Zusammenspiel aller Kräfte können sich die kleinen Inseln des Lebens entwickeln.

Offenbarte Wahrheiten in den Heiligen Schriften bleiben immer richtig und gültig. Sie sind heute genauso wahr, wie sie es auch morgen sein werden. Währenddessen unterliegen unsere naturwissenschaftlichen Erkenntnisse einem stetigen Wandel. Eine naturwissenschaftliche Theorie besteht daher immer aus einem Modell. Dieses soll die der Theorie zugrundeliegenden Zusammenhänge besser wahrnehmbar und damit auch leichter verständlich machen. Wie das Wort Theorie ausdrückt, handelt es sich um eine Annahme, gestützt auf unsere subjektiven Beobachtungen und objektiven experimentellen Erfahrungen. Wir müssen uns allerdings immer vor Augen führen, dass eine Theorie nur in unserer Vorstellung existiert und keine eigene Wirklichkeit besitzt. Es gilt deshalb immer den praktischen Nachweis zu erbringen, dass die mit Hilfe des Modells aufgebaute Theorie letztlich auch real umsetzbar ist.

Eine Theorie kann dann als gut bezeichnet werden, wenn sie drei Voraussetzungen erfüllt:

    a) Sie muss eine große Anzahl von naturwissenschaftlichen Beobachtungen auf Grundlage des Modells beschreiben.

    b) Sie muss bestimmte Voraussagen über die Ergebnisse künftiger Beobachtungen ermöglichen.

    c) Sie darf nicht im Widerspruch zu bekannten Beobachtungen stehen.

Die Naturwissenschaften erheben keinen Anspruch auf absolute Wahrheit, aber sie nähern sich der Wirklichkeit immer mehr an. Eine physikalische Theorie ist demnach immer vorläufig. Sie ist eine Hypothese, die sich nicht beweisen lässt. Sie lässt sich aber durch wissenschaftliche Beobachtungen und Experimente verifizieren. Durch neue Experimente, durch Beobachtungen, oder allein durch Nachdenken können sich unsere Erkenntnisse über das Wesen der Natur erweitern. Dadurch nähern wir uns der Wahrheit immer weiter an. Wissenschaft und Religion kommen sich auf diese Weise immer näher. Scheinbare Widersprüche lösen sich zunehmend auf.

2015 hat der heutige Präsident und Prophet der Kirche Jesu Christi der Heiligen der Letzten Tage, Russel M. Nelson, bei der Einweihung des „Life Science Buildings" der Brigham-Young-Universität (BYU) in Provo, Utah, den bemerkenswerten Satz gesagt:

"Es gibt keinen Konflikt zwischen Wissenschaft und Religion. Ein Konflikt entsteht nur dann, wenn unsere Kenntnis der Wissenschaft, der Religion oder von beidem lückenhaft ist. Ob Wahrheit nun in einem wissenschaftlichen Labor gefunden wird oder durch Offenbarung von Gott kommt – sie ist mit dem anderen vereinbar."

Der Mensch verfügt heute auch über Wissen, dass jenseits der Erkenntnisse der Wissenschaft liegt. Ebenso hat die Wissenschaft nicht den Anspruch und die Möglichkeiten, alles beschreiben zu können. Es scheint eine Wirklichkeit zu existieren, die weder durch die Wissenschaften noch durch die Religionen allein beschrieben werden kann. Religion und Wissenschaft müssen daher aufeinander bezogen werden, um die Wirklichkeit oder die Wahrheit der Schöpfung gemeinsam beschreiben zu können. Diese Aussage hat Präsident Russel M. Nelson in einer Ansprache im Oktober 2022 bestätigt:

„Die Kirche umfasst alle Wahrheiten, unabhängig davon, ob sie in einem wissenschaftlichen Laboratorium gelernt oder durch direkte Offenbarung von ihm (Anm. Gott) empfangen wurde." (Ansprache Generalkonferenz Okt. 2022, Russel M. Nelson)

Dieses Prinzip der Wahrheitsfindung hat Tradition an der Brigham-Young-Universität (BYU). Schon John A. Widtsoe, erster Professor der Naturwissenschaften an der BYU, hat die Verbindung zwischen Wissenschaft und Religion hervorgehoben. Für ihn war Wissenschaft und Religion untrennbar miteinander verbunden, wenn auch mit dem wissenschaftlichen Bild des späten 19. Jahrhunderts.

Wissenschaft und Religion ergänzen sich bei der Suche nach Wahrheit. Und zunehmend erkennen wir, dass in den Heiligen Schriften Wahrheiten enthalten sind, die uns das Wesen der Natur besser verstehen lassen. Wahrheiten, die im Licht der modernen Naturwissenschaften in einem neuen Glanz erstrahlen. Letztlich kommt alle Wahrheit aus derselben Quelle, nämlich von Gott. Deswegen führen uns die modernen Naturwissenschaften hin zu Gott und nicht von ihm fort. Sie sind deshalb niemals eine Bedrohung für unseren Glauben, sondern helfen uns die Schöpfung in all ihrer Vielfalt und Sinnhaftigkeit zu verstehen.

Glaube und Wissenschaften widersprechen sich nicht, dies lässt sich an ihrem Umgang mit den Naturgesetzen veranschaulichen. Die Wissenschaften identifizieren die Regelmäßigkeiten in der Natur und formulieren daraus die Gesetzmäßigkeiten. Sie erachten die Naturgesetze als gegeben ohne Möglichkeit etwas über ihren Ursprung oder tiefere Bedeutung zu erfahren. Die Wissenschaften versuchen die Gesetzmäßigkeiten der Wirklichkeit zu beschreiben, sie erklären sie nicht. Der Glaube hingegen erblickt in den Naturgesetzen die Handschrift des Schöpfers, der die Schöpfung mitsamt ihrer Ordnung für einen höheren Zweck ins Leben gerufen hat.

Das Studium der Wissenschaften ist die langsame und stetige Entdeckung von ewigen Wahrheiten. Gerade wenn wir die tiefgründigen Inhalte der Astronomie studieren, entdecken wir bereits einen Teil der Werke Gottes. Auch wenn wir noch weit davon entfernt sind, Gottes Schöpfung als Ganzes zu verstehen, so nähern wir uns doch kontinuierlich der Wahrheit an, weil unser Vater im Himmel uns die Weisheit zukommen lässt, seine Werke Schritt für Schritt zu verstehen und sie durch Offenbarung zu erkennen. Das Wesen der Weisheit hat Gott schon König Salomo zugänglich gemacht. Im Buch der Weisheit lesen wir:

„Sie (Anmerkung: Die Weisheit) ist ein Hauch der Kraft Gottes und reiner Ausfluss der Herrlichkeit des Allherrschers." (AT: Buch der Weisheit 7:25)

Wenn man in einer dunklen Nacht die Sterne beobachtet, dann erschließt sich einem eine neue Wirklichkeit, dann fühlt man sich klein und groß zugleich. Klein, weil wir auf der Erde erkennen, wie winzig wir im Angesicht des gigantischen Universums sind, und groß, weil wir ein Teil von Gottes Schöpfung sind und er alles für uns und damit auch für mich, einem buchstäblichen Kind von ihm, erschaffen hat und dann können wir manchmal den Hauch der Kraft Gottes zu verspüren.

So sind auch unsere heutigen Erkenntnisse über Raum und Zeit entstanden. Und was dabei so faszinierend ist: Die Aussagen in den Heiligen Schriften zu diesem Thema stimmen mit jenen der aktuellen Wissenschaften vielfach überein. In diesem Buch wird der heutige wissenschaftliche Erkenntnisstand mit den Aussagen der Heiligen Schriften verglichen und damit sichtbar gemacht, dass eine Übereinstimmung oft gegeben ist. Damit erstrahlen für den Leser beide, die Heiligen Schriften und die Wissenschaften, in einem neuen, sich gegenseitig erhellenden Licht. Denn beide gemeinsam geben Zeugnis von der Schöpfung Gottes, wie es auch in der folgenden Schriftstelle eindrucksvoll ausgedrückt wird:

„Denn alles gibt Zeugnis von mir." (KP: Mose 6:63)

Die gesamte Schöpfung, jeder einzelne Stern, jede Galaxie, jeder Planet, ja das gesamte Universum gibt Zeugnis von Gott. Denn gerade die Kombination beider Aussagen, jener in den Heiligen Schriften und jener der Wissenschaften, verschaffen uns ein Bild von Gottes Werk und Herrlichkeit, aber auch von der von ihm geschaffenen Natur unseres Planeten, eingebettet in ein unermesslich großes Universum - ein Wissensschatz, wie er sonst niemandem zugänglich ist. Und wenn wir die Schöpfung Gottes betrachten, dann spüren wir in uns einen Hauch der Ewigkeit, der alles Vergängliche überstrahlt. Dann können wir nur mit dem Psalmisten ausrufen „Wie groß bist Du".

Uns ist bewusst, dass das zeitliche Zusammentreffen von offenbarten Wahrheiten nach 1830 auf der einen Seite und die erstaunliche Zunahme an weltlichem Wissen nach 1800 auf der anderen Seite nicht auf Zufall beruht. Denn uns sind Offenbarungen Gottes zugänglich, in denen er genau das anspricht, nämlich dass er uns die Geheimnisse des Universums eröffnen wird. Dies geht aus der am 20. März 1839 an den Propheten Joseph Smith gerichteten Offenbarung deutlich hervor:

„Alle Throne und Herrschaften, Gewalten und Mächte werden offenbart und all denen anheimgegeben werden, die um des Evangeliums Jesu Christi

willen tapfer ausgeharrt haben. Und auch, welcherlei Grenzen den Himmeln oder den Meeren oder dem trockenen Land oder der Sonne, dem Mond oder den Sternen gesetzt sind – alle ihre Umlaufzeiten, alle bestimmten Tage, Monate und Jahre und alle Tage ihrer Tage, Monate und Jahre sowie ihre Herrlichkeiten, Gesetze und festgesetzten Zeiten, werden in den Tagen der Evangeliumszeit der Fülle der Zeiten offenbart werden." (L&B 121: 29-31)

Schon etwas früher, am 16. Dezember 1833, teilte der Herr dem Propheten Joseph Smith mit, dass er zu gegebenem Zeitpunkt die noch verborgenen Wahrheiten vollständig offenbaren wird:

„Ja, wahrlich, ich sage euch: An jenem Tag, da der Herr kommt, wird er alles offenbaren – das, was verborgen ist, was niemand gewusst hat, das, was die Erde betrifft, wodurch sie gemacht ist, und ihren Zweck und ihr Ende – höchst kostbares, das, was unten ist, das, was in der Erde ist und auf der Erde und im Himmel ist." (L&B 101:32-34)

Dieser Tag scheint mit der Wiederherstellung des Evangeliums angebrochen zu sein. Denn es ist unübersehbar, dass Gott den Menschen die Gesetze der Natur in dieser Evangeliumszeit Stück für Stück offenbart. So wie wir Evangeliumswahrheiten bereits verstehen können, noch bevor wir ihre Auswirkungen im Leben real wahrnehmen, besteht auch der Kern wissenschaftlicher Arbeit aus der Fähigkeit, manchmal Wahrheiten zu verstehen, bevor sie beobachtet werden können. Dies lässt darauf schließen, dass auch der Erkenntnisgewinn der weltlichen Wissenschaft auf Offenbarungen Gottes beruhen kann. Das erleben wir Tag für Tag, wenn wir mitverfolgen, wie den Menschen durch die intensiv und zielgerichtet arbeitende Wissenschaft Erkenntnis um Erkenntnis gegeben wird. Mehr noch, wenn wir uns die Werke der Schöpfung mit Vernunft und klarem Sinn vor Augen führen, erkennen wir bereits die für uns unsichtbare Wirklichkeit Gottes. Unser Schöpfer offenbart sich bewusst in den Werken seiner Schöpfung und er möchte, dass wir sie auch mit unserem Verstand begreifen. Diese grundlegenden Wahrheiten hat auch schon der Apostel Paulus erkannt und in einem Brief an die Gemeinde in Rom niedergeschrieben.

„Seit Erschaffung der Welt wird nämlich seine unsichtbare Wirklichkeit an den Werken der Schöpfung mit der Vernunft wahrgenommen, seine ewige Macht und Gottheit." (NT: Römerbrief 1:20)

Der Apostel Paulus hat hier etwas ganz bemerkenswertes ausgedrückt. Er beantwortet implizit die Frage, warum der Mensch die Natur erforschen soll. Es geht nicht nur um einen Erkenntnisgewinn oder die technische Nutzbarkeit der Ergebnisse. Es geht vielmehr darum Gottes Wirklichkeit an den Werken seiner Schöpfung mit unserer Vernunft wahrnehmen können. Gott hat die Menschen mit der Fähigkeit ausgestattet, seine Wirklichkeit durch die wissenschaftliche Erforschung seiner Schöpfung zu erkennen. Dies ist eine ganz besondere Aussage, sagt sie doch nicht nur aus, dass der Mensch die Schöpfung Gottes mit seinem Verstand begreifen kann, sondern er nennt auch den Grund dazu: wir sollen dadurch die Wirklichkeit Gottes erkennen. Die Wissenschaft ist demnach eine Methode zur Erkenntnis unseres Gottes, die wir in der Wirkungsweise und in den Gesetzen der Natur wiederfinden. Eine Fähigkeit, die letztlich auf Intuition und Offenbarung beruht. Ähnlich, aber etwas poetischer hat es auch Papst Benedikt XVI ausgedrückt:

„Gott erleuchtet in seiner Güte unsere Vernunft und öffnet uns dadurch unermessliche und unendliche Horizonte, die zur Entdeckung der Wahrheit und der Wirklichkeit seiner Schöpfung führen". „Glaube und Vernunft sind wie die beiden Flügel, mit denen sich der menschliche Geist zur Betrachtung der Wahrheit erhebt."

Ein Ziel dieses Buches ist es, die Werke der Schöpfung zu erkennen und die großen Zusammenhänge zwischen offenbarter Religion und aktuellen wissenschaftlichen Erkenntnissen darzustellen. Dabei ist es zwangsläufig so, dass wissenschaftliche Ergebnisse kaum im Detail wiedergegeben werden können. Dies würde weit über den Rahmen dieses Buches hinausgehen und manchmal sogar den Blick auf das Wesentliche versperren. Trotzdem sollten die wichtigsten Punkte der wissenschaftlichen Erkenntnisse so beschrieben werden, dass sie ohne spezielle Vorkenntnisse nachvollzogen werden können und auf diese Weise deren Zusammenhänge mit der Religion und den daraus entspringenden Wahrheiten klar erkenn- und verstehbar sind.

Bevor wir uns nun dem spannenden Geflecht aus Wissenschaft, also dem Bemühen des Menschen, sich Wissen zu erarbeiten, und aus dem offenbarten Wissen, das uns aus den Heiligen Schriften zur Verfügung steht, zuwenden, braucht es eine klare und eindeutige Begriffsbestimmung. Dies unter anderem deshalb, weil in den Heiligen Schriften Begriffe wie Erde, Welt, Welten, Himmel und Universum oft in verschiedenen Zusammenhängen, unterschiedliche Bedeutungen haben können. Ein Überblick über die in diesem Buch verwendeten Begriffe und ihre Bedeutung findet sich im Anhang 2. Zusätzlich werden die Bedeutungen einiger in diesem Buch häufig verwendeter Ausdrücke aus der Astronomie im Anhang 3 kurz erklärt und zusammengefasst. Um einen schnellen Vergleich des aktuellen Stands der Wissenschaft auf der einen Seite und den jeweils dazu passenden Aussagen in den Heiligen Schriften auf der anderen Seite vornehmen zu können, ist im Anhang 1 eine Tabelle mit einer Gegenüberstellung der Aussagen abgedruckt.

2.0. JOSEPH SMITH: LEBENSUMSTÄNDE UND WELTLICHE AUSBILDUNG

Von Erwin Roth und Rainer Graumann

In den von Joseph Smith übersetzten und niedergeschriebenen Heiligen Schriften finden sich viele bedeutende Aussagen zu relevanten wissenschaftlichen Themen, die weit über Joseph Smiths Kenntnisstand hinausgingen. Zwangsläufig stellt sich die Frage, wie Joseph Smith die Kenntnis erlangte, solche Wahrheiten niederschreiben und auch erklären zu können? Hier einige der vielen Aussagen von Joseph Smith:

"Es gibt Welten ohne Zahl."

"Es gibt keine Schöpfung aus dem Nichts."

"Materie und Energie kann nicht erschaffen werden, sie ist unzerstörbar und ewig."

"Die Zeit ist nur den Menschen gegeben."

Wenn man die Lebensumstände sowie das familiäre und kulturelle Umfeld von Joseph Smith kennt, wird einem schnell klar, dass der Ursprung seines Wissens nicht auf menschlicher Gelehrsamkeit, sondern nur auf göttlicher Offenbarung beruhen musste.

Joseph Smith wurde am 23. Dezember 1805 in Sharon, Windsor County, USA, geboren. Bei seiner Geburt waren sein Vater Joseph Smith sen., 34 Jahre, und seine Mutter Lucy Mack Smith, 29 Jahre alt. Joseph war das vierte von insgesamt neun Kindern. Ihren Lebensunterhalt erwirtschaftete sich die Familie mit der mühsamen und manchmal wenig ertragreichen Landwirtschaft. Technische Hilfsmittel gab es kaum und so musste fast alles mit der sehr beschwerlichen und ermüdenden Handarbeit verrichtet werden, wobei die größeren Kinder schon vollständig in die Arbeit mit eingebunden werden mussten. Landbesitz war für die armen Siedler kaum zu erwerben und so arbeiteten sie häufig auf Basis von Pachtverträgen.

Missernten, Krankheiten, erhöhte Pachtgebühren oder sogar gekündigte Pachtverträge, nachdem das Land urbar gemacht worden war, waren an der Tagesordnung und so musste auch die mittellose Familie Smith häufig umziehen. Immer weiter in Richtung Westen bis fast an die Grenze der damaligen USA, dort wo das Land noch billig war, weil es brach lag.

Bis Joseph Smith 14 Jahre alt war, verlor seine Familie häufig ihren Besitz und musste insgesamt sieben Mal umziehen. Neben der schweren körperlichen Arbeit beeinträchtigten oft auch schwere Krankheiten das Leben. Im Alter von sieben Jahren erkrankte Joseph Smith sehr schwer an Typhus. Sein Bein war von der Krankheit so schwer betroffen, dass es beinahe amputiert werden musste. Aber er überlebte eine lebensgefährliche Operation, die sein Bein rettete. In der Folge musste er drei Jahre lang die meiste Zeit entweder im Bett verbringen oder mühsam auf Krücken humpeln. Als Joseph elf Jahre alt war, ging die anstrengende Reise gen Westen weiter. Joseph Smith und seine Familie zogen nach Palmyra im US-Bundesstaat New York (Anmerkung: Bundesstaat und Stadt tragen den gleichen Namen - New York). Palmyra war 1816 ein kleiner Ort mit etwa 3.000 Einwohnern am Rande des damaligen Staatsgebietes der USA, etwa 500 Kilometer von New York City entfernt. Der Ort wurde erst 1789 gegründet. Das Gebiet nahe dem Lake Ontario war in den frühen 1800er Jahren der unerschlossene "Wilde Westen". Land war reichlich vorhanden und wartete darauf, urbar gemacht zu werden. Befestigte Straßen gab es dagegen kaum. Reisen waren mühsam und zeitaufwendig. Damals grenzte die USA im Westen noch an ein zu Frankreich gehörendes riesiges Gebiet, das aber fast ausschließlich aus Wildnis bestand. 1803 kauften die USA von Frankreich dieses zwei Millionen Quadratkilometer große Land für 15 Mio. US-Dollar. Der sogenannte "Louisiana Purchase" verdoppelte das Gebiet der damaligen USA. Von Louisiana im Süden, über Arkansas, Missouri, Iowa und Minnesota im Norden und bis nach Montana, Wyoming und Colorado im Westen, gingen über Nacht riesige Landflächen an die USA. Die Ureinwohner Amerikas verloren dadurch fast alle ihrer angestammten Gebiete und viele wurden aus ihren Besitzungen vertrieben.

Um das Grenzland und die damalige Situation um Palmyra etwas besser zu charakterisieren sei erwähnt, dass nur wenige hundert Kilometer von Palmyra entfernt, 1813 die bedeutende Schlacht von Thames, auch die Schlacht von

Moraviantown genannt, stattfand. Häuptling Tecumseh hat die größte jemals vereinte Streitmacht an Ureinwohnern befehligt, um ihr ursprüngliches Territorium gegen die zunehmend nach Westen ziehenden Siedler zu verteidigen. Der große Häuptling Tecumseh fiel und damit war auch die Niederlage der Ureinwohner Nordamerikas besiegelt. Und mit ihr die bis dahin gültige Ordnung des Landes. Die Entwicklung war nicht mehr aufzuhalten und gewaltige Umbrüche veränderten das Land. In diesen Umständen kam Familie Smith mit dem elfjährigen Joseph im Jahr 1816 mit praktisch nichts in Palmyra an. Bereit, an diesen Veränderungen teilzunehmen und sogar ein aktiver Teil dieser Wandlung zu sein.

Joseph Smith humpelte zwar leicht, aber er war nach seiner Krankheit so weit wiederhergestellt, dass er am neuen Wohnort mit seinem Vater und seinen älteren Brüdern zusammenarbeiten konnte um Land zu roden und dadurch landwirtschaftliche Nutzfläche zu gewinnen. Mit Äxten, Schaufeln und Harken wurde das Land Quadratmeter für Quadratmeter mühsam nutzbar gemacht. Beispielsweise musste jeder Wurzelstock von Hand ausgegraben werden. Diese Rodungs-Arbeiten waren ungeheuer mühsam, schwer und sehr zeitaufwendig.

In den ersten beiden Jahren nach ihrer Ankunft in Palmyra lebte die Familie in einer kleinen gemieteten Wohnung. Erst danach begannen "die Smith Männer" mit der Errichtung eines kleinen Holzhauses mit drei Schlafzimmern. Die Söhne der Familie arbeiteten auch als Tagelöhner bei umliegenden Bauern. Sie waren als Arbeitskräfte sehr begehrt, denn sie waren fleißig, stark und beharrlich. Sie halfen bei der Ernte, gruben Brunnen und arbeiteten am Bau eines schiffbaren Kanals zwischen dem Erie See und dem Hudson River, den der Staat New York errichten ließ. Mit den Einnahmen halfen alle mit, den Unterhalt der Familie zu sichern. Ein Bauer, Joseph Knight aus Colesville, New York, sagte über Joseph Smith: "Joseph Smith jun. war der beste Tagelöhner, den ich je beschäftigt habe." Schon mit 14 Jahren arbeitete er vollwertig mit und fällte selbstständig Bäume. In einem Jahr rodete Joseph Smith sen. mit seinen Söhnen zehn Hektar Land (100.000 m^2) und machte es landwirtschaftlich nutzbar. Das war eine gewaltige körperliche Herausforderung. Da blieb für eine solide Schulbildung kaum Platz. Die Versorgung der Familie hatte absoluten Vorrang.

Der Bau des Erie-Kanals wurde 1817 von den Behörden beschlossen. Joseph Smith jun. und seine Brüder haben sich als Arbeiter für den Bau des schiffbaren Kanals verdingt, um dringendst benötigtes Geld zu verdienen. 1822 war der Kanal bis Palmyra schiffbar. Ganz in der Nähe von Palmyra stand die Blockhütte der Familie Smith und der Hain, den Vater Smith mit seinen Söhnen urbar gemacht hat. Joseph wuchs dort auf. Er war elf Jahre alt, als sich seine Familie 1816 dort ansiedelte und lebte dort von seinem 12. bis zum 20. Lebensjahr.

In der Zeit vom 7. bis zum 14. Lebensjahr besuchte Joseph Smith jun. nur sehr unregelmäßig den Schulunterricht. Es gab auch keine Schulpflicht, zu wichtig war die landwirtschaftliche Arbeit zur Unterstützung der Familie. Nach schwerer Arbeit und langen Tagen auf den Feldern und bei der Rodung unterrichtete Vater Joseph, ein ausgebildeter Lehrer, am Abend seine Kinder in Lesen, Schreiben und den Grundrechenarten, um ihnen wenigstens die Basis einer Schulbildung zu vermitteln. An einen weiterführenden Unterricht war überhaupt nicht zu denken.

Bis auf die Bibel las Joseph Smith jun. in diesen Jahren kaum Bücher, die Familie besaß auch wenig andere Bücher und der Kauf von weiteren Büchern war wegen der immerwährenden finanziellen Herausforderungen ausgeschlossen. Der Kauf einer Bibel für 3,75 Dollar beim Buchladen E.B. Grandis in Palmyra war ein so außergewöhnliches Ereignis für die Familie Smith, dass Joseph auch lange danach noch davon berichtete. Aber diese Bibel sollte sein Leben für immer verändern.

Im Alter von etwa zwanzig Jahren nahm Joseph als Tagelöhner einen Job bei Familie Stowell in Harmony, Pennsylvania, an. Während dieser Zeit lernte er Emma Hale kennen und lieben. Etwa zwei Jahre später heirateten sie am 18. Januar 1827. Joseph war bei seiner Heirat 22 Jahre alt. Er war ein Landarbeiter, Tagelöhner und Hilfsarbeiter und ohne eine nennenswerte Schulbildung, aber vielleicht gerade deshalb war er dafür vorgesehen, die Wunder der Ewigkeit zu erkennen und zu lehren.

Das waren die Umstände, in denen Joseph Smith jun. lebte und ab 1820 auch ewige Wahrheiten lehrte. Viele Jahre später sagte Joseph Smith jun. über die schulischen Möglichkeiten in seiner Jugend:

"Regelmäßiger Schulbesuch war für mich keine Option. Ich lernte eben geradeso lesen, schreiben und die Grundrechenarten..."

Rückblickend auf diese Jahre bekräftigte auch seine Mutter:

"Joseph war ein Kind, das nie gerne gelesen hat. Er war nie in einer Bücherei. Er hatte keine Bücher zu Hause..."

Emma, seine Frau, die Joseph besser kannte als irgendjemand sonst, schrieb 1828 über Josephs weltliche Bildung:

"Joseph Smith konnte nicht schreiben, konnte keinen zusammenhängenden Satz und keinen wortgewandten Brief diktieren..."
(Zitiert in "Ein Plädoyer für das Buch Mormon", Tad R. Callister, Latter-Day Saints BOOKS&NEWS Freilassing, 2021, Seite 43)

Dieser junge Mann, Joseph Smith jun., stellte im Jahr 1820 einige der damaligen theologischen Behauptungen auf den Kopf:

"Gott Vater und sein Sohn Jesus Christus haben einen Körper, sie sind getrennte Wesen, sichtbar wie der Körper eines Menschen."

Joseph war erst 14, als er das proklamierte. Er konnte es sagen, weil er Gott Vater und seinen Sohn Jesus Christus buchstäblich gesehen und mit ihnen gesprochen hat. Er musste sich deshalb gegen alle theologischen Lehrmeinungen seiner Zeit stellen.

In den nachfolgenden Jahren hat er noch viele Offenbarungen erhalten, die die Schöpfungen Gottes betreffen. Und ohne dass Joseph jemals den Anspruch auf wissenschaftliches Wissen erhoben hat, sind viele dieser Aussagen doch von großer wissenschaftlicher Bedeutung.

„Alle Elemente sind ewig." (L&B 93:33)

Obwohl hier nicht die heute bekannten chemischen Elemente gemeint sind, weist diese Aussage doch darauf hin, dass auch die Schöpfung unseres Universums auf ewiger Materie und Energie beruht. Materie und Energie haben demzufolge ewigen Bestand und können weder erzeugt noch vernichtet werden. Sie unterliegen ebenso ewigen Gesetzen, allerdings mit unterschiedlichen Ausprägungen, je nachdem ob die Materie in einem endlichen und vergänglichen Universum oder in der Ewigkeit vorkommt. Ähnlich wie Wasser, das je nach Temperatur als gefrorenes Eis, flüssiges Wasser oder gasförmige Substanz auftritt. Da Materie und Energie ewig sind und daher nicht erschaffen werden können, ist auch die Lehre von der Schöpfung aus dem Nichts gegenstandslos. Eine Annahme, die auch heute noch von vielen Wissenschaftlern, (christlichen) Kirchen und Religionsgemeinschaften irrtümlich vertreten wird.

Anfang des 19. Jahrhunderts, als unser Universum für die Menschheit noch ein sehr überschaubarer Ort war, der aus den Himmelskörpern unseres Sonnensystems, etlichen Sternen unserer Milchstraße und einigen verschwommenen „Nebeln" bestand, schrieb Joseph Smith jun. die folgenden Wahrheiten, die Gott ihm offenbart hat:

> *„Und Welten ohne Zahl habe ich erschaffen." „Denn siehe, es gibt viele Welten, die durch mein Wort vergangen sind. Und es gibt viele, die jetzt bestehen, und unzählbar sind sie für den Menschen." „Und wäre es möglich, dass der Mensch die Teilchen der Erde zählen könnte, ja Millionen Erden gleich dieser, so wäre es noch nicht einmal der Anfang der Zahl seiner Schöpfungen."*

Es sollten weit über 100 Jahre vergehen bis die beobachtende Astronomie anfing Kenntnis von diesen Welten zu erlangen. Doch ein ungebildeter junger Mann namens Joseph Smith jun. sprach bereits in den 1830er Jahren von "Welten ohne Zahl."

Dies widersprach jeder wissenschaftlichen Erkenntnis und Lehre der 1830er Jahre. Erst sehr viel später erkannten die Wissenschaftler Schritt für Schritt die Wahrheit, die in diesen Aussagen steckt. Und heute, 2022, kann die Wissenschaft in den Tiefen des Raumes Milliarden und Abermilliarden Sterne in unserem

Universum beobachten, berechnen und abbilden. Wir sehen tausende von Planeten in anderen Sonnensystemen und wissen bereits, dass es Milliarden Planeten allein in unserer Galaxis, der Milchstraße, gibt.

Das faszinierende Hubble Teleskop, ein nach dem amerikanischen Astronomen Edwin Hubble benanntes Weltraumteleskop, liefert seit über 30 Jahren unglaubliche und detaillierte Bilder von Galaxien, galaktischen Nebeln und anderen Himmelskörpern und hat damit das Wissen über den Weltraum, über seine Struktur, seinen Anfang und seine Entwicklung auf eine neue Stufe gehoben. Es wurde für die Menschheit wie ein offenes Fenster zum Universum, dass uns viele Geheimnisse des Universums offenbart hat. Mit dem Hubble Teleskop sehen die Astronomen heute bis fast an den Anfang von Raum und Zeit und haben damit unser Verständnis vom Universum für immer verändert. Und das ist erst der Anfang. 2022 erreichte das derzeit modernste Weltraumteleskop, das "James Webb Space Telescope (JWST)", seine endgültige Position im All ein und nahm im Juli 2022 seinen Betrieb auf. Schon in den ersten zwei Jahren seines Betriebs revolutionierte das JWST unseren Blick auf das ganz frühe Universum. Es entdeckte Galaxien, die bereits etwa 300 Mio. Jahre nach dem Beginn von Raum und Zeit entstanden sind und damit viel früher als erwartet. Dies war eine Entdeckung, die unseren Blick auf die Anfangszeit des Universums für immer verändert hat.

Untrennbar von dem Wissen über den Weltraum hat Joseph Smith jun. auch fundamentale Aussagen über eine uns scheinbar wohlbekannte Größe gemacht: die Zeit. Sie besitzt offensichtlich im Reich Gottes eine vollständig andere Bedeutung als hier in unserem zeitlichen Universum:

> *„Zeit ist nur den Menschen gegeben. Für Gott gibt es keine Zeit, so wie wir sie kennen und erleben. Für Gott ist alles gegenwärtig: die Vergangenheit, die Gegenwart und die Zukunft."*

Sehr ähnlich, wenn auch unter anderen Voraussetzungen, formulierte Albert Einstein diese Wahrheit kurz vor seinem Tod im Jahre 1955 in einem Brief an einen Freund:

„Für uns gläubige Physiker hat die Scheidung zwischen Vergangenheit, Gegenwart und Zukunft nur die Bedeutung einer, wenn auch hartnäckigen Illusion."

Die zitierten Formulierungen aus der ersten Hälfte des 19. Jahrhunderts stammen von einem jungen Mann, der nach Aussage seiner Frau Emma ein ungebildeter und unwissender Mensch war. Der kaum einen verständlichen Brief schreiben konnte und der seinen Lebensunterhalt als Tagelöhner und Landarbeiter verdiente. Dieser ungebildete Landarbeiter erklärte, dass für Gott alles gegenwärtig ist und dass die Zeit für ihn nicht existiert.

Es stellt sich jetzt für uns die folgende Frage: „Woher nahm Joseph Smith jun. seine wissenschaftlich höchst relevanten Erkenntnisse, die in vielen Büchern niedergeschrieben wurden?"

Auf diese Frage lässt sich eine Antwort finden, vorausgesetzt man ist ernsthaft bestrebt, sie zu erlangen. Die Aussagen von Joseph Smith jun. wurden ab 1830 auf mehr als 1.500 Buchseiten veröffentlicht. Sie sind real. Man kann sie nachlesen, studieren, analysieren und vergleichend bewerten. Seit fast 200 Jahren. Sie vermitteln ewige Wahrheiten.

Alles im Reich Gottes unterliegt ewigen Gesetzen, es gibt dort keine Willkür und keinen Zufall. Gottes Reich ist ein Reich der Ordnung, einer Ordnung, die ewigen Bestand und Gültigkeit hat. Sie ist die Grundlage des Erlösungsplans und der Herrschaft Gottes. Aber die Natur unseres zeitlichen Universums unterliegt nicht nur strengen Gesetzmäßigkeiten, sondern auch dem Zufall, bzw. dem Spiel der Wahrscheinlichkeiten, die letztlich aber auch nur eine Eigenschaft der Materie sind. Gemeinsam legen die Gesetze und der Zufall, bzw. die Wahrscheinlichkeit das Verhalten und die Entwicklung der Materie im Großen wie im Kleinen fest. Hinter den Gesetzmäßigkeiten der Natur steht deshalb eine Notwendigkeit, die eine zielgerichtete Entwicklung der Natur erst möglich macht, denn nichts kann sich dem Gesetz entziehen. Trotzdem ist es buchstäblich ein Wunder, dass die Welt mathematisch und physikalisch auf eine unglaublich präzise Art beschreibbar und deshalb für den Menschen in Ansätzen begreifbar ist. Insbesondere ist es verblüffend, dass die auf dem menschlichen Geist beruhende Mathematik ein überaus präzises Hilfsmittels zur Beschreibung der Natur darstellt. Für viele Wissenschaftler ist deshalb die Mathematik keine reine Erfindung des menschlichen Geistes, sondern sie ist bereits in den Gesetzmäßigkeiten der Natur angelegt. Die Mathematik wäre in diesem Fall kein Hilfsmittel zur Erforschung der Natur, sondern ein wesentlicher Bestandteil der Natur selbst. Das würde auch erklären, warum die Mathematik so unglaublich effizient ist im Verstehen der Naturvorgänge. Es scheint fast so, als ob die Natur in der Sprache der Mathematik geschrieben ist. Aber auch die Gesetzmäßigkeiten der Natur sind nicht unabhängig voneinander, sondern sie basieren auf nur wenigen Grundprinzipen, die es zu entschlüsseln gilt. Eine der grundlegendsten und weitreichendsten Prinzipien der Natur ist die Symmetrie, auf die im Kapitel 4 näher eingegangen wird.

Nur aufgrund der Gesetzmäßigkeiten konnte sich das Universum mit all seinen Galaxien, Sternen und Planeten so entwickeln, wie es im Plan Gottes vorgesehen ist. Die Aufgabe der Wissenschaft ist es, diese Gesetzmäßigkeiten und damit das Wesen der Natur zu entschlüsseln. Denn wenn wir verstehen wollen, wie sich etwas in der Vergangenheit entwickelt hat und wie es sich in der Zukunft verhalten wird, dann müssen wir die Gesetze kennen, die die Natur regieren. Es geht dabei nicht nur darum, uns die Natur nutzbar zu machen, sondern weit mehr darum, das Wesen der Natur und damit Gottes Schöpfung zu begreifen.

Der Autor und Apostel der Kirche Jesu Christi der Heiligen der Letzten Tage, John A. Widtsoe, streicht in seinem 1908 erschienen Werk „Joseph Smith as Scientist" heraus, dass schon Joseph Smith die Bedeutung von Gesetzen und Ordnung sowohl in der Natur als auch im Reich Gottes vollständig verstanden hat. Demnach unterliegt die Natur und ihre Entwicklung den innewohnenden Gesetzen und niemals der Willkür.

John A. Widtsoe schreibt zu diesem Thema:

„In der Beschreibung der Naturgesetze bringt somit der Mensch auf die einfachste und verständlichste Weise seine Erkenntnis bestimmter Gruppierungen natürlicher Phänomene zum Ausdruck. Die Gesetze der Natur sind von Menschen aufgestellt; somit sind sie dem Wandel entsprechend dem Wachsen der Erkenntnis unterworfen. Sie kommen, oder sollten dies wenigstens, in diesem Wandel dem perfekten Gesetz immer näher. Moderne Wissenschaft baut auf der Annahme auf, dass der Zusammenhang von Ursache und Wirkung unveränderlich ist und dass diese Wechselwirkungen zu den großen natürlichen Gesetzen zusammengefasst werden können, zu Naturgesetzen, die die Art und Weise, in welcher sich die Kräfte des Universums kundtun, zum Ausdruck bringen." (John A. Widtsoe, „Joseph Smith - Der Wissenschaft voraus', S. 37/38, 1990)

Es ist sehr beeindruckend, wie John A. Widtsoe auch Platons (428–348 v. Chr.) Höhlengleichnis[4] zur Charakterisierung unseres Verständnisses von der Natur verwendet. Es ist heute genauso aktuell wie vor 100 Jahren, obgleich sich mittlerweile das Verständnis von der Natur und ihrer Gesetze um ein Vielfaches vergrößert hat. Aber so wie Platon in seinem Höhlengleichnis beschreibt, dass die Menschen nur die Schatten der wirklichen Dinge wahrnehmen, so verwenden wir auch heute nur Bilder, Formeln und Gesetze, um die Natur zu beschreiben. Das Wesen der Natur selbst bleibt uns verborgen. In den Naturwissenschaften verwenden wir Begriffe wie Raum, Zeit, Energie, Materie, Felder, Kräfte und vieles mehr. Diese Begriffe

---

[4] Platon, Der Staat, siebtes Buch, etwa 370 v. Chr., Reclam Verlag

dienen uns dazu, ein Verständnis von der Natur und ihren Eigenschaften zu entwickeln. Auch dienen sie dazu die vielfältigsten technischen und physikalischen Berechnungen anzustellen, sodass sich das Geschehen in der Natur und in der Technik mathematisch beschreiben und damit auch vorhersagen lässt. Wir dringen bis in die tiefsten Tiefen der Erkenntnis vor, wir berechnen hochpräzise die Bahnen der Himmelskörper und der künstlichen Satelliten und treffen Voraussagen über ihr zukünftiges Verhalten. Doch das tatsächliche Wesen dieser Dinge, die sich in ihnen und dahinter verbergen, erkennen wir kaum. Die physikalischen Eigenschaften von Raum, Zeit, Licht und Energie erschließen sich uns zwar immer mehr, von einem allumfassenden Verständnis dieser Strukturen sind wir jedoch noch weit entfernt. Unsere begrenzte natürliche Auffassungsgabe, die wir aufgrund unserer Lebensumgebung und der dafür angepassten Sinne, wie das Sehen, Hören und Fühlen und damit verbunden auch unsere Sprache, besitzen, bildet wohl eine natürliche Barriere, die wir in diesem Dasein nicht oder nur sehr eingeschränkt überwinden können.

Trotz der großen Fortschritte im Erkenntnisgewinn der Naturwissenschaften müssen wir jedoch anerkennen, dass unsere Beschreibung der Naturgesetze wohl immer vorläufig bleiben muss, da sie stets in den Grenzen gesehen werden muss, die die Natur uns setzt. Wir werden uns deshalb dem Wesen der Natur immer weiter annähern können, es ohne Offenbarung aber wohl niemals ganz verstehen können.

Das vielleicht wichtigste Gesetz, das der Natur zugrunde liegt, ist das fundamentale Prinzip von Ursache und Wirkung. Dieses Prinzip kennen wir auch unter dem Begriff „Kausalität" und es wird uns durch das gesamte Buch begleiten. Die Kausalität steht bei allen wissenschaftlichen Forschungen und Betrachtungen im Mittelpunkt. Jeder Ursache folgt eine Wirkung und umgekehrt liegt jeder Wirkung eine Ursache zugrunde. Ist die Ursache bekannt, lässt sich auch auf die Wirkung schließen, sofern uns die hierfür relevanten Gesetzmäßigkeiten bekannt sind. Dadurch begründet sich auch die Vorhersagbarkeit und Berechenbarkeit von „kausalen" Geschehnissen, die in den Gesetzen niedergelegt sind. Umgekehrt lässt eine Vorhersage einen Blick auf die Ursache zu und damit auch auf die Vergangenheit. Da die Wirkung immer der Ursache folgt und es niemals umgekehrt sein kann, gibt das Prinzip der Kausalität eine eindeutige Zeitrichtung vor. Kausalität bedeutet, dass der kausale Aspekt der Zukunft aus der Vergangenheit ableitbar ist. Die

Kausalität ist damit notwendig für die Entwicklung von Leben. Somit ist Kausalität nicht nur die Grundlage für jedes physikalische Gesetz, sondern sie ist auch eng verknüpft mit den Eigenschaften und dem Wesen der Zeit.

Diese Gedankengänge führen uns direkt zu Albert Einstein. Denn eine seiner wichtigsten Entdeckungen war ein Naturgesetz, das er als „Konstanz der Lichtgeschwindigkeit" bezeichnete. Dieses Gesetz besagt, dass sich in unserem Universum nichts schneller als das Licht bewegen kann. Es gilt als eines der fundamentalsten und weitreichendsten Erkenntnisse der Physik des 20. Jahrhunderts. Albert Einstein erkannte sehr schnell die weitreichende Bedeutung dieser „Konstanz der Lichtgeschwindigkeit" und welche Relevanz sie bezüglich der Eigenschaften von Raum und Zeit hat.

Licht bewegt sich mit etwa 300.000 km in der Sekunde und tatsächlich kann sich nichts in unserem Universum schneller bewegen. Diese Beschränkung gilt für alle Bewegungen im Raum des Universums. Nur der Raum selbst, das Universum, kann sich mit dem Vielfachen der Lichtgeschwindigkeit ausdehnen, ohne das Gesetz der Konstanz der Lichtgeschwindigkeit zu verletzen. Diese Konstanz der Lichtgeschwindigkeit hat eindrucksvolle Konsequenzen für das Wesen der Natur und des Universums, auf das in späteren Kapiteln näher eingegangen wird. Die außerordentlichen Eigenschaften des Lichts werden uns ständig in diesem Buch begegnen und sie werden uns helfen, die Wahrheit über Raum, Zeit und Ewigkeit zu verstehen. Nicht ohne Grund wird das Licht in den Heiligen Schriften auch als das Gesetz bezeichnet (L&B 88:13). Die unbelebte Natur in unserem gesamten Universum unterliegt strengen Gesetzmäßigkeiten, die ihr Verhalten und ihre Erscheinungsformen festlegt. Willkür ist dabei ausgeschlossen, ebenso ein Abweichen von den vorgegebenen Strukturen und Abläufen.

Anders verhält es sich mit den Gesetzen und Geboten, die Gott seinen Kindern mit auf die Reise durch die Sterblichkeit gibt. Jedes seiner Kinder genießt die volle und unbegrenzte Freiheit, sich für oder gegen das Halten der Gebote Gottes zu entscheiden. Dies ist aber ausnahmslos verknüpft mit allen Konsequenzen, die sich daraus sowohl für das Leben in der Sterblichkeit als auch für jenes danach ergeben.

Das Prinzip der Kausalität ist deshalb nicht nur auf die Natur beschränkt, es hat auch eine grundlegende Bedeutung für das menschliche Verhalten. Jede unserer persönlichen Entscheidungen hat eine Wirkung zur Folge, die unser Leben beeinflusst, sei es zum Guten oder zum Schlechten. Auf diese Weise können wir unsere Entscheidungsfreiheit ausüben. Die Konsequenzen, die sich aus unseren Entscheidungen ergeben, sind allerdings bindend. Da endet unsere Entscheidungsfreiheit. In der Heiligen Schrift wird dies so ausgedrückt:

„Es gibt ein Gesetz, das im Himmel – vor der Grundlegung dieser Welt – unwiderruflich angeordnet wurde und auf dem alle Segnungen beruhen. Wenn wir irgendeine Segnung von Gott erlangen, dann nur, indem wir das Gesetz befolgen, auf dem sie beruht." (L&B 130:20,21)

Das Sühnopfer und die Auferstehung von Jesus Christus bewirken, dass jedes Kind unserer himmlischen Eltern nach seinem Tod seinen physischen Körper in einem unsterblichen Zustand wieder zurück bekommt und ihn in alle Ewigkeit behalten wird. Aber: Nur durch das Halten der Gesetze und Gebote Gottes ist es ihnen möglich, jenen Grad an Erhöhung zu erlangen, mit dem ein Höchstmaß an Freude und Glücklichsein verbunden ist. Auf dem Weg zu diesem Ort, auch Reich Gottes oder Celestiale Herrlichkeit genannt, gibt es keine Abkürzung.

Folgende von John A. Widtsoe formulierte Aussage macht uns die Strenge dieser Konsequenz noch deutlicher bewusst:

„Joseph Smith hat seine Lehren auf die Erkenntnis gegründet, dass das Gesetz das Universum durchdringt und dass nichts über das Gesetz hinausgehen kann. In der Welt der Materie oder des Geistes rufen gleiche Ursachen gleiche Wirkungen hervor - die Herrschaft des Gesetzes steht über allem" (John A. Widtsoe in „Joseph Smith - Der Wissenschaft voraus, 1990, S. 40)

4.0. DAS GESETZ DER ENERGIEERHALTUNG

Es ist kein Zufall, dass John A. Widtsoe den Themen „Die Unzerstörbarkeit der Materie" und „Die Unzerstörbarkeit der Energie" in seinem Buch „Joseph Smith - Der Wissenschaft voraus" eine tragende Rolle eingeräumt hat - ist es doch eines der zentralen Themen auch in der allgemeinen Wissenschaft und insbesondere in den Naturwissenschaften. Die Erkenntnis, dass Materie und Energie unzerstörbar sind, ist bereits im frühen 19. Jahrhundert in Ansätzen erkennbar gewesen. Sie hat sich nach und nach gefestigt und wird heute als das „Gesetz zur Erhaltung der Energie" bezeichnet. Dieses Gesetz besagt, dass Energie weder erschaffen noch vernichtet werden kann, also ewig existieren muss. Allerdings kann sie von einer Energieform in eine andere umgewandelt werden.

Das Gesetz zur Erhaltung der Energie nimmt heute in der Wissenschaft und in der Technik eine geradezu zentrale Bedeutung ein. Dies aus mehreren Gründen: Es liefert die Grundlage, um viele wichtige physikalische Phänomene genau berechnen und beschreiben zu können. Es gibt uns aber auch ein klares Verständnis darüber, wie sich Energie im Gesamtgefüge aller physikalischen Prozesse und Gegebenheiten als verbindendes Element einfügt. Formuliert wurde dieses Gesetz erstmals Anfang des 19. Jahrhunderts von Julius Robert von Mayer[5]. Julius von Mayer wurde 1814 in Heilbronn geboren. Er war ein bedeutender Arzt und Naturforscher und formulierte viele Thesen, die schon bald die Grundlage für die darauf aufbauende moderne Physik bildeten.

So formulierte er als einer der ersten den für die Energieerhaltung wichtigen sogenannten „Ersten Hauptsatz der Thermodynamik[6]". Unter einem Hauptsatz wird in der Physik die grundlegende Aussage einer wissenschaftlichen Erkenntnis verstanden. Ein Hauptsatz beschreibt daher den Wesenskern eines physikalischen Prinzips. In diesem Fall sagt der Hauptsatz aus, dass die Energie eines abgeschlossenen Systems (ein System ist dann abgeschlossen, wenn keine Energie von außen zu- oder abgeführt wird) immer gleich groß ist, sie kann weder zu- noch

---

[5] Robert von Mayer über die Erhaltung der Energie. Briefe an Wilhelm Griesinger nebst dessen Antwortschreiben aus den Jahren 1842-1845, Herausgegeben und erläutert von W. Preyer in Berlin, Verlag von Gebrüder Paetel, Berlin 1889.

[6] Auch Wärmelehre genannt

abnehmen, allerdings kann sie sich von einer Energieform in eine andere umwandeln (beispielsweise kann man Bewegungsenergie in Wärme umwandeln). In der Physik spricht man in diesem Zusammenhang von einem Erhaltungssatz. Ein solcher drückt aus, dass sich der Wert einer Größe, Erhaltungsgröße genannt, in bestimmten physikalischen Prozessen nicht ändert. Neben dem Gesetz zur Energieerhaltung gibt es viele weitere Erhaltungssätze in der Physik, wie z. B. den Impulserhaltungssatz, der bereits im 17. Jahrhundert durch Isaac Newton Eingang in die Physik fand.

Bis Ende des 18. Jahrhunderts ging man teilweise noch davon aus, dass Materie aus dem Nichts erschaffen wurde und dass sie auch wieder völlig vernichtet werden könnte, was offensichtlich dem Energieerhaltungssatz widerspricht. In vielen wissenschaftlichen und einigen theologischen Kreisen ist die Erschaffung des Universums aus dem Nichts („Creatio ex Nihilo") noch eine geläufige Annahme. Obwohl diese Annahme weder aus den Aussagen der Bibel noch aus wissenschaftlichen Prinzipien unmittelbar ableitbar ist.

In einer Zeit, in der also noch ein Großteil der Gelehrten von der Erschaffung des Universums aus dem Nichts ausging, offenbarte Gott dem Propheten Joseph Smith die Wahrheit über die Gesetze der Ewigkeit von Materie und Energie. Deshalb war dem Propheten Joseph Smith schon sehr früh klar, dass die Grundbausteine des Universums seit Ewigkeiten existiert haben und niemals aufhören werden, zu existieren. Obwohl auch sie durchaus Wandlungen unterworfen sein können.

„Die Elemente sind ewig." (L&B 93:33)

Die Tragweite dieser einzelnen Schriftstelle ist beeindruckend. Sagt sie doch aus, dass alles im Universum von ewiger Natur ist. Natürlich können sich Dinge umwandeln und verändern, aber die grundsätzlichen Bausteine bleiben immer die gleichen. Deshalb ist auch eine Erschaffung unseres Universums aus dem Nichts prinzipiell nicht möglich. Gott bediente sich bei der Erschaffung unseres Universums der ewigen Elemente. Denn die Urstoffe bzw. Elemente können weder aus dem Nichts erschaffen noch jemals vernichtet werden. Sie können aber in alle unterschiedlichen Formen umgewandelt werden, die zur Erschaffung der Sonnen und Planeten notwendig sind. Es ist bemerkenswert, dass der kaum weltlich gebildete Joseph Smith diese Offenbarungen über das ewigkeitsbezogene Wesen von Geist und Materie schon 1833 erlangt hat, als die Wissenschaft erst anfing, in die weiten Dimensionen dieser Thematik einzutauchen. Lesen wir, was er niedergeschrieben hat:

> *„So etwas wie unstoffliche Materie gibt es nicht. Aller Geist ist Materie, aber er ist feiner oder reiner und kann nur von reineren Augen erkannt werden; wir können ihn nicht sehen, aber wenn unser Körper einmal rein gemacht sein wird, werden wir sehen, dass Geist nichts anderes ist als Materie."* (L&B 131:7,8)

Eine geradezu umwälzende Aussage, niedergeschrieben am 17. Mai 1843. Sie birgt so viel Wahrheit über unser ewiges Sein und über die uns umgebende Materie in sich, dass wir uns selbst heute noch schwertun, sie vollständig zu begreifen. Hier wird Materie sogar noch genauer differenziert, in eine physische und in eine geistige Materie, d.h. eine Materie, die sich sowohl im vergänglichen Umfeld des Universums als auch im ewigen Reich Gottes befindet. In einem anderen Abschnitt im Buch „Lehre und Bündnisse" werden wir noch mit weiteren Formen von Materie konfrontiert, die ebenso dem Gesetz der Unvergänglichkeit unterliegen:

> *„Intelligenz oder das Licht der Wahrheit wurde nicht erschaffen oder gemacht und kann tatsächlich auch nicht erschaffen oder gemacht werden."* (L&B 93:29)

Folgende Aussage von Joseph Smith jun. leitet sich aus dieser Erkenntnis ab:

> *„Die Intelligenzen haben keinen Anfang und kein Ende und alle Kräfte und Energien der Natur sind Offenlegungen der großen, alles durchdringenden Kraft der Intelligenzen."*

Mit dieser Aussage spannte Joseph Smith jun. einen faszinierenden Bogen über alles Sein, sowohl über alle Kräfte und Gesetze, denen die uns bekannte Natur unterliegt, als auch über jene Dimensionen, die in die ewige Vergangenheit und in die ewige Zukunft unseres Daseins reichen. Damit wurde durch ihn göttliche Wahrheit offenbart, die weit über den Wissensstand der damaligen Wissenschaft hinausgeht.

Das Gesetz von der Erhaltung der Energie ist in der Physik auch heute noch das ultimative Fundament. Und es gewann gegenüber dem wissenschaftlichen Tun des 19. Jahrhunderts sogar noch deutlich an Bedeutung. In geradezu atemberaubender Schnelligkeit hat sich die Forschung auf diesem Gebiet weiterentwickelt, sowohl was Inhalt als auch Tiefe dieses Wissensspektrums betrifft. In der Zwischenzeit haben sich auch die wissenschaftlichen Fragestellungen verlagert. Galt es bisher in erster Linie, Energie in ihren verschiedenen Erscheinungsformen zu erfassen und messbar zu machen, so stellt man sich heute vermehrt die Frage nach ihren spezifischen Wesensmerkmalen. Anders ausgedrückt: Bisher fragten wir, was Energie bewirken kann. Ein Beispiel: Der Zündfunke bringt in einem Verbrennungsmotor das Benzin-Luftgemisch zur Explosion, was den Kolben und damit das gesamte Fahrzeug in Bewegung setzt. Heute stellen wir uns grundsätzlichere Fragen nach dem tatsächlichen Wesen der Energie, wie zum Beispiel: Was ist eigentlich Energie und warum gilt das Gesetz der Energieerhaltung? Wie steht sie in Beziehung zu den physikalischen Gesetzen und welche Rolle spielt sie in der Schöpfung Gottes? Die Beantwortung dieser Fragen wird unser Verständnis von der Natur auf eine höhere Stufe heben, denn die Entwicklung unseres Universums ist untrennbar mit dem Wesen der Energie verknüpft.

Bis zum Anfang des 20. Jahrhunderts erkannte die Wissenschaft, dass Energie und Materie grundsätzlich nicht verloren gehen, oder aus dem Nichts erschaffen werden kann. Aber das grundlegende Verständnis darüber, in welcher Beziehung Energie und Materie zueinanderstehen, war den Wissenschaftlern noch nicht zugänglich. Eine entscheidende Wende wurde erst durch die richtungsweisenden Arbeiten Albert Einsteins (1879-1955) eingeleitet.

In seiner speziellen Relativitätstheorie zeigte Einstein auf, dass Raum und Zeit nicht mehr absolut, sondern veränderlich sind. Raum und Zeit sind eng miteinander verwoben und können nicht voneinander getrennt betrachtet werden. Verbunden sind sie jedoch durch die Eigenschaften des Lichts, genauer gesagt durch die „Konstanz der Lichtgeschwindigkeit". Mit dieser Erkenntnis bekam das Licht in der Erforschung von Raum und Zeit einen geradezu fundamentalen Stellenwert. Was unter „Konstanz der Lichtgeschwindigkeit" zu verstehen ist, wird im Kapitel 5 näher erläutert.

Aus diesen umwälzenden Erkenntnissen leitet sich eine überaus erstaunliche Konsequenz ab: So bringt die „Konstanz der Lichtgeschwindigkeit" mit sich, dass Masse und Energie nicht unabhängig voneinander sind. Sie existieren nur gemeinsam und sind tatsächlich nur zwei verschiedene Daseinsformen einer einzigen Grundsubstanz, die man auch als Urstoff bezeichnen könnte. Energie und Masse sind deshalb äquivalent zueinander, also gleichwertig, und können dementsprechend auch unter bestimmten Randbedingungen ineinander umgewandelt werden.

Was ist darunter konkret zu verstehen? Es bedeutet zum Beispiel, dass sich Energie in Form von Strahlung in Masse verwandeln kann und umgekehrt. Sie sind zwei verschiedene Daseinsformen derselben Substanz. Welche Rolle spielt dabei nun aber das Licht und die Konstanz seiner Geschwindigkeit? Die Geschwindigkeit des Lichts ist es, die die Energie und die Masse in Beziehung zueinander setzt. Diese Rolle wird von der Wissenschaft als „Proportionalitätsfaktor"[7] bezeichnet. Dieser Proportionalitätsfaktor setzt Energie und Masse in Beziehung zueinander. Auf diese Weise ist es möglich geworden, mit Hilfe der Lichtgeschwindigkeit den Energiegehalt von Materie zu bestimmen. Die Formel, die die Energie und die Masse in Beziehung zueinander setzt, ist wohl die berühmteste Formel in der Physik:

$$E = m \cdot c^2$$

E ist die Energie, m die Masse und c^2 ist das Quadrat der Lichtgeschwindigkeit. Der Proportionalitätsfaktor zwischen der Energie und der Masse ist in diesem Fall das Quadrat der Lichtgeschwindigkeit. Albert Einstein hat diese überaus wichtige Beziehung gefunden, aber die Natur dieser gegenseitigen Abhängigkeit zwischen Energie und Materie geht noch weit tiefer. Wenn sie eine Masse m beschleunigen, dann wird sie nicht nur schneller, sondern ihre Masse nimmt zu. Wenn sich die Geschwindigkeit der Masse der Lichtgeschwindigkeit nähert, dann wächst ihre Masse über alle Grenzen. Deswegen können Massen auch niemals die Lichtgeschwindigkeit erreichen. Aber die Lichtgeschwindigkeit legt nicht nur die Beziehung zwischen Energie und Materie fest, sondern das Licht selbst ist die Basis für die Struktur des gesamten Universums und von allem was darin enthalten ist.

Wenn man diese Entdeckungen Einsteins nun näher kennenlernt und betrachtet, so lässt sich die fundamentale Rolle des Lichts, wie sie auch in der offenbarten

---

[7] Der *Proportionalitätsfaktor* ist ein Wert, der das Verhältnis zweier Größen zueinander angibt

Schöpfungsgeschichte vermittelt wird, wesentlich konkreter deuten. Am Anfang des Universums gab es neben Raum und Zeit nur Energie in Form von Strahlung oder mit anderen Worten in Form von Licht. Aus diesem Licht haben sich durch Umwandlung alle materiellen Grundbausteine der Welt, die Elementarteilchen gebildet. Letztlich haben alle Teilchen ihren Ursprung in den ewigen Urstoffen, die durch die Macht Gottes kontrolliert und gelenkt werden. Daraus leitet sich – durch die spezielle Relativitätstheorie von Einstein nachvollziehbar und berechenbar gemacht – eine unmittelbare Verknüpfung der Energie mit den Eigenschaften von Raum und Zeit ab. Das Licht, der Raum und die Zeit bilden als Einheit den Rahmen für unser Universum und damit auch für unser Leben in der Sterblichkeit.

Mit den bisher ausgeleuchteten Wissensbereichen haben wir uns schon ein wenig in die wissenschaftliche Betrachtung ewigkeitsbezogener Phänomene wie der Materie und der Energie eingelesen. Schritt für Schritt werde ich versuchen, die modernen wissenschaftlichen Entdeckungen vor dem Hintergrund der Offenbarungen von Joseph Smith darzustellen und dabei aufzuzeigen, wie diese Offenbarungen in den Erkenntnissen der heutigen Wissenschaft ihre Bestätigung finden und umgekehrt. Eine Verbindung, die uns den Zusammenhang zwischen dem, was wir als das Licht Gottes bezeichnen, und den Urstoffen, aus denen Gott das Universum geschaffen hat, auf eindrucksvolle Weise veranschaulicht. Denn die Tatsache, dass sich Licht in Materie verwandeln kann, wie dies in der Anfangszeit unseres Universums sehr häufig geschehen ist, erklärt, dass die gesamte Materie um uns herum, auch die aus der wir bestehen, die ewigen und göttlichen Eigenschaften des Lichts in sich birgt.

Nachdem wir nun die fundamentale Bedeutung des Energieerhaltungsgesetzes, verbunden mit der Äquivalenz (Gleichwertigkeit) von Masse und Energie, beschrieben haben, wenden wir uns dem eigentlichen Kern dieses Prinzips der Erhaltung von Energie zu, wie es durch so genannte „Erhaltungssätze" zum Ausdruck kommt. Es ist nämlich genau dieses Prinzip der Energieerhaltung, das im Bauplan der Natur und damit in der gesamten Schöpfung Gottes eine zentrale Rolle spielt. Denn die Erhaltungssätze beinhalten weit mehr, als nur eine Methode um physikalische und technische Berechnungen zu vereinfachen. Sie vermitteln grundsätzliche Gesetzmäßigkeiten, nach denen unser Universum funktioniert.

Wenn wir den Bauplan unserer Natur betrachten, stoßen wir auf einen wichtigen Begriff, den wir auch aus unserem täglichen Lebensumfeld sehr gut kennen: die Symmetrie. Dieser Begriff wird auch in der Darstellung vieler physikalischer

Theorien verwendet und er ist erstaunlicherweise eng verknüpft mit dem Wesen von Raum und Zeit und deren wissenschaftlicher Beschreibung.

Mit dem Begriff „Symmetrie" bezeichnet man im üblichen Sprachgebrauch die Eigenschaft eines Objektes, wenn es nach einer räumlichen Veränderung (zum Beispiel einer Drehung, Verschiebung oder Spiegelung) wieder die gleiche Form einnimmt, sich also nach der Bewegung nicht gegenüber dem Anfangszustand verändert hat. Symmetrien beziehen sich aber nicht nur auf geometrische Formen und Figuren, sondern sie können auch bezüglich der Zeit auftreten, zum Beispiel wenn sich etwas in regelmäßigen zeitlichen Abständen wiederholt, wie der Lauf der Jahreszeiten, die Regelmäßigkeit der Drehung der Erde oder die Rhythmen in der Musik.

Die Natur ist geprägt durch vielfältige Symmetrien. Sie begegnen uns überall in unserem Alltag. Wir beobachten dabei nicht nur räumliche, sondern auch zeitliche Symmetrien. Beispielsweise ist auch der Mensch ist äußerlich betrachtet nahezu spiegelsymmetrisch, da seine linke und rechte Hälfte jeweils in einem Spiegel betrachtet nahezu identisch sind. Auch jeder Schmetterling zeigt eine ausgeprägte Spiegelsymmetrie. Jede Schneeflocke ist symmetrisch, denn wenn wir sie um ein Sechstel um ihre eigene Achse drehen könnten, dann würde sie für uns unverändert erscheinen. Auch die allermeisten Blüten sind entweder rotationssymmetrisch, wenn wir sie zum Beispiel um einen bestimmten Winkel drehen (wie das Gänseblümchen) oder sie sind spiegelsymmetrisch (wie Orchideenblüten oder feingliedrige Blätter). Wir kennen auch die geniale Schönheit der Bienenwaben, sie sind sechseckig und gehen daher bei einer Drehung um 60^0 in sich selbst über. Eine für uns nicht direkt sichtbare Symmetrie weisen fast alle Kristalle aus. Sie sind symmetrisch, wenn wir sie in einer bestimmten Richtung verschieben.

Eine überaus ausgeprägte Symmetrie weist hingegen die Kugel auf. Wenn wir sie um einen beliebigen Winkel um eine beliebige Achse um ihren Mittelpunkt drehen, verändert sich ihr Aussehen in keiner Weise, sie wird durch eine Drehung immer wieder in sich selbst übergeführt. Dies ist der Grund dafür, dass wir sie so häufig in der Natur finden. Seifenblasen, Pusteblumen und viele Arten von Früchten sind dafür gute Beispiele. Auch alle großen Himmelskörper sind fast perfekte Kugeln. Angefangen bei den großen Monden bis hin zu den größten Sternen. Wir finden Symmetrien aber häufig auch in den von Menschen erbauten Gebäuden. Beispielsweise erkennen wir in vielen alten Kirchengebäuden die Rotationssymmetrien von Rosetten, die auch als Symbol für die Ordnung und Harmonie der

Schöpfung Gottes gelten. Aber auch der sich wiederholende Rhythmus der Musik oder der Jahreszeiten ist ein Ausdruck der Symmetrie im zeitlichen Sinn. Die Symmetrien gehören somit zu den wichtigsten Eigenschaften der Natur und es ist daher nicht verwunderlich, wenn wir die Symmetrien auch als zentrales Wesensmerkmal der Naturgesetze wiederfinden.

Symmetrien treten also sehr vielschichtig in der Natur auf und dies legt die Vermutung nahe, dass sie eine besondere Rolle in der Schöpfung Gottes spielen. Aber warum ist dies so und was haben die Symmetrien, die wir in der Natur finden, mit den physikalischen Erhaltungssätzen wie der Energieerhaltung zu tun? Auf den ersten Blick scheinen beide Dinge nichts miteinander zu tun zu haben. Zu unterschiedlich erscheinen ihre Wesensformen. Tatsächlich ist es aber so, dass Symmetrien ein Wesenszug der Natur selbst sind und damit untrennbar mit den physikalischen Gesetzen verbunden sind. Diese faszinierende Verbindung hat Anfang des 20. Jahrhunderts die deutsche Mathematikerin Emmy Noether (1882-1935) aus den mathematischen Gesetzmäßigkeiten abgeleitet und damit hat sie einen Zusammenhang entdeckt, der in seinen Konsequenzen die Arbeiten von Albert Einstein hervorragend ergänzt.

Emmy Noether hat herausgefunden, dass, etwas vereinfacht ausgedrückt, jeder physikalische Erhaltungssatz, wie beispielsweise die Energieerhaltung oder die Impulserhaltung, aus einer in der Natur vorhandenen Symmetrie mathematisch ableitbar ist. Wie zu erwarten, sind die in der Natur vorkommenden Symmetrien deshalb unlösbar mit den Naturgesetzen verknüpft. Dies macht deutlich, nach welchen Grundprinzipien die Schöpfung der Welt stattgefunden hat, nämlich nach denen der Ordnung und der Schönheit und Einfachheit der Symmetrien.

Die Erhaltungssätze, also die wissenschaftliche Formulierung der Erhaltung von beispielsweise Energie und Impuls, sind demnach eine direkte Folge der Symmetrien natürlicher Objekte oder physikalischer Gesetze. Andererseits bedingen physikalische Erhaltungssätze die Entwicklung von Symmetrien und Ordnungen in unserem Universum. Man kann also durchaus zum Ausdruck bringen, dass die Mathematikerin Emmy Noether das reale Wesen der Natur in Gottes Schöpfung entschlüsselt hat. Und das weder durch die Beobachtung der Natur noch durch die Durchführung wissenschaftlicher Experimente, sondern allein durch die Anwendung abstrakter mathematischer Methoden.

Anhand von zwei wichtigen Beispielen möchte ich Ihnen die enge Verbindung zwischen Symmetrien, wie sie in der Natur vorkommen, einerseits und den Erhaltungssätzen aus der Physik auf der anderen Seite näherbringen.

Betrachten wir dazu zunächst das Gesetz der Energieerhaltung. Seine Gültigkeit beruht auf der Tatsache, dass unsere Welt einer zeitlichen Symmetrie unterliegt. Diese besagt: Wenn ein physikalisches Experiment bei gleichen Rahmenbedingungen heute oder morgen oder in 100 Jahren ausgeführt wird, dann liefert es immer die identischen Ergebnisse. Dies ist gleichbedeutend mit der Aussage, dass sich die Gesetze der Welt nicht mit der Zeit verändern. Durch diese Symmetrie der Zeit leben wir in einer Welt der Ordnung und der Berechenbarkeit. Würde es in der Natur die Energieerhaltung nicht geben, dann würden sich die physikalischen Gesetze mit der Zeit verändern und die Welt wäre instabil und unbewohnbar, oder mit anderen Worten, ohne das Gesetz der Energieerhaltung würde es kein Leben in unserem Universum geben können.

Etwas ähnliches gilt für das Gesetz der Impulserhaltung, d.h. für die Bewegung von Körpern im Raum. Dieses Gesetz beruht auf dem Umstand, dass der Raum symmetrisch ist. Dies bedeutet, dass die physikalischen Gesetzmäßigkeiten bezüglich der Bewegung von Körpern überall in unserem Universum gleich ist. Auf dem Mond ist die Gesetzmäßigkeit genauso wie hier auf der Erde und in einer fernen Galaxie genauso wie in unserem Sonnensystem. Wäre es nicht so, dann könnte man die Vorgänge in unserem Universum nicht beschreiben, weil an jedem Ort unterschiedliche Gesetzmäßigkeiten herrschen würden. In einer solchen Welt wäre ein geordnetes Leben unmöglich. Wahrscheinlich würde sich nicht einmal Leben entwickeln können. Die Gesetze der Bewegung der Materie in der Natur sind also Ausdruck der Symmetrien in unserem Universum. Oder anders ausgedrückt: Die ewigen Gesetze der Natur führen zu den Symmetrien und Ordnungen in der Schöpfung Gottes.

Diese beiden Beispiele der Energie- und Impulserhaltung offenbaren uns den tieferen Grund für die Bedeutung der Schriftstelle in Lehre und Bündnisse 93:33, nämlich dass alle Elemente ewig sind. Denn dadurch, dass die Elemente ewig sind und die Energieerhaltung gilt, leben wir in einem Universum der Ordnung und Berechenbarkeit. Ein Universum in dem die Energieerhaltung nicht gilt, hätte demzufolge keinen Bestand.

Bei den in diesen Beispielen aufgezeigten Zusammenhängen werden fundamentale Eigenschaften der Natur und die damit verbundenen physikalischen

Gesetzmäßigkeiten offenbar, die uns dank der Arbeit von Forschern wie Einstein und Noether zugänglich gemacht wurden. Das große Ganze mag uns zwar nach wie vor kompliziert und unbegreiflich erscheinen, doch die angeführten Beispiele machen deutlich, dass jedes einzelne Detail innerhalb der komplexen Struktur des Universums letztlich einfach und auch verstandesmäßig gut nachvollziehbar ist. Das gibt uns das Vertrauen, dass der Tag kommen wird, an dem alle Geheimnisse Gottes vor uns ausgebreitet werden und wir sie dann auch gut verstehen können.

5.0. DAS WESEN VON RAUM, ZEIT UND LICHT

Wir haben uns nun bereits mit einer Reihe von physikalischen Größen wie Energie, Masse, Geschwindigkeit und ihren Beziehungen zueinander beschäftigt. Diese Größen lassen sich mit heutigen Methoden sehr gut messen und von unserem Verständnis auch relativ leicht erfassen. In diesem Kapitel kommen wir nun zu den grundlegenden Eigenschaften von Raum, Zeit und Licht, die die Struktur des Universums und damit einen Teil der Schöpfung Gottes festlegen. Dies ist deshalb von großer Bedeutung, da sich alles in unserem Universum im Raum und in der Zeit abspielt, nichts kann sich dem entziehen. Dabei wird es nun aber deutlich schwieriger werden, weil uns die Komplexität dieses Themas an die Grenze unseres irdischen Verständnisses führen wird. Die Verständnisschwierigkeiten ergeben sich unmittelbar daraus, dass die tatsächliche Beschaffenheit von Raum und Zeit für uns nicht direkt wahrnehmbar und damit auch kaum begreifbar ist. Der Mensch verfügt über keinerlei Sinne, mit denen er Raum und Zeit direkt spürbar machen kann. Wir nehmen zwar die Wirkung von Raum und Zeit wahr, die dahinter liegenden Eigenschaften sind unserem Verständnis jedoch völlig unzugänglich. Aber gerade die Eigenschaften von Raum, Zeit und Licht, wie wir sie in diesem Kapitel näher kennenlernen werden, stehen in einer sehr engen Verbindung zu den Merkmalen und den Geheimnissen von Gottes Schöpfung und sie werden uns einem grundsätzlichen Verständnis unseres Weltalls näher bringen. Denn in diesem Kapitel werden wir lernen, dass die Zeit, so wie wir sie täglich erleben, eigentlich ganz anders funktioniert und dass der Raum Eigenschaften hat, die sich unserer Vorstellung vollständig entzieht.

Beginnen wir mit der Zeit. Die Zeit ist viel mehr als ein praktisches Instrument mit dem wir unser tägliches Leben gestalten und planen können. Das Wesen der Zeit ist extrem vielschichtig und komplex. Deshalb ist es eine naturwissenschaftlich und philosophisch geradezu äußerst spannende Herausforderung, ihr tatsächliches Wesen zu erforschen und den Einfluss der Zeit auf die Eigenschaften des Universums zu erkunden. Der Münchner Astrophysiker Harald Lesch nennt die Zeit gar „das größte Geheimnis der Physik" und Augustinus (354-430) prägte den einprägsamen Satz:

„Was also ist die Zeit? Wenn niemand mich danach fragt weiß ich's; will ich's aber einem Fragenden erklären, weiß ich's nicht". [8]

Die Zeit ist eine Größe, mit der wir unser Leben messen. Sie gibt unserem Leben Struktur, Richtung und Orientierung. Aber wir können sie niemals berühren, sehen oder festhalten. Sie begleitet uns unsichtbar, aber dennoch unausweichlich durch unser Leben.

Die Zeit erscheint uns unterteilt in Vergangenheit, Gegenwart und Zukunft. Wenn ich jetzt diese Zeilen lese wird aus meinem Tun sofort Vergangenheit und eine neue kurzlebige Gegenwart entsteht, laufend, unaufhaltsam und immer wieder. Bewegt sich die Gegenwart durch die Zeit oder erschafft sie immer wieder eine neue? Zeit und Gegenwart scheinen immer gemeinsam im Gleichschritt voranzuschreiten. Deswegen wohnt dem „Jetzt" etwas mystisches bei. Der Philosoph Rudolf Carnap hat in seiner „Intellektuellen Biografie"[9] dies folgendermaßen ausgedrückt:

„Es gebe etwas Wesentliches bezüglich des Jetzt, das schlicht außerhalb der Wissenschaft liege"

Nur in diesem „Jetzt" handeln wir, machen das weiter, was wir begonnen haben oder beginnen etwas neues, das sich über viele Gegenwarte hinziehen kann. In diesem fließenden „Jetzt" existiert unser freier Wille und wir finden einen ersten Zusammenhang zwischen dem Fluss der Zeit und unserer Entscheidungsfreiheit.

Während unseres Erdenlebens unterliegen wir zwangsläufig der Zeit und alles was wir wahrnehmen können ist endlich, da unser irdisches Leben selbst endlich ist, begrenzt durch unsere Geburt und unseren Tod, begrenzt aber auch durch die Einschränkungen, denen unser vergänglicher Körper unterworfen ist. Diese Begrenztheit in der Zeit ist Teil unseres irdischen Daseins, denn wenn wir Ewiges erleben und verstehen könnten, dann würden wir Gott erkennen. Mit unseren menschlichen Sinnen können wir weder die Zeit noch die Ewigkeit wahrnehmen, aber der Geist in uns spürt manchmal den Hauch der Ewigkeit. Wenn wir nach unserem Erdenleben zu dem Gott zurückgeführt werden, der uns das Leben

---

[8] Aurelius Augustinus, Bekenntnisse, Buch 11, Kapitel 26
[9] De Gruyter Verlag 2019

gegeben hat, dann sind wir befreit von den Fesseln und Einschränkungen der Zeit. Dann werden wir wieder dazu in der Lage sein, die Ewigkeit zu begreifen.

Wir können die Zeit zwar mithilfe von Uhren messen, doch beeinflussen können wir den Lauf der Zeit offensichtlich nicht. Wir können die Zeit weder anhalten noch beschleunigen, denn sie scheint unabhängig von äußeren Umständen und Gegebenheiten gleichmäßig dahinzufließen. Wir können sie nicht spüren, sie vergeht und wir wissen eigentlich nicht warum. Obwohl wir Menschen über einen biologischen Zeitrhythmus verfügen, den wir auch unsere innere Uhr nennen, können wir die Zeit dennoch nicht mit unseren Sinnen erfassen und wahrnehmen. Wir erleben die Zeit nur durch Veränderungen die unser Leben bestimmen. Wir erfahren den Rhythmus von Tag und Nacht, der durch die Drehung der Erde zustande kommt oder wir beobachten den Wechsel der Jahreszeiten, der seinen Ursprung in der Drehung der Erde um die Sonne hat. Und wir erkennen die täglichen Veränderungen in der Welt der Tiere und Pflanzen.

Genau genommen betrachten wir die Zeit aus zwei unterschiedlichen Sichtweisen. Wir kennen die Zeit, die wir an Uhren ablesen können und die uns das Gefühl einer objektiven Größe vermittelt. Diese scheinbar objektive Zeit vergeht gleichförmig und unabhängig von unserem persönlichen Zeitgefühl, denn die Uhren scheinen immer gleich schnell zu ticken. Im Gegensatz zu dieser scheinbar objektiven Zeit gibt es auch unser subjektives Zeitempfinden. So erleben wir auf der einen Seite Geschehnisse, in denen die Zeit wie im Fluge vergeht, während uns andere Lebensphasen unendlich lange erscheinen und einfach nicht vorübergehen wollen.

Im Gegensatz zu unserem subjektiven Zeitempfinden wird die physikalische und damit messbare Zeit durch die sich ständig in Zyklen wiederholenden Bewegungen der Himmelskörper in unserem Sonnensystem bestimmt. So bestimmt die Drehung der Erde um ihre eigene Achse die Länge eines Tages und damit auch die Länge von Stunden, Minuten und Sekunden. Die Bewegung des Mondes um die Erde legt etwa die Dauer eines Monats fest und der Lauf der Erde um die Sonne bestimmt das Jahr mit seinen Jahreszeiten.

Dieser wichtige Zusammenhang zwischen den zyklischen Bewegungen der Himmelskörper und dem Lauf der Zeit war schon während des Zeitalters des Alten

Testaments bekannt. Bereits in den Büchern Ijob und Amos lesen wir über die Gesetze des Himmels, über die Positionen und Bewegungen der Sterne, dem täglichen Auf- und Untergang der Sonne und den Rhythmus der Jahreszeiten:

> *„Er hat das Siebengestirn und den Orion erschaffen, er verwandelt die Finsternis in den hellen Morgen."* (AT Amos 5:8)

> *„Er schuf das Sternbild des Bären, den Orion, das Siebengestirn, die Kammern des Südens."* (AT Ijob 9:9)

> *„Knüpfst du die Bande des Siebengestirns, oder löst du des Orions Fesseln? Führst du heraus des Tierkreises Sterne zur richtigen Zeit, lenkst du die Löwin samt ihren Jungen. Kennst du die Gesetze des Himmels, legst du auf die Erde seine Urkunde nieder?"* (AT: Ijob 38:31-33)

Bemerkenswerterweise sprach Gott schon vor über 3000 Jahren zu Amos und Ijob über seine Macht die Sterne zu erschaffen. Er sprach über die Positionen und Bewegungen der Sterne, die durch seine Gesetze des Himmels geleitet werden. Er erwähnt häufig die Bande des Siebengestirns, d.h. die feste Konstellation der Sterne im offenen Sternhaufen der Plejaden und sprach auch über das Sternbild des Orion, dem auffallendsten Sternbild des Winterhimmels. Es ist auch kein Zufall, dass in allen drei oben genannten Schriftstellen das Siebengestirn erwähnt wird. Denn der Lauf der Plejaden spielte schon im Altertum eine besondere Rolle im Leben der Menschen. Ist doch die Tag-und-Nacht-Gleiche[10] am Frühlingsanfang an vielen Orten verknüpft mit dem Erscheinen des Siebengestirns am Himmel und verkündet damit den Beginn des Frühlings. Zweifelsfrei erklärte der Herr Ijob, dass er die Bewegung der Tierkreiszeichen am Himmel im Kreislauf der Jahre nicht nur kennt, sondern diese auch festgelegt hat. Denn Er ist der Schöpfer und Er kennt alle Gesetze des Himmels und der Ewigkeit.

Die Macht und Weisheit Gottes wird in ähnlicher Weise auch in den Psalmen beschrieben. Auch dort lesen wir, dass die zyklischen Bewegungen der Himmelskörper als Maß für die Zeiten dienen:

---

[10] Das Äquinoktium

Dass diese Aussagen schon in der Bibel zu finden sind, ist nicht verwunderlich, da das Wissen um die Jahreszeiten schon im Altertum überlebenswichtig war. So war die Kenntnis des Frühlinganfangs eine Voraussetzung für den richtigen Zeitpunkt der Saat und damit die Grundlage für eine gute Ernte. Und der Frühlingsanfang war geknüpft an den Lauf der Sterne und das Erscheinen des Siebengestirns am Himmel.

Auch in den neuen Heiligen Schriften werden diese bedeutenden Zusammenhänge der Zeiten und Jahreszeiten mit den Bewegungen der Himmelskörper hervorgehoben und mit den ihnen zugrundeliegenden Gesetzen in Verbindung gebracht. Wobei deutlich hervorgehoben wird, dass Gott selbst allen Dingen ein Gesetz gegeben hat. Der Lauf der Himmelskörper wird geleitet durch die Gesetze der Gravitation und diese Gesetze sind von Gott gegeben. Im Buch Lehre & Bündnisse lesen wir:

„Und weiter, wahrlich, ich sage euch: Er hat allen Dingen ein Gesetz gegeben, durch das sie sich in ihren Zeiten und Jahreszeiten bewegen; und ihre Bahnen sind festgelegt, nämlich die Bahnen der Himmel und der Erde, wodurch die Erde und alle Planeten erfasst sind. Und sie geben einander Licht in ihren Zeiten und in ihren Jahreszeiten, in ihren Minuten, in ihren Stunden, in ihren Tagen, in ihren Wochen, in ihren Monaten, in ihren Jahren." (L&B 88:41-44)

Seit einigen Jahrzehnten wissen wir auch recht genau, dass sich unser Sonnensystem mit einer Geschwindigkeit von unglaublichen 220 km pro Sekunde in 240 Millionen Jahren einmal um das galaktische Zentrum unserer Milchstraße dreht. Deshalb hat unsere Sonne gemeinsam mit ihren Planeten das galaktische Zentrum bereits 16 mal umkreist. Aber verständlicherweise hat diese periodische Zeitspanne noch keinen Eingang in unsere tägliche Zeitrechnung gefunden.

Obwohl die Längen von Tagen, Monaten und Jahren durch die Bahnen der Himmelskörper festgelegt sind, gibt es jedoch eine Einteilung, die von diesem Vorgehen abweicht. Gemeint ist die Gliederung eines Jahres in 52 Wochen und einer Woche in sieben Tage. Interessanterweise wird diese Einteilung in allen

Kulturkreisen praktiziert, obwohl es dafür keine direkte himmelsmechanische Entsprechung gibt. Die Festlegung der siebentägigen Woche findet ihren Ursprung direkt in der Schöpfungsgeschichte Gottes:

„Sechs Tage darfst du schaffen und jede Arbeit tun. Der siebte Tag ist ein Ruhetag, dem Herrn, deinem Gott geweiht." (AT: Exodus 20:9,10)

Mit dieser Aussage hat unser Schöpfer die Basis für die 7-tägige Woche selbst gelegt und sie hat bis heute Bestand. Die Namen der Wochentage hingegen haben ihren Ursprung doch wieder in der Himmelsmechanik. Sie sind benannt nach den in der Antike bekannten sieben, mit bloßem Auge sichtbaren beweglichen Himmelskörpern, die zum Zeitpunkt ihrer Benennung selbst noch teilweise heidnischen Göttern zugeordnet waren: es sind die Himmelskörper Sonne, Mond, Merkur, Venus, Mars, Jupiter und Saturn. Der Sonntag ist der Tag des Herrn und wird durch den am hellsten strahlenden Himmelskörper abgebildet: der Sonne. Der Montag ist der Tag des zweithellsten Himmelsobjektes, des Mondes. Auch die Bezeichnungen für die Wochentage Dienstag bis Samstag haben ihren Ursprung in der von den Germanen kreierten Götterwelt.

Unsere erfahrene Zeit ist daher eng verknüpft mit der Bewegung von Himmelskörpern in unserem Sonnensystem. Aber wie erleben wir die Zeit und welche Eigenschaften hat sie aus unserer Sicht? Für die Menschen verläuft die Zeit absolut und unbeeinflussbar. Eine Stunde hat immer die gleiche Länge, auch wenn sie uns manchmal unterschiedlich lang vorkommt. Für uns hat die Zeit auch nur eine Richtung, nämlich nach vorne – in Richtung der unbekannten Zukunft. Nach unserer Vorstellung muss es die Zeit immer gegeben haben und es muss sie in der Zukunft auch immer geben. Vor jedem Zeitpunkt muss es einen anderen Zeitpunkt gegeben haben und jedem Zeitpunkt muss ein anderer folgen. Einen Anfang oder ein Ende der Zeit oder ein Leben ohne Zeit ist für uns nicht vorstellbar.

Die Zeit fließt für uns gleichmäßig dahin. Sie unterteilt sich in die Vergangenheit, die Gegenwart und die Zukunft. Die Vergangenheit haben wir erlebt, sie ist nicht mehr veränderbar und kann nicht mehr ungeschehen gemacht werden. Sie ist quasi in Stein gemeißelt und, was außerordentlich wichtig ist, wir können uns an sie erinnern. Wir erleben die Zeit aber nicht nur als Veränderungen in unserem Lebensumfeld, sondern auch durch unsere Fähigkeit, sich an das Erlebte zu erinnern. Unser Gedächtnis ist ein Schlüssel für unsere Wahrnehmung der Zeit. Das Gedächtnis ist aber weit mehr als nur die Verknüpfungen in unserem Gehirn, es ist ein Teil unseres geistigen Wesens. Denn unsere Erfahrungen prägen unser Sein und beeinflussen unser zukünftiges Tun. Nur dadurch können wir unser Leben aktiv gestalten und Fortschritt machen. Die Zukunft liegt allerdings für uns Menschen immer unklar, wie in einem Nebel verborgen vor uns und wir wissen nicht, was sie bringen wird. Dennoch planen wir unsere Zukunft auf Basis der Erfahrungen der Vergangenheit.

Aber das Spannende ist die Gegenwart. Wir erleben die Gegenwart als Zeitspanne, in der die Ereignisse unseres Lebens stattfinden, sie stellt damit für uns den Zeitraum des Erlebten dar. Doch erstaunlicherweise existiert die Gegenwart oder das „Jetzt" im physikalischen Sinn überhaupt nicht. Es ist tatsächlich kein Gegenstand der Physik, es existiert für die Physik nicht. Auch für das menschliche Bewusstsein ist die Gegenwart äußerst schwer zu beschreiben, obwohl wir uns dessen kaum bewusst sind, denn was eben noch in der Zukunft lag, ist einen winzigen Moment später bereits Vergangenheit. Obwohl die Gegenwart für sich genommen unvorstellbar kurz ist, leben wir dennoch ständig in der Gegenwart, niemals in der Vergangenheit und niemals in der Zukunft. Die Gegenwart erscheint uns wie eine hauchdünne Grenzschicht zwischen Vergangenheit und Zukunft. Wir gleiten deshalb in absoluter Übereinstimmung und Harmonie mit der Vergangenheit und mit der Zukunft auf dem Zeitstrahl dahin.

Wie können wir uns dieses Wechselspiel zwischen der Vergangenheit, der extrem kurzen Gegenwart und der Zukunft vorstellen? Denken sie an einen Film im Fernsehen. Ein Film erscheint uns wie der kontinuierliche Ablauf der Wirklichkeit, obwohl jeder Film nur aus einer zeitlichen Abfolge einzelner Bilder besteht. Diese Bilder werden aber so schnell hintereinander abgespielt, dass es für den Betrachter wie eine natürliche und zusammenhängende Bewegung aussieht. Bei heutigen Fernsehgeräten werden bis zu 50 Bilder pro Sekunde gezeigt, d.h. ein einzelnes Bild erscheint nur für die Dauer von zwei hundertstel Sekunden auf dem Bildschirm. Diese Zeitspanne ist so kurz, dass wir nicht das einzelne Bild, sondern nur die Bildfolge wahrnehmen können. Diese Bildfolge ergibt dann die von uns beobachtete scheinbare Wirklichkeit. Das Einzelbild bleibt uns aber immer verborgen, auch wenn es das verkörpert, was wir als Gegenwart definieren und als solche vermeintlich wahrnehmen. Doch in dieser Wahrnehmung ist längst das nächste

Bild erschienen und das vorherige Bild wurde bereits Vergangenheit. In dieser Bildfolge wird jedes Bild, nach dem kurzen Augenblick der vermeintlich wahrgenommenen Gegenwart, sofort zur Vergangenheit, während jedes Bild davor noch Zukunft ist. Dem Wirken des Gehirns ist es daher zu verdanken, dass aus einzelnen sehr kurzen Wahrnehmungen des Augenblicks eine lebendige Gegenwart erzeugt wird. Nirgends wird dies so deutlich wie in der Musik. Wir hören nicht die abgehackten einzelnen Noten des Augenblicks, sondern die Musik fließt wie von selbst von der Vergangenheit in die Zukunft. Daran wird deutlich, dass Vergangenheit, Gegenwart und Zukunft in unserer Wahrnehmung nicht statisch sind, sondern sie fließen gemeinsam in einer festen Beziehung zueinander stehend synchron mit der Zeit.

Wir verlassen jetzt die spannenden Aspekte der Gegenwart und widmen uns den nicht weniger interessanten Merkmalen der Zukunft. Obwohl die weitere Zukunft für uns Menschen generell im Dunkeln liegt, hat der Blick in die Zukunft aus wissenschaftlicher Sicht zumindest zwei verschiedene, aber einander ergänzende Facetten. Denn der Verlauf der Zukunft ist sowohl eng verknüpft mit dem, was wir Kausalität nennen, als auch mit dem Zufall, der geprägt ist durch die Unberechenbarkeit und Unvorhersagbarkeit von Ereignissen. Die Kausalität haben wir ja bereits im 3. Kapitel kennengelernt. Wir wissen noch, dass sie das Prinzip von Ursache und Wirkung verkörpert und damit die Grundlage für die Berechenbarkeit von Ereignissen ist. Im Unterschied zu kausalen Ereignissen sind zufällige Begebenheiten niemals vorherbestimmbar oder berechenbar. Auch wenn diese beiden Eigenschaften der Natur – Kausalität und Zufall, oder mit anderen Worten Berechenbarkeit und Unberechenbarkeit – als im Widerspruch zueinander stehend erscheinen mögen, sind sie das jedoch ganz und gar nicht. Ganz im Gegenteil, sie ergänzen sich vollständig und ermöglichen erst gemeinsam eine Welt, in der die Kinder Gottes leben und wirken können.

Lassen sie mich zuerst kausale, also berechenbare, zukünftige Ereignisse an einigen Beispielen erläutern. Betrachten wir einmal den Lauf der Planeten und damit auch den Ablauf der Jahreszeiten. Die Bewegung der Planeten unseres Sonnensystems ist sehr präzise berechenbar, denn die Gravitation mit ihren bekannten Gesetzen bestimmt vollständig den Lauf der Gestirne. Dadurch ist der Mensch in der Lage, die Positionen aller Planeten unseres Sonnensystems für viele tausend Jahre im Voraus zu berechnen. So wissen wir beispielsweise sehr präzise, dass die nächste totale Sonnenfinsternis in Deutschland am 3. September 2081 stattfinden wird. Die maximale Verdunkelung in Dortmund wird um 11:04 Uhr und 55 Sekunden erfolgen, auf die Sekunde genau. Auch können wir für viele tausend Jahre im Voraus exakt berechnen, wann die Sonne an welchem Ort auf- und untergeht. Die Bewegung der Planeten ist kausal und daher wissen wir sehr genau wie die Zukunft der Planetenbewegungen aussehen werden. Diese Kausalität der Natur gibt den Menschen die Sicherheit für ihre Existenz, sie ist sogar die Basis allen Geschehens auf unserer Welt und um sie herum. Ohne die Vorhersagbarkeit von natürlichen Vorgängen ist Leben nicht denkbar.

Das bezieht sich besonders auch auf unser mittlerweile hochtechnisiertes Leben. Auch das ist nur möglich, weil wir das Verhalten technischer Prozesse sehr genau vorhersagen können. Zum Beispiel wissen wir, dass unser Auto morgen genauso fahren wird wie heute und dass die Versorgung mit Elektrizität und Wasser, falls keine gravierende Störung eintritt, auch morgen funktionieren wird. Wenn wir morgen den Lichtschalter betätigen, dann wissen wir auch heute schon, dass das Licht angehen wird. Diese Voraussagbarkeit wird auch als Determinismus bezeichnet. Alle Dinge, die physikalischen Gesetzmäßigkeiten unterliegen, sind dabei wenigstens im Prinzip vorhersagbar. So ist auch unser alltägliches Leben von diesem Determinismus geprägt, d.h. von der Vorhersagbarkeit der näheren Zukunft. Wenn wir gehen, dann wissen wir im Voraus sehr genau, wo wir unseren Fuß beim nächsten Schritt hinsetzen werden. Anders könnten wir überhaupt nicht existieren. Es ist also die Kenntnis der Gesetzmäßigkeiten, die uns die Vorhersage der kausalen Aspekte der Zukunft ermöglicht und die unsere Lebensumgebung wenigstens in Teilen berechenbar macht.

Auf der anderen Seite prägt auch der Zufall unsere Welt. Er charakterisiert sogar den wesentlichen Unterschied zwischen Vergangenheit und Zukunft, weil die durch zufällige Ereignisse bedingte Zukunft, im Gegensatz zur Vergangenheit, nicht berechenbar ist. Wäre nämlich alles Zukünftige bestimmt und damit berechenbar, bestünde kein Raum mehr für die Entwicklung und die Entscheidungsfreiheit des Menschen.

Auch wenn wir den Lauf der Erde sehr präzise kennen und vorausberechnen können, so ist dennoch das, was auf der Erde geschieht, oft weit jenseits einer Berechenbarkeit. Viele Abläufe in der Natur sind nicht vorherbestimmbar. Es können morgen Situationen eintreten, die nicht vorhersehbar waren. Sie sind geprägt durch das zufällige Aufeinandertreffen von Ereignissen. Beispielsweise ist auch das Wetter niemals über eine längere Zeit vorhersagbar. Und das hat eine ganz bestimmte Ursache, denn immer dann, wenn sehr viele und voneinander unabhängige Teile an einem physikalischen Vorgang beteiligt sind, sind genaue Vorhersagen nicht mehr möglich. Dies lässt sich an folgendem Beispiel festmachen: Betrachten wir das Verhalten von turbulenten, d.h. unregelmäßigen, Strömungen im Wasser, wie es zum Beispiel an Stromschnellen auftritt. So wird man niemals dazu in der Lage sein, die Wege einzelner Wassermoleküle oder anderer Gegenstände vorherzusagen, wenn sie durch Stromschnellen hindurchfließen. Auch lassen sich die Wege verschiedener Luftteilchen in einem Sturm nicht im Entferntesten beschreiben. Könnten wir ein Sauerstoffatom in unserem Wohnzimmer einmal markieren und seinen zurückgelegten Weg mit der Zeit verfolgen, dann würden wir erkennen, dass wir seine Bahn niemals im Voraus berechnen können. Solche physikalischen Vorgänge einzelner Teilchen sind vollständig durch den Zufall geprägt. Trotzdem unterliegt das Verhalten einer ganzen Gruppe voneinander unabhängiger Teilchen berechenbaren Gesetzen. Beispiele dafür sind die Berechnungen von Temperatur, Dichte und Volumen von Gasen mittels der Gesetze der Thermodynamik[11].

Der Ablauf der Zukunft ist daher von vielen verschiedenen Faktoren geprägt. Auf der einen Seite gibt es die präzise Vorhersagbarkeit von Ereignissen, auf der anderen Seite sind wir mit einer vollkommenen Unbestimmtheit und damit mit der Zufälligkeit von Phänomenen konfrontiert. Hinzu kommt dann noch unsere eigene Entscheidungsfreiheit und die anderer Menschen, die uns in die eine oder andere Richtung gehen lassen.

Nach diesem kleinen Einschub über den wichtigen Zusammenhang zwischen Kausalität, Zufall und Zukunft kommen wir zurück zu den Eigenschaften der Zeit. Physikalisch scheint die Zeit nicht kontinuierlich zu verlaufen. Sie verstreicht wie in einem Film, wohl in einzelnen Stufen, wobei die Stufen so winzig klein sind, dass wir sie niemals bemerken können. Die kleinste Einheit der Zeit ist die

---

[11] Wärmelehre

sogenannte Planck-Zeit[12]. Sie ist unvorstellbar klein und mit keiner Uhr auch nur annähernd messbar. Was unterhalb dieser kürzesten Zeitspanne in der Natur abläuft, lässt sich weder mit irdischem Verständnis nachvollziehen noch von der Wissenschaft erklären und doch wissen wir, dass diese kürzeste Zeitspanne existiert.

Etwas andere Aspekte der Zeit ergeben sich, wenn wir die Zeit auf Grundlage unserer individuellen Wahrnehmung beleuchten. Das hat physiologische, auf der Funktionsweise des Körpers beruhende Gründe. So hat man herausgefunden, dass die kleinste zeitliche Einheit, die die Menschen bewusst wahrnehmen können, bei etwa 30-40 Millisekunden (msec), also 30-40 tausendstel Sekunden liegt. Das ist die zeitliche Schwelle, ab der die Reihenfolge zweier äußerer Reize unterschieden werden können. Wenn wir jedoch komplexere Zusammenhänge betrachten, wie sie z.B. in der Musik vorkommen, dann ist die Wahrnehmungsdauer deutlich länger, nämlich ca. 3 Sekunden. Man spricht dabei gerne vom so genannten „Wimpernschlag". Subjektiv wird dies als Gegenwart wahrgenommen, wenngleich es sich doch um eine fast lückenlose Fortbewegung auf dem Zeitpfeil handelt.

Nach all dem was wir bisher über die Zeit gelernt haben, ist es nicht verwunderlich, warum für uns Menschen das Phänomen Zeit so schwer zu verstehen ist und deshalb auch nicht plausibel aus unserem Gefühl heraus erklärt werden kann. Das mag dadurch begründet sein, dass wir Zeit auf der einen Seite subjektiv erleben und wahrnehmen, dass sie aber auf der anderen Seite physikalischen Gesetzmäßigkeiten unterworfen ist, die von uns weder erfassbar noch nachvollziehbar sind. In den folgenden Ausführungen werden wir lernen, warum unsere subjektiven, täglichen Erfahrungen mit der Zeit nichts mit dem tatsächlichen Wesen der physikalischen Zeit zu tun hat, dessen Komplexität unsere Auffassungsfähigkeit sprengt, uns aber der Natur der Schöpfung näher bringt.

Aus der Bibel entnehmen wir, dass die für uns in der Sterblichkeit zur Verfügung stehende Zeit buchstäblich „ein-malig" ist. Sie hat einen Anfang und ein Ende. In

---

[12] Die Planck-Zeit ist das kleinstmögliche Zeitintervall, für das die Gesetze der Natur gültig sind. Die Länge der Planck-Zeit beträgt unvorstellbar kurze 10^{-44} Sekunden. (siehe Fußnote 13 für die Erklärung der Exponentialschreibweise)

dem Buch Ijob im Alten Testament steht, dass die Zeit ein von Gott uns zugeteiltes und festgesetztes Maß ist:

> *„Der Mensch, vom Weib geboren, knapp an Tagen, unruhvoll, er geht auf wie eine Blume und welkt, flieht wie ein Schatten und bleibt nicht bestehen. Wenn seine Tage fest bestimmt sind und die Zahl seiner Monde bei dir, wenn du gesetzt hast seine Grenzen, so dass er sie nicht überschreitet."*
> (AT: Buch Ijob 14:1,2,5)

Es lässt sich erkennen, dass die Heiligen Schriften unseren Sinn nicht in die Vergangenheit lenkt, sondern vielmehr in die Gegenwart und in die Zukunft. Demnach ist wohl beabsichtigt, dass wir Menschen unser Leben nicht auf den flüchtigen Augenblick ausrichten, also uns nicht nur auf die Gegenwart fixieren, sondern dass wir in unserem Handeln auf ein Ziel zusteuern, dem wir folgen. Denn auch Gott selbst macht nichts nur für den Moment, sondern richtet sein Tun auf jene Auswirkungen aus, die in der Ewigkeit eine positive Entfaltung finden.

> *„Jetzt erkannte ich: Alles was Gott tut, geschieht in Ewigkeit. Was auch immer geschehen ist, war schon vorher da, und was geschehen soll, ist schon geschehen."* (AT: Buch Kohelet 3:14, 15)

Bemerkenswerterweise beschreibt Kohelet hier sehr deutlich zwei verschiedene Aspekte der Zeit im Kontext der Ewigkeit. Erstens erklärt er, dass Gottes Wirken immer nur in der Ewigkeit geschieht und auf die Ewigkeit ausgerichtet ist und nicht auf unsere zeitliche Existenz begrenzt ist. Zweitens beschreibt er hier bereits ansatzweise, was sehr eng mit den Eigenschaften der Ewigkeit verknüpft ist. Er schreibt: „Denn alles das was noch geschehen soll, ist für Gott schon geschehen und alles was gegenwärtig geschieht, war schon vorher da". Kohelet erklärt hier sehr deutlich, dass für Gott der Lauf der Zeit, so wie wir ihn kennen und erleben, nicht existiert. Denn für Gott ist alles was in unserem endlichen Universum geschieht gegenwärtig. Vergangenheit, Gegenwart und Zukunft spielen im Reich Gottes keine Rolle, denn sie existieren dort nicht. Genau deswegen ist für Gott schon geschehen, was auf der Erde erst noch geschehen soll, wie Kohelet es beschreibt. Und genau darin liegt das Geheimnis der Zeit verborgen und wir werden erst später erkennen, welches die grundlegenden Strukturen sind, in denen die Zeit eingebettet ist.

Verlassen wir jetzt für eine Weile das Phänomen Zeit und wenden wir uns dem nächsten fundamentalen Element zu, mit dem wir uns beschäftigen werden: dem Raum. Auch hier ist unser Verständnis von alltäglichen Erfahrungen geprägt. Sind wir doch in unserem täglichen Leben ständig mit Räumen konfrontiert. Seien es die Wohnräume, in denen wir leben oder arbeiten, oder seien es die Innenräume unserer Autos, mit denen wir uns fortbewegen. Gerade weil wir uns häufig in Räumen aufhalten, sind sie für uns etwas Alltägliches. Doch die Wirklichkeit der Räume ist doch weit komplexer als man dies vermuten würde. Dies wird dann sehr deutlich, wenn wir die Begrenzungen unserer Räume verlassen und den Blick gen Himmel wenden.

In den Zimmern unserer Wohnungen können wir den Raum in seiner Dimension und in seinen Abmessungen gut wahrnehmen und deshalb auch gut beschreiben. Wir betreten den Raum, bewegen uns auf dessen Fußboden und erblicken über uns eine Decke. Vor uns, hinter uns und seitlich ist der Raum meist von vier Seitenwänden begrenzt. Die Abstände sind genau messbar und lassen das Raumvolumen auch gut berechnen. Auch können wir uns in diesem Raum bewegen, noch vorne, nach hinten, nach links oder nach rechts. Wenn wir in einem Haus eine Treppe betreten, bewegen wir uns nach oben oder nach unten. Damit gelingt es uns, dass wir uns in unserem Haus in allen drei Raumdimensionen bewegen können. Dabei ist uns aber nur selten bewusst, dass wir die Räume selbst eigentlich gar nicht wahrnehmen können, sondern nur ihre Begrenztheit. Deswegen sind Räume für uns nur durch ihre Beschränkungen vorstellbar, durch die Fußböden, die Seitenwände oder durch die Decken. Auf diese Weise nehmen wir die drei Dimensionen unserer räumlichen Wirklichkeit wahr.

Unsere Perspektive ändert sich jedoch vollständig, wenn wir die räumliche Begrenztheit unserer Häuser und Wohnräume verlassen, ins Freie treten und unseren Blick bewusst gen Himmel wenden. Der Raum verliert plötzlich seine Beschränkung und hört schlagartig auf für uns fassbar zu sein. Die einzige Begrenzung, die wir dann noch erleben, ist der Erdboden auf dem wir stehen. Dies wird besonders deutlich, wenn wir nachts auf einem Berg stehen und uns bei wolkenlosem Himmel die große Anzahl von Sternen anschauen und uns die Frage stellen, was wohl zwischen den weit auseinanderliegenden Sternen ist. Gibt es Raum nur dort wo Sterne sind oder existiert auch der Raum ohne das sich etwas darinnen befindet? Es ist ganz natürlich, dass uns dabei solche Fragen durch den Kopf gehen, wenn wir die scheinbare Grenzenlosigkeit des Himmels betrachten: Wie groß mag das Weltall sein? Hat es irgendwo eine Grenze oder ist es grenzenlos? Und selbst wenn es eine Grenze geben sollte, was ist außerhalb davon? Können wir den Raum des Himmels vermessen? Bleibt er in seiner Größe immer gleich oder verändert er sich? Viele weitere Fragen mögen uns durch den Kopf gehen und sie führen uns fast zwangsläufig zu der wichtigen Frage: Was der Raum überhaupt ist und welche Eigenschaften ihn charakterisieren? An dieser Stelle sind wir an einem Punkt angelangt, wo unsere menschliche Vorstellungskraft an ihre Grenzen stößt. Denn wir können uns grundsätzlich nur Gegenstände in einem Raum vorstellen, aber niemals den Raumes selbst. Wir beobachten und erkennen unzählige Sterne und Galaxien in unserem Universum. Sie sind eingebettet in den für uns unbegreiflichen Raum des Universums.

Dieses Buch soll helfen, unsere bisherige Vorstellungskraft zu erweitern und unseren Blick ein wenig über den Tellerrand unseres gewöhnlichen irdischen Verständnisses richten zu lassen. Wir werden erkennen, dass Raum und Zeit keine zwei voneinander unabhängigen Größen sind, auch wenn sich dies für uns so darstellt. Denn zwischen Raum und Zeit besteht ein geradezu fundamentaler Zusammenhang, der uns noch dazu einen wichtigen Schlüssel zum Verständnis der Eigenschaften des Universums und damit von der Schöpfung Gottes liefert.

Der Raum oder das Weltall, in dem wir leben, wird Universum genannt. Es schließt alles ein, was sich um uns herum befindet – und es ist noch weitaus größer, als man mit den größten Teleskopen überblicken kann. Das Universum wirft noch immer viele offene Fragen auf. Doch einige der Antworten auf diese Fragen sind geradezu atemberaubend und liefern uns bahnbrechende Erkenntnisse über das Wesen von Raum und Zeit.

Mit den großen Teleskopen, wie dem Hubble-Weltraumteleskop, sehen wir fast bis an den Anfang unseres Universums und wir können die Grenzen erkunden, die das Licht uns setzt. Doch darüber hinaus schauen können wir nicht. Dieser Bereich mag den Menschen in ihrer Sterblichkeit wohl für immer verborgen bleiben. Nicht weil der Raum dort aufhört, sondern weil das Licht der dort existierenden Sterne und Galaxien zu lange braucht, um uns zu erreichen. Sie sind so weit entfernt, dass das Licht dieser Sterne länger als 13,8 Milliarden Jahre unterwegs wäre, bis es uns hier auf unserer Erde erreichen würde. Das Licht setzt uns daher eine natürliche Grenze bei der Betrachtung der Wirklichkeit.

Unsere Reise zu den riesigen räumlichen Dimensionen unseres Universums führt uns jetzt zurück in die genau entgegengesetzte Richtung, hinunter in die Welt des Allerkleinsten und wir werden dabei erkennen, dass das Allergrößte, das Universum, untrennbar mit dem Allerkleinsten, der Welt der Kräfte und der Elementarteilchen, verbunden ist.

Uns erwartet jetzt eine nicht weniger spannende Welt, nämlich die Welt des Allerkleinsten, die mit den Gesetzen der Quantenphysik beschrieben wird. Gerade hier begegnen uns Phänomene, die sich unserer bewussten Wahrnehmung und unserem Auffassungsvermögen verschließen.

Unsere persönlichen Vorstellungen von Raum und Zeit sind geprägt durch unsere Lebensumgebungen und den Größenordnungen, die wir unmittelbar und ohne Geräteunterstützung wahrnehmen können. Die Dicke eines Haars von wenigen zehntel Millimetern bis hin zu einigen tausend Kilometern, also den Distanzen auf unserer Erde, sind uns vertraute Größen. Selbst die Entfernung des Mondes von etwa 380.000 km ist für uns noch vorstellbar, gibt es doch Autos, die während ihrer Lebenszeit sogar noch längere Strecken zurücklegen. Allerdings ist schon die Entfernung zur Sonne mit etwa 149 Millionen km weit jenseits unserer Vorstellungskraft. Dabei liegt unsere Sonne, im globalen Zusammenhang betrachtet, noch in unserer allernächsten kosmischen Nachbarschaft.

Wenn wir an Zeitabschnitte denken, so sind uns Sekunden vertraut, getriggert zum Beispiel von unserem Herzschlag mit etwa einem Schlag pro Sekunde, bis hin zum Lebensalter von etwa 80, 90 oder 100 Jahren. Diese Größenordnungen von Längen und Zeiten sind allerdings nur eine Winzigkeit im Vergleich zu den tatsächlich in der Natur vorkommenden Größen. Alle darüberhinausgehenden Größenordnungen sind zwar vom Menschen technisch messbar, begreifen können wir sie aber kaum.

Mit technischen Mitteln können wir heute sowohl sehr kleine wie auch sehr große Größenordnungen bzw. Entfernungen erfassen und messen. So kann man bereits die Ausdehnung eines Protons in der Größe von einem Billiardstel Meter messen. Ausgedrückt in Dezimal-Schreibweise wäre dies die Zahl 0,000

000 000 000 001 m. In der Wissenschaft wird eine solche Zahl folgendermaßen ausgedrückt: 10^{-15} m. Man spricht dabei von der Exponential-Schreibweise. Sie wird genutzt, um sehr große und sehr kleine Zahlen übersichtlich aufzuschreiben. In der Fußnote[13] finden Sie dazu einige Beispiele.

Wenn wir die großen Distanzen im Weltall betrachten, dann macht die Entfernungsangabe in Kilometer keinen Sinn mehr, zu groß sind dafür die Abstände und dementsprechend auch die Zahlen. Deswegen hat man sich darauf festgelegt, Abstände nicht in Kilometern auszudrücken, sondern als Zeitangabe, als Lichtjahr. Ein Lichtjahr drückt die Entfernung aus, die das Licht in einem Jahr zurücklegt. Das Licht legt in einer Sekunde etwa 300.000 Kilometer zurück. Hochgerechnet auf ein Jahr wäre dies eine Strecke von 9,46 Billionen Kilometern oder anders ausgedrückt: 9.460 Milliarden Kilometern.

Betrachten wir jetzt die wirklich großen Distanzen in unserem Universum: So haben die am weitesten von uns entfernten sichtbaren Galaxien eine unvorstellbare Entfernung von etwa 40 Milliarden Lichtjahren.

Die kürzesten Zeitspannen, die heute bestimmbar sind, stammen aus der Messung von Lichtteilchen bei der Durchquerung von Atomen. Gerade einmal 247 Zeptosekunden benötigt so ein Lichtteilchen, um ein Molekül aus zwei Wasserstoffatomen zu durchqueren. Eine Zeptosekunde ist der billionste Teil einer milliardstel Sekunde, mathematisch ausgedrückt beträgt sie 10^{-21} Sekunden[14]. Im

---

[13] Exponentialschreibweise und Bezeichnungen sehr großer und sehr kleiner Zahlen
10^{-15} = 0,000000000000001 (ein Billiardstel, Femto)
10^{-12} = 0,000000000001 (ein Billionstel, Piko)
10^{-9} = 0,000000001 (ein Milliardstel, Nano)
10^{-6} = 0,000001 (ein Millionstel, Mikro)
10^{-3} = 0,001 (ein Tausendstel, Milli)
10^{0} = 1
10^{+3} = 1000 (Tausend, Kilo)
10^{+6} = 1000000 (Million, Mega)
10^{+9} = 1000000000 (Milliarde, Giga)
10^{+12} = 1000000000000 (Billion, Tera)
10^{+15} = 1000000000000000 (Billiarde, Peta)

[14] Science 10.1126/science.abb9318, 2020

Gegensatz zu dieser nicht mehr real vorstellbaren kleinen Zeitspanne, stehen die ebenfalls kaum vorstellbaren großen Zeitspannen die das Licht zurücklegen muss, um eine bestimmte Distanz zu durchdringen. Die wohl längste für uns messbare Zeitspanne ist jene, die seit der Erschaffung dieser Welt vergangen ist, sie beträgt ungefähr 13,8 Milliarden Jahre.

Obwohl wir heutzutage technisch dazu in der Lage sind, solche extrem großen und kleinen Zeiten und Entfernungen zu messen oder zu berechnen, so sind sie doch unserer Wahrnehmung völlig fremd und lassen sich in ihrer Dimension – ob groß oder klein - nicht begreifen. Die Welt des Allerkleinsten und des Allergrößten kann mit unserem menschlichen Verstand deshalb weder nachvollzogen noch verstanden werden. Trotzdem existieren sie und sind nicht nur Teil unserer irdischen Existenz, sondern sie bestimmen die Eigenschaften und das Verhalten der Materie im ganzen Universum. Für uns Menschen beschränken sich die Phänomene Zeit und Raum allerdings nur auf Größenordnungen, die sich aus unserer täglichen Erfahrung mit der von uns wahrnehmbaren Umgebung ableiten.

Unser irdisches Leben gibt uns gute Möglichkeiten, mit Distanzen und Zeitausmaßen interessante Erfahrungen zu machen. Blicken wir zum Beispiel vom Gipfel eines Berges hinab in ein weites Tal oder betrachten wir die Erde aus der Distanz eines Flugzeuges in 10.000 Metern Höhe. Auch die Weite des Horizonts am Ufer eines Meeres ist eine faszinierende Erfahrung, genauso wie der Blick durch eine Lupe oder ein Mikroskop. Wir erleben auch regelmäßig den zeitlichen Verlauf eines Tages und machen ihn zu einem verlässlichen Maßstab, dem wir unsere Terminplanung unterwerfen. All diese Distanzen und Zeitmaße erscheinen uns als absolute Größen, die weder äußeren Bedingungen unterliegen, noch verändert werden können.

Doch dieser Eindruck mag täuschen, denn das Wesen von Raum und Zeit ist viel komplizierter als wir es anhand dieser simplen Beispiele wahrnehmen und verstehen können. Wenn Raum und Zeit tatsächlich eine so einfache Struktur hätten, wie wir sie mit unseren Sinnen vermeintlich erleben, würde es keine Planeten, keine Sterne, keine Galaxien und auch kein Leben in unserem Universum geben. Wahrscheinlich würde es auch das Universum selbst nicht geben. Das werden wir spätestens verstehen, nachdem wir angefangen haben, uns der Ergründung des wirklichen Wesens von Raum und Zeit zuzuwenden. Dann werden wir auch verstehen, wie sich alles zu einem großen Ganzen zusammenfügt und dass sich unser Universum Schritt für Schritt zu dem entwickeln konnte, wie es sich uns heute darstellt. Und wir werden auch begreifen, dass sich unser Vater im Himmel all dieser ewigen Gesetze bedient, wenn es darum geht, Erden zu schaffen, auf denen seine Kinder wohnen und die so wichtigen Erfahrungen mit und in der physischen Welt machen können.

Richard Gardner, ein Professor für Biologie an der Southern Virginia University und Mitglied der Kirche Jesu Christi der Heiligen der Letzten Tage hat sich als Wissenschaftler auch zu diesem Thema geäußert[15]:

> *„Gott ist dazu imstande, uns alles zu offenbaren, was er möchte, einschließlich aller wissenschaftlichen Fakten. Und er hat zweifellos Wissenschaftler, Erfinder und Ingenieure inspiriert. Aber er gibt ihnen nicht einfach alle Antworten. Er möchte, dass sie – und wir – unseren Verstand benutzen. Also lässt er uns wissenschaftlich arbeiten."*

Wenden wir uns deshalb einem großen Wissenschaftler des 17. und 18. Jahrhunderts zu: dem Physiker, Mathematiker und Astronomen Sir Isaac Newton (1642 – 1726). Newton gilt als Mitbegründer der modernen Mathematik und hat herausragende Entdeckungen auf den Gebieten der Physik und Astronomie hervorgebracht. Er gilt zu Recht als einer der bedeutendsten Wissenschaftler aller Zeiten. Er entdeckte die Gesetzmäßigkeiten der Gravitation und ergründete die Grundgesetze der Mechanik. Bei der Formulierung seiner wichtigsten physikalischen Gesetze, bezogen auf die Wirkung von Kräften und Bewegungen, ging er von den folgenden drei Annahmen aus:

- In unserem gesamten Universum gibt es keine Begrenzung der Geschwindigkeit

- Die Zeit ist absolut und im ganzen Universum gleich

- Der Raum ist absolut und unterliegt keinen Veränderungen

Zeit und Raum sind bei Newton demzufolge absolute Größen und daher vollständig unabhängig von äußeren Einflüssen. So schrieb Isaac Newton in seinem

---

[15] Alicia K. Stanton: Science and Our Search for Truth, New Era, July 2016

berühmten Werk „Philosophiae Naturalis Principia Mathematica" (1686) über die Zeit:

> *„Die absolute, wahre und mathematische Zeit verfließt an sich und vermöge ihrer Natur gleichförmig und ohne Beziehung auf irgendeinen äußeren Gegenstand."*[16]

Was bedeutet diese grundlegende Aussage? Nach Newton verfließt die Zeit absolut und dies bedeutet, dass die Zeit im ganzen Universum gleich schnell laufen würde, d.h. dass die Uhren überall im Universum gleich schnell ticken würden. Auf der Erde würde sie gleich schnell ticken wie auf dem Mond oder in einer Lichtjahre entfernten Galaxie. Nirgends würde es Abweichungen vom Lauf der Zeit geben. Der Lauf der Zeit wäre nicht abhängig von irgendwelchen äußeren Gegenständen oder Begebenheiten. Diese Vorstellung über die Eigenschaften der Zeit war bis zum Anfang des 20. Jahrhunderts fest in der Wissenschaft verwurzelt.

Genauso wie Newton sich die Zeit als absolute Größe vorstellte, ging er auch von der Existenz eines absoluten Raumes aus. Beide Annahmen basierten auf den damals bekannten Erkenntnissen und Erfahrungswerten. Zur Zeit Newtons gab es deshalb auch keinerlei Hinweise darauf, dass diese Annahmen nicht richtig sein könnten. Sie wurden damals genauso als selbstverständlich betrachtet, wie wir es heute mit unseren normalen Lebenserfahrungen auch tun würden.

In Ableitung aus seinen Annahmen entwickelte Newton seine Definition des absoluten Raumes in Analogie zur absoluten Zeit:

> „Der Raum ist absolut, unveränderlich und unbeeinflusst von den physikalischen Vorgängen, die sich in ihm abspielen. Der Raum ist euklidisch[17] und dreidimensional."

Der Raum wird dann als absolut bezeichnet, wenn seine Form, Größe und Beschaffenheit unabhängig davon ist, was sich in seinem Innern abspielt. Also unabhängig davon ist welche Materie oder Energie im Raum enthalten ist und wie sie sich darin bewegt. Schon diese Aussage des absoluten Raumes ist für uns

---

[16] Issac Newton: Philosophiae Naturalis Principia Mathematica, 1686
[17] Nach Euklid ist der euklidische Raum der „dreidimensionale Raum unserer Anschauung"

Menschen schwer begreifbar, denn wie kann man sich die Form eines Raumes ohne dessen Begrenzung durch Wände überhaupt vorstellen.

Diese beiden Aussagen über den absoluten Raum und die absolute Zeit stimmen mit unseren menschlichen Wahrnehmungen überein, die wir auch in unserem eigenen Lebensalltag machen. Ein Raum ändert sich für uns nicht, unabhängig davon, ob wir uns darin aufhalten oder nicht und eine Uhr tickt immer gleich schnell, unabhängig davon wie schnell wir uns bewegen. Deshalb ist es nicht verwunderlich, dass Isaac Newton sie zur Grundlage seiner Naturgesetze machte. Und diese sollten noch so lange ihre Gültigkeit behalten, bis die moderne Wissenschaft mit ihren fortgeschrittenen Mess- und Beobachtungsmethoden dann doch an die Grenzen von Raum und Zeit stieß und feststellte, dass weder die Zeit noch der Raum, absolut sind.

5.1. DIE NATUR DES LICHTS

Das Licht ist wahrscheinlich das bedeutendste Phänomen, mit dem wir in unserem Universum konfrontiert werden. Beispielsweise gibt es uns die Fähigkeit, einen wichtigen Teil dieser Welt mit eigenen Augen wahrzunehmen. Aber das Licht ist weit mehr als nur ein Hilfsmittel um uns in dieser Welt orientieren zu können. Wir werden in späteren Kapiteln erfahren, dass das Licht sogar das ausschlaggebende Element in der Strukturierung von Raum und Zeit ist, denn der Weg des Lichts legt die kürzeste Verbindung zwischen zwei Punkten in der Raumzeit des Universums fest und definiert dadurch die Geometrie des Universums. Und letztendlich ist das Licht im übertragenen Sinne auch die Kraft die die Welt im Innersten zusammenhält[18].

In den Heiligen Schriften lesen wir, dass das Licht, das unsere Augen erleuchtet, dasselbe Licht ist, das unser Verständnis belebt (L&B 88:11). Gemeint ist damit, dass das physikalische Licht, durch das wir unsere Umwelt wahrnehmen, dasselbe Licht ist, das wir von Gott erhalten, um damit unser Verständnis und unseren Geist zu beleben. Es ist die Kraft Gottes und geht von seiner Gegenwart aus, um die Unermesslichkeit des Raumes zu erfüllen (L&B 88:12). Natürlich erleben wir das physikalische Licht in unserer Lebensumgebung anders als das geistige Licht, beide unterscheiden sich deutlich in ihren von uns wahrnehmbaren Eigenschaften und ihren Aufgaben, aber letztlich lassen sich beide auf das gleiche ewige Licht zurückführen wie wir in L&B 88:11 lesen können. Wir wissen beispielsweise, dass sich das physikalische Licht in unserem endlichen Universum nur mit der Lichtgeschwindigkeit bewegen kann, wohingegen das geistige Licht wohl nicht dieser Beschränkung unterliegt.

Bis in die Mitte des 17. Jahrhundert ging man davon aus, dass das Licht sich unendlich schnell, also augenblicklich, ausbreitet. Aber diese Annahme sollte sich als Irrtum erweisen, mit unglaublichen Konsequenzen für alles, was man damals über die Struktur des Universums und der gesamten darin beheimateten Natur

---

[18] Johann Wolfgang Goethe: Faust, Der Tragödie erster Teil, Reclam Verlag 1977, Zeile 382

dachte. Die ersten Versuche zur Bestimmung der Lichtgeschwindigkeit stammten aus dem Jahre 1676. Dem dänischen Astronomen Ole Rømer gelang der Nachweis der endlichen Lichtgeschwindigkeit durch seine Beobachtungen der Umlaufbahn des Jupitermondes Io. Aus Rømers Beobachtungen berechnete der niederländische Astronom, Physiker und Mathematiker Christiaan Huygens zwei Jahre später den ersten Wert der Lichtgeschwindigkeit mit 213.000 km pro Sekunde. Damit kam Huygens dem tatsächlichen Wert, nämlich etwa 300.000 km pro Sekunde, schon beachtlich nahe.

Wir wissen heute, dass das Licht sonderbarerweise gleichzeitig sowohl Eigenschaften einer physikalischen Welle als auch eines isolierten Teilchens – gemeint ist das Photon oder Lichtteilchen – besitzt und dass es sich mit einer endlichen Geschwindigkeit ausbreitet, die etwa 300.000 Kilometer pro Sekunde beträgt und Lichtgeschwindigkeit genannt wird. Durch die endliche Geschwindigkeit des Lichts schauen wir immer in die Vergangenheit und dadurch offenbart sich uns die Geschichte des Universums. Die Geschichte des Universums liegt buchstäblich vor uns wie ein offenes Buch. Denn wenn wir etwas betrachten, dann sehen wir es niemals so wie es zu dem jeweiligen Zeitpunkt der Beobachtung aussieht. Wir sehen es immer so wie es war, als das Licht ausgesandt wurde. Zwischen gegenwärtiger Betrachtung und tatsächlicher Wirklichkeit liegt also immer jene Zeitspanne, die das Licht benötigte, um unser Auge zu erreichen. Denn je weiter etwas von uns entfernt ist, desto tiefer schauen wir zurück in die Vergangenheit. Und heute blicken wir fast zurück bis zum Beginn von Raum und Zeit. Die endliche Lichtgeschwindigkeit erlaubt uns buchstäblich die Ahnenforschung der Gestirne. Beispielsweise erkennen wir Familien von Sternen, die einen gemeinsamen Ursprung haben. Wäre die Lichtgeschwindigkeit unendlich groß, dann wäre die Geschichte des Universums für uns für immer verborgen geblieben.

Aufgrund der Endlichkeit und der Konstanz der Lichtgeschwindigkeit lassen sich mit den Entfernungen auch gleichzeitig die Zeiträume messen und umgekehrt. Ein Lichtjahr ist demnach die Strecke, die das Licht in einem Jahr zurücklegt. Es sind unvorstellbare 9,46 Billionen km. Das Licht von der Sonne braucht etwa 8 Minuten, um zur Erde zu gelangen. Das Licht vom nächsten Fixstern (Proxima Centauri) benötigt schon 4 Jahre. Und das ist noch eine verhältnismäßig kurze Strecke, denn schon unsere Heimatgalaxis, die Milchstraße, hat einen Durchmesser von 120.000

Lichtjahren, d.h. das Licht benötigt 120.000 Jahre, um von einem Ende der Milchstraße zum anderen zu gelangen. Die dabei zurückgelegte Wegstrecke beträgt unglaubliche 120.000 mal 9,46 Billionen Kilometer. Unsere nächste größere Nachbargalaxie, der Andromeda Nebel, ist schon 2,5 Millionen Lichtjahre von uns entfernt. Er ist auch das entfernteste Objekt, das wir mit bloßem Auge am Nachthimmel sehen können. Wenn wir in einer dunklen Nacht die Andromeda Galaxie am Himmel erblicken, dann sind die Lichtteilchen, die auf unsere Netzhaut fallen, zu einem Zeitpunkt losgeflogen, als noch die Säbelzahntiger über die Erde liefen. Doch auch die Andromeda Galaxie befindet sich noch in unserer unmittelbaren kosmischen Nachbarschaft. Weit mehr Galaxien sind sogar viele Milliarden Lichtjahre von uns entfernt. Die ältesten und damit am weitesten von uns entfernten sichtbaren Galaxien haben ihr Licht vor etwa 13,5 Milliarden Jahren abgeschickt, also direkt aus der Kinderstube des Universums, kurz nach dem Beginn von Raum und Zeit. Wenn wir heute diese Galaxien betrachten sehen wir sie so, wie sie am Anfang ihrer Existenz aussahen, kurz nachdem die ersten Sterne die Dunkelheit des Kosmos erstmalig erleuchtet haben. Die Geschwindigkeit des Lichts erscheint uns zwar auf der Erde unglaublich groß, doch im kosmischen Maßstab ist sie wegen der riesigen Ausdehnungen im Universum eher winzig klein.

Durch diese Eigenschaften des Lichts – gemeint ist die Begrenztheit seiner Geschwindigkeit – trägt jeder Mensch die Fähigkeit in sich, die Relativität und den Zusammenhang von Raum und Zeit zu verstehen. Lassen sie mich dies durch ein einfaches Gedankenexperiment verdeutlichen. Stellen Sie sich vor, sie befänden sich heute auf einem Planeten, der 1.000 Lichtjahre von der Erde entfernt ist und sie hätten ein riesiges Teleskop, mit dem sie die Erde genau betrachten könnten. Was würde man jetzt dort durch das Teleskop sehen? Man wäre buchstäblich ein direkter Augenzeuge dessen, was sich vor 1.000 Jahren auf der Erde abspielte. Sie könnten direkt zusehen, wie sich Europa vom frühen Mittelalter zum Hochmittelalter entwickelte. Wären sie jetzt hingegen auf einem Planeten, der 2.000 Lichtjahre von der Erde entfernt ist, könnten sie einen Blick in die 2.000 Jahre alte Vergangenheit und damit in jene Zeit werfen, in der Jesus Christus auf Erden gewandelt ist. Alles aus dieser „Vergangenheit" wäre für sie heute wie gegenwärtig. Das veranschaulicht uns, wie Raum und Zeit ineinander zu einer Einheit verschmelzen. Je nach Entfernung von der Erde könnten wir im Prinzip den entsprechenden Zeitpunkt in der Vergangenheit der Erde betrachten. Durch die endliche

Lichtgeschwindigkeit sehen wir also immer in die Vergangenheit. Auf diese Weise eröffnet sich uns auch der Blick auf die Anfänge unseres Universums.

Die Strahlung des Lichts ist ein Träger vieler Informationen. Die Frequenz des Lichts bestimmt die Farbe, die wir optisch wahrnehmen. Zum Beispiel hat blaues Licht eine hohe Frequenz, rotes Licht eine niedrige. Die Frequenz des Lichts bestimmt nicht nur die jeweilige Farbe, sondern sie enthält auch eine Information über die Temperatur. So hat blaues Licht eine höhere Temperatur als das rote Licht. Blaue Sterne haben deshalb eine sehr hohe Oberflächentemperatur, die deutlich über 20.000 Grad liegt, wohingegen rote Sterne deutlich kühler sind mit nur etwa 3.000 Grad. Unsere gelb erscheinende Sonne liegt irgendwo dazwischen mit einer Temperatur von rund 5.800 Grad.

Durch die Kopplung des Lichtes an Ladungsvorgänge in Atomen, wird es zu einem wesentlichen Träger von Informationen. Auf diese Weise liefert es uns viele Informationen, die wir heute über das Universum mit seinen Milliarden Galaxien haben. Über seine riesigen Strukturen, über seine chemische Zusammensetzung, über seine Bewegung, seine Entfernung und sein Alter, über seine Form und über seine Entwicklung. Somit ist das Licht eine schier unerschöpfliche Quelle an Informationen, die uns sogar Einsichten in die Geburtsstunde des Universums offenbart.

Durch das physikalische, natürliche Licht können wir unsere Welt in all ihrer Vielfalt wahrnehmen. Mit Hilfe lichtstarker Teleskope können wir sogar weit über das hinausblicken, was unser normales Augenlicht wahrnehmen kann. Dieses natürliche Licht dient uns gewissermaßen als Brücke zur Erkenntnis der Natur, obwohl es selbst Bestandteil der Natur ist. Das Licht ist aber noch weit mehr als nur ein Übermittler von Information. Es birgt auch eine Kraft in sich. Aber noch mehr: In ihm spiegelt sich geradezu ein universelles Gesetz.

Aber die wichtigste Eigenschaft des Lichts im Hinblick auf das Wesen des Universums ist den Menschen bis Anfang des 20. Jahrhunderts verborgen geblieben: Die Geschwindigkeit des Lichts ist nicht nur endlich, sie ist sogar die größte Geschwindigkeit, mit der sich etwas im Universum fortbewegen kann, nichts kann sich in unserem Universum schneller bewegen als das Licht. Diese Eigenschaft des

Lichts legt die Struktur des Universums fest. Wäre die Lichtgeschwindigkeit unendlich groß oder würde es Geschwindigkeiten geben, die die des Lichts übertreffen, dann würde es unser Universum und auch uns, als sterbliche Menschen auf der Erde nicht geben.

Zusammenfassend können wir sagen, dass das Licht weit mehr ist als nur ein Mittel, um die Dunkelheit zu erleuchten. Es ist auch so etwas wie eine Zeitmaschine (wenigstens in eine Richtung), die uns den Blick zurück in die Vergangenheit gewährt, bis fast zum Ursprung allen Seins im Universum. Denn durch die Begrenztheit der Lichtgeschwindigkeit und das Wesen des Lichts offenbart sich für uns der Ursprung, die Vergangenheit und die Geschichte unseres Universums mit all seinen Sternen und Planeten, mit all den Welten ohne Zahl.

In unserem religiösen Sprachgebrauch kommt ebenfalls der Begriff Licht vor, nämlich wenn wir vom Licht Christi sprechen. Spätestens jetzt wird uns die ewige Dimension gewahr, die dem Licht innewohnt. Es erscheint als Ausdruck ewiger Gesetze, die sowohl im Himmel wie auch auf der Erde herrschen. Wir sprechen dabei von jener göttlichen Energie, von jener göttlichen Macht und von jenem göttlichen Einfluss, die der Vater durch seinen Sohn Jesus Christus an uns heranträgt und durch die er alles belebt und jedem seiner Kinder Licht gibt. In diesem Licht verkörpert und vollstreckt sich das Gesetz, durch das alles im Himmel und auf Erden regiert wird.

Auch wenn es zwischen dem Licht Christi und dem physischen Licht viele Gemeinsamkeiten gibt und sie der gleichen Quelle entstammen, so ist doch das Licht Christi weit mehr. Es kommt aus einer anderen Dimension, um Raum und Zeit zu durchdringen, um den Menschen die Wahrheit Gottes zu bringen.

Nachdem im letzten Kapitel einige grundlegende Eigenschaften des Lichts besprochen wurden, wenden wir uns jetzt einer nur im historischen Rahmen bedeutsamen Entwicklung zu: dem „Äther". Viele haben diesen Begriff schon einmal gehört, vielleicht ohne genau zu wissen was sich hinter diesem Ausdruck verbirgt. Da der Äther in der historischen Entwicklung der physikalischen Erkenntnisse über die Ausbreitung des Lichts im 18. und 19. Jahrhundert eine überaus wichtige Rolle spielte und auch in John A. Widtsoes Buch „Joseph Smith - Der Wissenschaft voraus" eine zentrale Rolle einnahm, soll hier auf die Bedeutung und Geschichte des Äthers kurz eingegangen werden.

Die Idee eines Äthers geht in ihren Anfängen zurück zu den griechischen Philosophen, die neben den damals angenommenen Grundelementen Erde, Wasser, Luft und Feuer, auch von einem imaginären Äther ausgingen, der nach ihren Vorstellungen göttliche Eigenschaften besaß, um die Entstehung himmlischer Körper begreifbar zu machen. Diese Überlegungen der griechischen Philosophen hielten sich viele Jahrhunderte lang, bis erste wissenschaftliche Abhandlungen über den Äther Mitte des 17. Jahrhunderts eine Änderung der Ideenwelt einläutete. 1644 erklärte der französische Philosoph Rene Descartes[19], dass es so etwas wie einen leeren Raum nicht geben könne.

Die Theorie des Äthers nahm in der wissenschaftlichen Welt des 19. Jahrhunderts an Bedeutung zu und wurde zu einem dominierenden Teil des damals bekannten Weltalls, das sich auf unser Sonnensystem, die nächstliegenden Sterne und einen Teil der damals bekannten Milchstraße beschränkte. Aber was stellte man sich damals unter dem Äther vor? Warum war er so wichtig, dass man auf seiner Existenz beharrte und welche Eigenschaften wurden ihm zugeschrieben?

Auch hier ist es wieder das Licht, das der Beantwortung dieser Frage zugrunde liegt. Es waren nämlich die Eigenschaften des Lichts, die die Forscher vergangener Jahrhunderte auf eine falsche Fährte führte. So deutete Christiaan Huygens schon Mitte des 17. Jahrhunderts auf Basis wissenschaftlicher Experimente die Natur des Lichts als Ausbreitung einer physikalischen Welle.

---

[19] Rene Descartes: *„Über die Prinzipien der körperlichen Dinge"* erschienen in *Principia philosophiae, 1644*

Zum damaligen Zeitpunkt war das naturwissenschaftliche Verständnis so, dass jede physikalische Welle, also auch das Licht, ein Übertragungsmedium erforderte, um sich auszubreiten. Es benötigte zur Ausbreitung also etwas das schwingen kann. Beispiele für die Ausbreitung von Wellen mittels eines Mediums gab es schon damals viele. So wusste man, dass sich Töne oder Geräusche nur in Luft, oder in einem festen Medium, als akustische Wellen ausbreiten können. Deshalb legen die Eigenschaften der Luft die physikalischen Rahmenbedingungen für die Ausbreitung der akustischen Wellen fest. Diese Rahmenbedingungen bestimmen zum Beispiel die Ausbreitungsgeschwindigkeit, wie wir sie als Schallgeschwindigkeit kennen. Dies bedeutet, dass die Übertragung eines akustischen Tons ohne Luft oder eines anderen festen Mediums prinzipiell nicht möglich ist. Im Vakuum können sich tatsächlich auch keine akustischen Wellen ausbreiten. Deswegen können sich im luftleeren Universum auch keine Töne ausbreiten. Ein auf dem Mond oder im Weltraum entstandenes Geräusch könnte deshalb niemals die Erde erreichen. Diese Tatsache war schon Anfang des 19. Jahrhunderts bekannt. Ein anderes Beispiel sind die Wasserwellen, die an der Oberfläche von Flüssigkeiten beobachtet werden können. In diesem Fall übt die Flüssigkeit die Funktion des Mediums aus. Aus diesen Beobachtungen heraus leitete man ab, dass jede physikalische Welle für ihre Ausbreitung ein Trägermedium benötigt, es musste also überall ein Medium vorhanden sein, das die Eigenschaft hat, zu schwingen. So lag der Schluss nahe, dass es auch für die Wellenausbreitung des Lichts eines materiellen Trägers bedarf. Damit war die Theorie des Äthers geboren.

Da wir das Licht entfernter Himmelskörper, wie jenes unserer Sonne oder der weiter entfernten Sterne, sehen können, musste nach dem damaligen Verständnis das Medium Äther überall im Weltall vorhanden sein, sodass die Lichtwellen dieses Medium als Trägersubstanz nutzen konnten. Ohne ein solches Medium war die Übertragung von Lichtwellen damals nicht vorstellbar. Dieses fiktive Medium zur Lichtübertragung wurde als Äther bezeichnet und man ging davon aus, dass es das gesamte Universum erfüllte. Alles sollte von diesem Äther erfüllt sein, die Räume zwischen den Sternen, die Sterne selbst und die gesamte Milchstraße, selbst die Erde und die Menschen waren gemäß dieser Annahme davon durchdrungen. Sogar zwischen den kleinsten Teilchen der Materie musste es den Äther geben. Dieser gedanklichen Konsequenz folgend musste der Äther fest genug sein, um Lichtwellen zu übertragen. Er durfte aber auch keinen großen Widerstand erzeugen, wodurch die Bewegungen der Planeten um die Sonne abgebremst werden könnten. Die damalige Wissenschaft befand sich dadurch in einer Zwickmühle. Denn auf der einen Seite war ein Medium dieser Art völlig unbekannt. Auf der anderen Seite konnte man es sich aber auch nicht vorstellen, dass sich das Licht ohne ein solches Medium ausbreiten könne. So gewann die Theorie des Äthers im 19. Jahrhundert allmählich an Bedeutung.

Die Existenz des Äthers konnte jedoch niemals experimentell nachgewiesen werden. Trotzdem war die Theorie damals bereits so populär und überzeugend geworden, dass fast alle namhaften Physiker die Existenz eines Äthers nicht in Zweifel zogen. Ende des 19. Jahrhunderts wurde nun aber eine interessante Entdeckung gemacht. James Clerk Maxwell[20] gelang der Nachweis, dass die Elektrodynamik[21] und die Optik[22] zwei verschiedene Ausprägungen derselben physikalischen Grundprinzipien sind und dass sie durch ein gemeinsames physikalisches Phänomen miteinander verbunden sind: dem Licht. Obwohl er mit dieser Entdeckung der Klärung des Rätsels um den Äther schon sehr nahe kam, blieb James Clerk Maxwell – von der damaligen Erkenntnislage geprägt – dennoch von der Existenz und Wirksamkeit des Äthers überzeugt. Diese Überzeugung führte zu der folgenden Aussage von ihm:

> *„Es kann keinen Zweifel geben, dass der interplanetarische und interstellare Raum nicht leer ist, sondern dass beide von einer materiellen Substanz erfüllt sind, die gewiss die umfangreichste und vermutlich einheitlichste Materie ist, von der wir wissen."*[23]

Selbst Heinrich Hertz, der 1888 als Erster die Ausbreitungsgeschwindigkeit der elektromagnetischen Wellen und damit auch des Lichts direkt nachwies, glaubte fest an das fundamentale Prinzip des Äthers. Er sagte:

---

[20] Maxwell, James Clerk: *A Dynamical Theory of the Electromagnetic Field*. 1864 eingereicht, veröffentlicht in: *Philosophical Transactions of the Royal Society of London* (155), 1865, S. 459–512

[21] Elektrodynamik: Die Lehre von bewegten elektrischen Ladungen und ihren Feldern

[22] Optik: Die Lehre von der Lichtausbreitung und dessen Wechselwirkung mit der Materie

[23] *Ether*. In: *Encyclopædia Britannica*, Ninth Edition

„Nehmt aus der Welt die Elektrizität, und das Licht verschwindet, nehmt aus der Welt den lichttragenden Äther, und die elektrischen und magnetischen Kräfte können nicht mehr den Raum überschreiten." [24]

Die damals vorherrschende Äthertheorie strahlte verständlicherweise auch auf Wissenschaftler[25] der Kirche Jesu Christi der Heiligen der Letzten Tage aus, die in dem vermeintlich alles durchdringenden Äther eine physikalische Beschreibung des göttlichen Lichts Jesu Christi sahen, das als Essenz oder Träger vieler göttlicher Eigenschaften dient. In seinem Buch „Joseph Smith - Der Wissenschaft voraus" schrieb John A. Widtsoe:

„Joseph Smith lehrte, der Raum sei von einer Substanz erfüllt, die dem wissenschaftlichen Äther vergleichbar ist." (John A. Widtsoe, "Joseph Smith - Der Wissenschaft voraus", 1990, S. 29)

Joseph Smith jun. selbst hat aber nie beschreibend über den Äther gesprochen. Das Medium, das in einer seiner Offenbarungen genannt wird, ist das Licht Christi. Dort heißt es auch, dass dieses Licht das ganze Universum erfüllt. In der von Joseph Smith am 27. Dezember 1832 empfangenen Offenbarung liest sich dies so:

„Das Licht, das leuchtet und euch Licht gibt, kommt durch ihn, der euch die Augen erleuchtet, und es ist dasselbe Licht, das euch das Verständnis belebt. Dieses Licht geht von der Gegenwart Gottes aus und erfüllt die Unermesslichkeit des Raumes – das Licht, das in allem ist, dass allem das Leben gibt, das das Gesetz ist, wodurch alles regiert wird, ja die Kraft Gottes." (L&B 88:11-13).

Mit dieser Schriftstelle liegt uns eine ausdrucksstarke Aussage zu jener Kraft vor, durch die Gott wirkt. Es war damals naheliegend, das Licht Christi mit Eigenschaften und Merkmalen des vermeintlichen Äthers in Verbindung zu bringen, wenn auch nur als Trägersubstanz zur Übermittlung von Signalen. Auch die

---

[24] Heinrich Hertz: *Über die Beziehung zwischen Licht und Elektrizität* - Rede vor der 62. Versammlung deutscher Naturforscher und Ärzte in Heidelberg, 20. September 1889

[25] John A. Widtsoe: „Joseph Smith – Der Wissenschaft voraus"

Wissenschaft sah den Äther als ein Medium, das die Unermesslichkeit des Raumes ausfüllt und damit buchstäblich „in allem" sei.

Aber bereits Ende des 19. Jahrhunderts bröckelte die Theorie des Äthers und erste wissenschaftliche Erkenntnisse fingen an, diese Theorie infrage zu stellen. Im Nachhinein lässt sich aber gut verstehen, warum eine derartige Theorie aufgestellt wurde und warum man so hartnäckig an ihr festhielt. Man brauchte sie, um die Art und Weise der Lichtausbreitung zu erklären, zumindest so wie sie in der damaligen Zeit verstanden wurde. Aber die Wissenschaft entwickelte sich weiter und neue Erkenntnisse belegten, dass das Licht überhaupt kein Medium zur Ausbreitung benötigt, sodass es sich ungehindert auch in einem Vakuum fortbewegen kann.

Auch wenn sich die Äthertheorie im Nachhinein als falsch herausstellte, half sie aber doch der Wissenschaft, in die richtige Richtung weiter zu forschen. Dies zeigt, dass selbst Annahmen, die sich letztlich als falsch erweisen, die Wissenschaft schließlich doch auf die richtige Spur bringen können. Mittlerweile ist die Tatsache, dass ein Äther nicht zur Ausbreitung elektromagnetischer Wellen im Vakuum gebraucht wird, für jeden Wissenschaftler eine Selbstverständlichkeit geworden. Man weiß, dass sich elektromagnetische Wellen im Vakuum ohne Trägermaterial ausbreiten können. Bemerkenswerterweise legen die Eigenschaften des Vakuums die Größe der Lichtgeschwindigkeit in ähnlicher Weise fest, wie die Eigenschaften der Luft die Ausbreitungsgeschwindigkeit des Schalls bestimmen. Denn wie man heute weiß, besteht ein Vakuum entgegen den landläufigen Vorstellungen nicht aus dem Nichts.

Mit dieser historischen Beleuchtung der wissenschaftlichen Entwicklung haben wir gesehen, wie Gott den Menschen Schritt für Schritt die Augen öffnet und nach enormer Anstrengung der Wissenschaft, den Menschen nach und nach seine Geheimnisse offenlegt. Wir konnten auch sehen, dass aus zunächst falschen Annahmen, schließlich aber doch richtige und für die weiteren Forschungen wichtige Ergebnisse resultieren können. Man muss sich jedoch immer vor Augen führen, dass die Gesetze der Naturwissenschaften – abgesehen von der Mathematik – grundsätzlich nicht beweisbar sind. Sie sind in ihrem Anwendungsbereich so lange gültig, bis sie durch Experimente oder Beobachtungen widerlegt, also falsifiziert[26] werden können. Spätestens dann ist die Wissenschaft wieder gefordert, eine neue

---

[26] Entsprechend der von Karl Popper begründeten Wissenschaftstheorie

wissenschaftliche Beschreibung des Sachverhalts zu liefern. Dieser Zyklus von „Beobachtung - These - Bestätigung oder Falsifizierung" hat die Forschung der vergangenen Jahrhunderte geprägt und war gewissermaßen Motor des Fortschritts. Die Offenbarungen Gottes unterliegen hingegen nicht einem solchen Prozess. Sie liefern sofort die Erkenntnis und diese hat dann auch ewigen Bestand. Es zeigt sich dabei immer deutlicher, dass die wissenschaftliche Beschreibung der Natur und der mit ihr verknüpften Gesetzmäßigkeiten des Universums, sich den Offenbarungen Gottes immer mehr annähern, bis es irgendwann eine vollständige Übereinstimmung geben wird.

Newtons Annahme einer absoluten Zeit und eines absoluten Raumes beruhte auf der damals vorherrschenden physikalischen Meinung, dass das Licht sich unendlich schnell fortbewegen würde. Dann würden tatsächlich auch alle Uhren im ganzen Universum gleich schnell ticken und die Räume wären unabhängig von den Massen, die sich darin befinden würden. Aber es sollte sich zeigen, dass Raum und Zeit nicht absolut, sondern relativ sind und auch sein müssen und der Schlüssel dafür in der begrenzten Lichtgeschwindigkeit liegt. Als sich Ende des 19. Jahrhunderts die Erkenntnis von der Konstanz der Lichtgeschwindigkeit durchzusetzen begann, öffnete sich der Schleier zum wahren Verständnis von Raum und Zeit.

Der deutsche Philosoph und Astronom Immanuel Kant (*1724-1804*) hatte schon lange vor Albert Einstein erkannt, dass der Raum keineswegs begrenzt und unveränderlich sein kann und zudem besondere Eigenschaften haben musste. Kant schrieb:

> *„Gleichwohl können wir uns einen endlichen, begrenzten Raum unter keinen Umständen vorstellen, der Raum als Ganzes muss unbegrenzt sein. Wir können uns jeden einzelnen Gegenstand aus der Welt wegdenken, wir können uns (fast) das ganze Universum fortdenken – nicht jedoch den Raum."* [27]

Für Kant waren Raum und Zeit somit keine physikalischen Größen, sondern schlichtweg die für uns wahrnehmbare Ausdrucksform des Universums. Damit sind Raum und Zeit auch die unumstößliche Grundlage für die gesamte Physik unserer irdischen Materie geworden, da alles im Raum und in der Zeit stattfinden muss und sich nichts dem entziehen kann.

Die Schwierigkeit, den Raum und seine Eigenschaften in ihrer wahren Ausprägung einschätzen zu können, begründet Kant damit, dass wir den Raum weder sehen noch ihn mit unseren anderen Sinnen wahrnehmen können. Wir können

---

[27] Immanuel Kant: Kritik der reinen Vernunft

daher nur die Begrenzungen des Raumes und die Gegenstände „im Raum" wahrnehmen, aber niemals den Raum selbst.

Mit dieser Lehre stellte sich Kant als Erster, den im 18. Jahrhundert noch vorherrschenden Vorstellungen und Interpretationen von Raum und Zeit, entgegen.

Für Isaak Newton und auch für die anderen Naturwissenschaftler seiner Zeit, stellten Raum und Zeit eine voneinander unabhängige, festgefügte, unveränderbare und ewige Hintergrundstruktur dar, relativ zu der sich alles bewegt. Raum und Zeit bildeten für sie lediglich eine Bühne, auf der sich alles abspielt. Für Newton war der Raum ein „sensorium dei[28]", und die Zeit war ein Ausdruck der Ewigkeit Gottes. Doch Zeit und Raum sind in Wirklichkeit keine festgefügten und unveränderbaren Hintergrundstrukturen, sondern sie sind, gemeinsam mit der Materie, die alles entscheidenden Mitspieler im Geschehen des Universums. Raum, Zeit und Materie (Energie) spielen gewissermaßen ein gemeinsames Spiel, sie beeinflussen sich immer gegenseitig, sie streben nach einem Gleichgewicht und bilden so die Harmonie, die im Universum herrschen muss. Zur Beschreibung des Ganzen fehlt jetzt nur noch ein wesentlicher Faktor: das Licht. Denn dem Licht fällt im Geschehen des Universums eine überragende Rolle zu, es hilft uns nicht nur die Welt mit eigenen Augen wahrzunehmen, es ist auch nicht nur ein Träger von Informationen, sondern es ist das fundamentale Bindeglied zwischen Raum und Zeit.

Nun sind wir an einem Punkt angelangt, an dem wir das, was Gott zu Jesaja gesagt hat, vielleicht schon besser nachvollziehen können:

> *„Meine Gedanken sind nicht eure Gedanken und eure Wege sind nicht meine Wege – Spruch des Herrn. So hoch der Himmel über der Erde ist, so hoch erhaben sind meine Wege über eure Wege und meine Gedanken über eure Gedanken."* (AT: Jesaja 55: 8,9)

Die ersten Hinweise darauf, dass das Licht in einem Zusammenhang mit Raum und Zeit stehen könnte, gab es gegen Ende des 19. Jahrhunderts. Bisher unbekannte physikalische Effekte deuteten darauf hin, dass die von Newton formulierten Naturgesetze mit ihren Prämissen der Unveränderlichkeit von Raum und Zeit

---

[28] "Sensorium Dei"= Das Sinnesorgan Gottes

nicht richtig sein konnten. Diese kritische Hinterfragung wurde durch die schon längere Zeit bekannte Tatsache geprägt, dass das Licht sich nicht unendlich schnell ausbreiten kann, wie vor dem 18. Jahrhundert angenommen, sondern einer Begrenzung unterliegt.

Es war aber nicht das Wissen über die endliche Geschwindigkeit des Lichts, das die Sicht auf die Welt veränderte, sondern die Erkenntnis, dass sich in unserem Universum nichts schneller als das Licht bewegen kann, was in der Wissenschaft als „Konstanz der Lichtgeschwindigkeit" bezeichnet wird. Die Lichtgeschwindigkeit stellt somit die absolute und nicht überschreitbare Obergrenze für jegliche Bewegung und jede Informationsübertragung im Universum dar. Und dieses Wissen sollte kurze Zeit später unser Verständnis von Raum und Zeit grundsätzlich verändern. Es war übrigens der schottische Physiker James Clerk Maxwell (1852-1879), der mit seinen Maxwellschen Gleichungen der Elektrodynamik erstmals die Konstanz der Lichtgeschwindigkeit ableiten konnte, aber nicht die richtigen Schlüsse daraus ableitete. Kurze Zeit später gelang es dem deutsch-amerikanischen Physiker Albert Abraham Michelson (1852-1931) und dem US-amerikanischen Chemiker Edward W. Morley[29] (1838-1923) in ihren Experimenten zu belegen, dass es im Universum keine größeren Geschwindigkeiten gibt als jene der Lichtgeschwindigkeit.

Michelson und Morley wollten mit ihren Experimenten herausfinden, ob die beträchtliche Bahngeschwindigkeit der Erde um die Sonne, mit ihren 30 Kilometern pro Sekunde, einen Einfluss auf die Lichtgeschwindigkeit hat, und wenn ja, welchen. Dem Experiment lag die Annahme zugrunde, dass sich bei Bewegung der Erde in Richtung eines gesetzten Lichtstrahls die Gesamtgeschwindigkeit des Lichts aus der Geschwindigkeit des Lichts plus der Geschwindigkeit der Erde zusammensetzen musste. Die Gesamtgeschwindigkeit des Lichts müsste sich entsprechend um 30 km pro Sekunde auf 300.030 km pro Sekunde erhöhen – im umgekehrten Fall erwartete man, dass sich die Gesamtgeschwindigkeit des Lichts um 30 km pro Sekunde auf nun 299.970 km pro Sekunde reduzieren müsste, wenn der Lichtstrahl entgegen der Bewegung der Erde gesetzt wird. Diese

---

[29] A. A. Michelson & E. W. Morley: *On the Relative Motion of the Earth and the Luminiferous Ether.* In: *American Journal of Science.* Band 34, 1887, S. 333–345

Differenzgeschwindigkeit von 2·30 km pro Sekunde = 60 km pro Sekunde ist zwar im Vergleich zur Lichtgeschwindigkeit extrem klein, sollte aber mit der von Michelson and Morley weiter entwickelten Methode der Interferenz[30] durchaus messbar sein.

Erstaunlicherweise haben Michelson und Morley in ihren Experimenten keine Differenzgeschwindigkeit nachweisen können. Sie erhielten für die Geschwindigkeit des Lichts immer das gleiche Ergebnis, unabhängig von der Richtung des Lichtstrahls in Bezug auf die Bewegungsrichtung der Erde. Dieser Tatbestand lies nur eine einzige Schlussfolgerung zu: Die Lichtgeschwindigkeit ist immer konstant und nichts kann sich schneller bewegen als das Licht. Die Geschwindigkeit des Lichts ist deshalb eine absolute und unveränderliche Größe im Universum. Sie ist vielleicht die wichtigste und in ihren Konsequenzen die weitreichendste Naturkonstante in unserem Universum.

Die Konstanz der Lichtgeschwindigkeit hat so weitreichende Konsequenzen, dass durch diese neue Erkenntnis der damalige Stand der Wissenschaften völlig auf den Kopf gestellt wurde und die Wissenschaftler sich einem völlig neuen Weltbild gegenübersahen. Es war buchstäblich die Geburtsstunde einer neuen Sicht auf die Natur, deren endgültige Prägung durch die spezielle Relativitätstheorie von Albert Einstein erfolgte. Mit diesen geradezu revolutionären Erkenntnissen wurde eine Tür in ein völlig neues Wissensspektrum geöffnet, welches dem Menschen das erstaunliche Wesen von Raum und Zeit offenbarte. Dadurch hat sich unser Verständnis von der Natur für immer verändert. Wenn wir nun also einen konkreten Einblick in die vielen wissenschaftlichen Errungenschaften der jungen Zeitgeschichte gewinnen, erweitert sich gleichzeitig auch unser Verständnis von der Schöpfung Gottes enorm.

Albert Einstein wurde 1879 in Ulm geboren und veröffentlichte 1905 seine spezielle Relativitätstheorie[31] und 1915 seine allgemeine Relativitätstheorie[32]. Er hat

---

[30] Überlagerungserscheinungen beim Zusammentreffen von Wellen

[31] Albert Einstein; 1905, Zur Elektrodynamik bewegter Körper, Annalen der Physik, Band 17, Seite 891-921.

[32] Albert Einstein: *Die Grundlage der allgemeinen Relativitätstheorie*. In: *Annalen der Physik*. Band 354, Nr. 7, 1916, S. 769–822

als Erster klar erkannt, welche weitreichenden und revolutionierenden Folgerungen aus der Konstanz der Lichtgeschwindigkeit abzuleiten sind. Einstein erhebt die Konstanz der Lichtgeschwindigkeit zum Maßstab der Wirklichkeit.

Die Konsequenzen, die sich daraus für unsere Sicht auf die Natur ergeben, könnten größer kaum sein. Weil die Lichtgeschwindigkeit niemals übertroffen werden kann, können Raum und Zeit nicht mehr absolut und unveränderlich sein, sondern sie hängen von äußeren Gegebenheiten ab. Raum und Zeit haben ihre Absolutheit verloren. Es ist für uns nur sehr schwer vorstellbar, aber die Zeit verläuft tatsächlich nicht überall gleich schnell und der Raum verändert sich, wenn sich in ihm Materie befindet oder wenn sich etwas darin bewegt. Die wirkliche Zeit hängt davon ab, wie schnell sich etwas bewegt und wo sich etwas befindet. Wenn ich mich bewege, dann läuft meine Zeit anders, als wenn ich still stehe. Wenn ich mich auf einem hohen Berg befinde, dann vergeht meine Zeit schneller, als wenn ich am Meer stehe.

Die Zeit läuft daher an jedem Punkt im Universum und damit auch auf unserer Erde unterschiedlich ab. Deshalb vergeht sie auch nicht mehr gleichförmig, sondern manchmal schneller und manchmal langsamer. Und das hat nichts mit unserem subjektiven Zeitempfinden zu tun und es hat auch nichts damit zu tun, ob Uhren vor- oder nachgehen, sondern die Zeit selbst vergeht unterschiedlich schnell, alle Uhren ticken verschieden schnell. Nirgendwo in unserem Universum gibt es demnach eine „richtige" Zeit, denn sie sind alle individuell richtig und keine kann richtiger sein als die andere. Selbst die in unserer Lebensumgebung gegebene Gleichzeitigkeit von Ereignissen ist in Wirklichkeit nur eine Illusion. Die Zeit fließt also nicht so gleichmäßig dahin, wie das Wasser in einem sanften Bach, sondern eher wie in einem Fluss mit vielen Stromschnellen, in dem das Wasser stellenweise schneller oder langsamer fließt.

Glücklicherweise sind die Unterschiede in dem Ablauf der Zeit in unserem Lebensumfeld extrem klein und deshalb für uns Menschen ohne technische Hilfsmittel nicht beobachtbar. Sie spielen in unserem Leben, abgesehen von einigen technischen Anwendungen, auch keine Rolle, denn sonst würde sich unser Leben wahrscheinlich sehr kompliziert gestalten. Die Unterschiede im Lauf der Zeit sind erst dann bemerkbar, wenn sich etwas mit sehr großer Geschwindigkeit bewegt und sie sind dann am größten, wenn sich etwas mit Lichtgeschwindigkeit bewegen würde.

Aber auch wenn die Relativität der Zeit in unserer Lebensumgebung keine wahrnehmbare Rolle spielt, so legt sie damit doch erstaunlicherweise die Struktur, die Eigenschaften und die Entwicklung des gesamten Universums fest. Die Relativität der Zeit ist sogar eine Grundvoraussetzung für die Existenz des Universums, denn würde die Zeit in unserem Universum überall gleich schnell ablaufen, quasi absolut sein, dann könnte es unser Universum mit all seinen Sternen und Welten ohne Zahl nicht geben. Bemerkenswerterweise hat Albert Einstein die Relativität der Zeit allein mit seiner Vorstellungskraft erkannt, lange bevor es so genau gehende Uhren gab um diesen Effekt zu messen und damit experimentell zu bestätigen.

Auch hier auf der Erde existieren diese unterschiedlichen Zeitabläufe und die damit zusammenhängenden Zeitunterschiede lassen sich heutzutage sogar relativ einfach messen. Lassen sie mich das an einem einfachen Beispiel verdeutlichen: So vergeht die Zeit auf einem Berggipfel in 3.000 m Höhe um etwa 30 Nanosekunden (das sind 30 Milliardstel Sekunden) pro Tag schneller als auf Meereshöhe. Dieser Wert mag sehr klein erscheinen und für uns bedeutungslos sein, aber mit modernen Atomuhren lassen sich sogar 1000-mal kürzere Zeitunterschiede messen. Atomuhren lassen sich heute übrigens auch für den privaten Gebrauch erwerben. Den mit dem diesem Höhenunterschied von 3.000 m verbundenen Zeitunterschied kann man dann im Prinzip sogar selbst messen. Dabei ließe sich erkennen, dass die Zeit auf dem Berg schneller vergeht als auf Meereshöhe.

Dieser Effekt ist keine Eigenschaft irgendwelcher Uhren, sondern eine prinzipielle Eigenschaft der Natur. Die Zeit selbst vergeht in verschiedenen Umgebungen und Situationen unterschiedlich schnell. Es gilt dabei folgender Grundsatz: Je weiter eine Uhr z.B. von der Erdoberfläche entfernt ist, desto schneller vergeht dort die Zeit. Umgekehrt vergeht die Zeit umso langsamer, je näher die Uhr einer großen Masse kommt. Deswegen vergeht die Zeit auf der Mondoberfläche schneller als auf der Erde. Auf der Sonne, die ja eine wesentlich größere Masse besitzt als die Erde, vergeht die Zeit langsamer als auf der Erde. Am ausgeprägtesten ist dieser Effekt auf der Oberfläche eines Schwarzen Loches (siehe Abschnitt 3). Die Gravitationskraft ist dort so stark, dass nicht einmal das Licht diesen

Himmelskörpern entkommen kann. Wenn man sich einem Schwarzen Loch nähern würde, dann würde die Zeit immer langsamer vergehen, bis sie endgültig stehen bleibt, wenn man die Oberfläche des Schwarzen Loches erreicht. Deshalb vergeht an der Oberfläche eines Schwarzen Lochs keine Zeit. Hier existiert keine Zeit.

Auch hier ist wieder die Konstanz der Lichtgeschwindigkeit der eigentliche Grund dafür, dass die Zeit an der Oberfläche eines Schwarzen Loches stehen bleibt und damit aufhört zu existieren. Dies ist der erste Effekt, der beschreibt, dass es in unserem Universum Situationen gibt, in denen die Zeit buchstäblich stillsteht und damit aufhört zu existieren. Und es sollte nicht der letzte Effekt bleiben.

Auch die jetzt beschriebene Abhängigkeit der Zeit von der Materie ist keine einfache Laune der Natur, sondern sie folgt einem bedeutenden Grundsatz, der den tiefen Zusammenhang zwischen Materie und Zeit verdeutlicht. Wir kennen alle die Gravitation, die auf der Erde alles nach unten fallen lässt und die die Himmelskörper und künstlichen Satelliten auf ihren Bahnen hält. Diese Gravitationskraft hat ihren Ursprung in den großen Massen der Himmelskörper. Erstaunlicherweise findet die durch die Masse verursachte Schwerkraft bzw. Gravitation ihren Ursprung in dem Lauf der Zeit. Materie bewegt sich immer in Richtung des Ortes, wo die Zeit am langsamsten vergeht. Zum Beispiel fließt die Zeit auf der Erdoberfläche langsamer als in 3.000 m Höhe, deswegen fällt alles nach unten. Das ist auch der Grund, warum die Anziehungskraft eines Schwarzen Lochs so gewaltig ist, denn dort steht die Zeit still, sie existiert nicht mehr (dieser Effekt könnte auch Ursache der beschleunigten Expansion des Universums sein, siehe Anhang 3: Dunkle Energie).

Jetzt wird auch deutlich, warum gerade das Licht auf diese Weise buchstäblich Herrscher über die Zeit ist. Die Zeit ist nicht absolut, sondern relativ, der Fluss der Zeit ist abhängig von dem Ort an dem ich mich befinde und von der Geschwindigkeit, mit der sich etwas bewegt. Auch wenn sich dieses Wesensmerkmal der Zeit unserem Vorstellungsvermögen völlig entzieht, so sind die daraus resultierenden Effekte heutzutage einfach messbar. Je schneller sich etwas bewegt, desto langsamer vergeht dort die Zeit. Dieser Effekt wird jedoch erst spürbar, wenn sich etwas mit einer sehr großen Geschwindigkeit bewegt. Wenn zum Beispiel ein Satellit mit einer Geschwindigkeit von 40.000 km pro Stunde um die Erde kreist, lässt sich dieser Effekt bereits sehr gut nachweisen.

Diese Abhängigkeit der Zeit von der Geschwindigkeit wird sogar noch unglaublich viel drastischer. Denn je schneller sich etwas bewegt, desto langsamer vergeht die Zeit und im Grenzfall, wenn sich etwas mit Lichtgeschwindigkeit bewegt, dann bleibt die Zeit sogar stehen. Sie hört einfach auf zu existieren. Für ein Lichtteilchen, das sich ja mit Lichtgeschwindigkeit bewegt, vergeht keine Zeit. Es kann deshalb durch das ganze Universum fliegen ohne das seine Zeit vergeht und könnte doch alles gleichzeitig erleben, wenn es ein Bewusstsein hätte.

Doch es ist nicht nur die Zeit, die ihre Absolutheit verloren hat und dadurch relativ geworden ist, sondern auch der Raum. Er ist nicht mehr unabhängig von äußeren Gegebenheiten. Beispielsweise ändert er seine Form, wenn sich in ihm Materie befindet. Materie verbiegt den Raum. Z.B. verbiegt jeder Himmelskörper seinen umgebenden Raum. Dadurch wird beispielsweise der Mond auf seine Bahn um die Erde gelenkt oder ein Lichtstrahl, der an der Sonne vorbeigeht, wird durch die Verbiegung des Raumes abgelenkt. Aber versuchen sie bitte nicht, sich dies vorzustellen, niemand kann es. Denn die Verbiegung findet nicht im drei-dimensionalen Raum, sondern in der vier-dimensionalen Raumzeit statt, die sich unserer Anschauung vollkommen entzieht. Man kann diesen Einfluss aber sehr gut messen. Beispielsweise verändern sich die Wege des Lichts, wenn es nahe an einer großen Masse vorbeifliegt. Und dies nicht nur, weil es von der Masse angezogen wird, sondern weil die Masse den Raum krümmt und der Weg des Lichts sich dadurch verändert. Dieser Effekt wurde erstmals am 29. Mai 1919 bei einer Sonnenfinsternis genau vermessen. Die Beobachtung, dass einige Sterne in der Nähe des verdunkelten Sonnenrandes nicht dort waren, wo sie sein sollten, verhalf der allgemeinen Relativitätstheorie von Albert Einstein zum Durchbruch. Genauso wie die Relativität der Zeit eine Grundvoraussetzung für die Existenz des Universums ist, so ist es auch bei der Relativität des Raumes. Wäre der Raum absolut, dann würde es weder uns noch unser Universum geben können.

Die große Errungenschaft von Albert Einstein war es, das Wesen von Raum und Zeit zu ergründen und damit die Grundlage für die heutige astronomische und kosmologische Forschung zu legen. Mit seinen Forschungen öffnete er unser heutiges Verständnis von der gesamten physikalischen Wirklichkeit. Hinter seinen Erkenntnissen verbergen sich viele Wahrheiten, die der Mensch in ihrer vollen Dimension wahrscheinlich nie ganz erfassen kann. Sie sind offensichtlich bewusst unserem Verständnis entzogen. Aber der bisher gewonnene Einblick in diese astronomischen, kosmologischen und mathematischen Erkenntnisse macht es uns gläubigen Menschen zumindest besser verständlich, dass Gottes Schöpfungswerk nicht auf mysteriösen Wundertaten beruht, sondern auf der Beachtung und Nutzung von realen Gesetzmäßigkeiten. Dies teilt er uns in Lehre und Bündnisse 132:8 ganz unmissverständlich mit:

„Siehe, mein Haus ist ein Haus der Ordnung, spricht Gott, der Herr, und nicht ein Haus der Verwirrung." (L&B 132:8)

Die Erkenntnis vom tatsächlichen Wesen von Raum und Zeit befähigt den Menschen, die Natur so zu erkennen, wie Gott sie erschaffen hat, und auch zu verstehen, warum dies so sein musste und welche weitreichenden Folgen damit verbunden sind.

Wir wissen jetzt, dass die Zeit keine absolute Größe ist und auch nicht sein darf und es gibt sogar Orte in unserem Universum an denen überhaupt keine Zeit existiert. Gerade in dieser Hinsicht finden sich sehr bemerkenswerte Übereinstimmungen mit den Aussagen in den Heiligen Schriften. Beispielsweise lesen wir im Kapitel Alma 48:8 im Buch Mormon:

„Alles ist bei Gott wie ein einziger Tag, und Zeit ist nur den Menschen zugemessen." *(BM: Alma 40:8)*

In dieser Schriftstelle lesen wir deutlich, dass es bei Gott keine Zeit gibt, sondern dass sie nur den Menschen in ihrer Sterblichkeit auf der Erde zugemessen wird. Bei Gott und den sterblichen Menschen hat die Zeit daher eine völlig unterschiedliche Bedeutung. Die Bedeutung der Zeit liefert uns auch den Schlüssel zu einem Verständnis darüber, wie man sich die Ewigkeit aus der Perspektive eines zeitlich denkenden und handelnden Wesens vorstellen kann.

Die Abhängigkeit der Zeit von der Geschwindigkeit ist nicht nur eine Aussage der theoretischen Physiker, sie konnte auch schon vielfach in Experimenten bestätigt werden. Eine solche Bestätigung lässt sich sogar in unserem täglichen Umfeld finden. So würde kein GPS-Navigationssystem hinreichend genau funktionieren, wenn der Zeitunterschied, der sich aus den Geschwindigkeits- und Positionsunterschieden zwischen den Satelliten und der Erdoberfläche ergibt, nicht entsprechend korrigiert werden würde. In den von uns benutzten GPS-Systemen müssen diese

Zeitunterschiede deshalb berücksichtigt werden. Grundlage für diese Programmierung sind die Formeln der speziellen und allgemeinen Relativitätstheorie, die Albert Einstein aufgestellt hat. Es ist wirklich bemerkenswert, dass sich in jedem Navigationssystem und in jedem Smartphone die Formeln Albert Einsteins wiederfinden und damit verbunden auch die wahre Natur von Raum und Zeit.

Zeit und Raum existieren in der Wirklichkeit des Universums nur gemeinsam, als eine Einheit. Sie können daher niemals getrennt voneinander betrachtet werden. Wenn sich eine Größe verändert, dann wechselt auch die Zweite immer ihren Wert. Ich möchte das an einem einfachen Beispiel erläutern. Stellen sie sich vor, sie fliegen mit einer Rakete durch das Weltall. Wenn sie sehr langsam den Raum durchqueren, dann vergeht die Zeit schnell. Wenn sie die Geschwindigkeit der Rakete erhöhen, um den Raum dadurch schneller zu durchqueren, dann läuft die Zeit langsamer. Sie bewegen sich also nicht unabhängig durch die Zeit und durch den Raum, sondern Raum und Zeit bilden immer eine Einheit. Denn je schneller sie sich durch den Raum bewegen, desto langsamer bewegen sie sich durch die Zeit. Und wenn sie sich mit der größtmöglichen Geschwindigkeit, der Lichtgeschwindigkeit, durch den Raum bewegen würden, dann würde die Zeit still stehen und Vergangenheit, Gegenwart und Zukunft würden für sie ihre Bedeutung verlieren, denn sie würden alles gleichzeitig erleben.

Zeit und Raum bilden eine Einheit, die heute die vier-dimensionale Raumzeit genannt wird. Auch wenn Raum und Zeit für sich allein genommen relativ sind und nicht absolut, d.h. an jedem Punkt des Universums unterschiedlich sind, so ist doch die Kombination von beiden, die wir Raumzeit nennen, wieder absolut. Sie bildet damit das Grundgerüst des Universums. Zeit kann übergehen in Raum und Raum in Zeit. Zeit und Raum sind nicht mehr trennbar voneinander. Sie stehen in einer wechselseitigen untrennbaren Beziehung zueinander. In einem schwarzen Loch ist es beispielsweise so, dass sich Zeit in Raum und der Raum in Zeit verwandelt und deswegen kann in einem schwarzen Loch auch die Zeit stillstehen.

Wenn wir schon als sterbliche Lebewesen in unserem Universum diese Wechselbeziehung zwischen Raum und Zeit kennen. Wie einfach ist es dann für unseren Schöpfer, der sich außerhalb des Universums befindet, Raum und Zeit als eine Einheit zu betrachten und die Zeit wie eine Raumkoordinate wahrzunehmen. Dann ist nämlich in seiner Wahrnehmung alles für ihn gegenwärtig, unsere

Vergangenheit, unsere Gegenwart und unsere Zukunft. Er sieht alles gleichzeitig wie die Seiten in einem Buch.

Die bisherigen Erklärungen haben gezeigt, dass der Geschwindigkeit des Lichts in der Ordnung unseres Universums eine zentrale Bedeutung zukommt. Wir wissen nun auch, dass die Geschwindigkeit des Lichts nicht übertroffen werden kann, dass sich also nichts schneller bewegen kann als das Licht. Aber warum ist das so? Was ist der tiefere Grund, der sich hinter diesem Phänomen verbirgt? Die Antwort auf diese Frage finden wir in den Eigenschaften der Relativität der Zeit, d.h. die Abhängigkeit der Zeit von der Geschwindigkeit. Stellen wir uns in einem Gedankenexperiment einmal vor, wir könnten uns mit einer Geschwindigkeit bewegen, die größer ist als die Lichtgeschwindigkeit. Was würde dann passieren? Gehen wir die Schritte einmal der Reihe nach durch. Wenn wir uns der Lichtgeschwindigkeit nähern, dann vergeht die Zeit für uns immer langsamer, bis sie stillsteht, wenn wir die Lichtgeschwindigkeit erreichen. Wenn wir unsere Geschwindigkeit weiter erhöhen könnten, dann würde die Zeit anfangen rückwärtszulaufen. Und wenn die Zeit rückwärts läuft, dann würde das alles beherrschende Prinzip der Kausalität, also das Prinzip von Ursache und Wirkung seine Bedeutung verlieren. Denn dann würde die Wirkung vor der Ursache eintreten, was niemals geschehen darf.

Daher ist das Prinzip der Kausalität, d.h. das Prinzip von Ursache und Wirkung letztlich der wirkliche Grund für die Begrenztheit und Konstanz der Lichtgeschwindigkeit. Oder andersherum: Wenn ein Universum erschaffen werden soll, in dem das Prinzip von Ursache und Wirkung gelten muss, dann muss konsequenterweise die Geschwindigkeit des Lichts endlich und konstant sein. Durch diesen Zusammenhang wird deutlich, dass die Faktoren Licht, Zeit und Kausalität untrennbar miteinander verwoben sind. Sie bilden nicht nur eine unteilbare Einheit, sondern sie bilden auch die Grundlage für die Existenz des Universums und damit auch für die der Menschheit als sterbliche Wesen.

Das bisher Behandelte lässt uns sowohl den Zeitbegriff als auch das, was wir als Ewigkeit bezeichnen, schon viel besser verstehen. Für dieses Verständnis hilft uns das Lichtteilchen, auch Photon genannt. Da sich ein Photon also immer mit Lichtgeschwindigkeit durch das Weltall bewegt, existiert die Zeit für ein Photon nicht. Daraus leitet sich unmittelbar die folgende Konsequenz ab: Da es für das

Photon - sprich Licht - keine Zeit gibt, würde es - so es ein Bewusstsein hätte - alles gegenwärtig wahrnehmen: die Vergangenheit, die Gegenwart und die Zukunft.

Wir hingegen nehmen in unserer Sterblichkeit auf der Erde Vergangenheit, Gegenwart und Zukunft aufeinander folgend wahr, weil wir uns im Fluss der Zeit befinden. Unsere Vergangenheit, unsere Gegenwart und unsere Zukunft stellen deshalb kein festgezurrtes Gerüst dar, sondern diese Abläufe bewegen sich als eine Einheit immer synchron mit der Zeit vorwärts. Die Gegenwart könnte man immer als unseren persönlichen Nullpunkt der Zeit betrachten, der sich stetig vorwärts bewegt. Hört jedoch die Zeit auf zu fließen, wie im Reich Gottes, dann verlieren dort Vergangenheit, Gegenwart und Zukunft ihre Bedeutung. Diese Erkenntnis besaß schon Albert Einstein, der nur wenige Wochen vor seinem Tod im Jahr 1955 dies in einem Brief an einen Freund bemerkte:

> *„Für uns gläubige Physiker hat die Scheidung zwischen Vergangenheit, Gegenwart und Zukunft nur die Bedeutung einer, wenn auch hartnäckigen Illusion."*[33]

Albert Einstein hat das Wesen der Zeit richtig erkannt. Er verglich die Zeit in diesem Brief mit einer großen und hügeligen Landschaft und wenn man aus der richtigen Perspektive auf diese Landschaft der Zeit schaut, dann liegt alles offen vor einem, die Vergangenheit, die Gegenwart und die Zukunft. Genauso, wie wenn ich aus der Perspektive eines hohen Berges die gesamte räumliche Landschaft auf einmal überblicke, so kann ich die gesamte „Landschaft" der Zeit mit einem Blick wahrnehmen. So ist es, wenn Gott aus seiner ewigen Perspektive auf unser Universum schaut, er nimmt die gesamte Zeit tatsächlich als räumliche Dimension wahr, die er in Gänze und auf einmal vollständig überblicken kann.

Angeregt wurde Albert Einstein zu dieser Formulierung durch den Tod seines besten Freundes, Michele Besso, mit dem er während seiner Zeit in der Schweiz zutiefst verbunden war.

---

[33] Brief von Albert Einstein vom 21.3.1955 an Michele Bessos Sohn und Schwester

Damit hat Albert Einstein genau die außergewöhnliche Wahrheit ausgesprochen, die Gott dem Propheten Joseph Smith jun. schon 1832 offenbart hat, lange vor der Zeit Albert Einsteins. Und diese Offenbarung ist im Buch Lehre und Bündnisse niedergeschrieben:

„Vergangenes, Gegenwärtiges und Zukünftiges ist beständig vor dem Herrn." (L&B 130:7)

In dieser Schriftstelle beschreibt unser Schöpfer, wie das, was wir als Zeit wahrnehmen, in seinem ewigen Reich empfunden wird. Wenn für den Herrn immer alles gleichzeitig gegenwärtig ist, die Vergangenheit, die Gegenwart und die Zukunft, dann ist das nur deshalb möglich, weil Zeit für ihn nicht existiert.

Unsere sterbliche Existenz hier auf der Erde muss von der Zeit geprägt sein. Der Fluss der Zeit ist unabdingbar für unsere sterbliche Existenz. Denn die Sterblichkeit ist untrennbar mit Vergänglichkeit, Alterung und schließlich dem Tod verbunden. Dieser Verlauf ist geprägt durch den Fluss der Zeit. Wir erleben die Zeit in ihren Ausprägungsformen Vergangenheit, Gegenwart und Zukunft. Im Gegensatz dazu macht die oben zitierte Schriftstelle in L&B 130:7 deutlich, dass im Reich Gottes die Zeit eine andere Bedeutung hat als für uns auf der Erde. Für Gott ist ALLES was in unserem Universum passiert gegenwärtig, die Vergangenheit, die Gegenwart und die Zukunft, weil für ihn keine Zeit existiert. Genau deswegen kennt er ALLES von Anfang an. Nur das Ende der Ewigkeit kann auch er nicht erkennen, da die Ewigkeit kein Ende hat.

Auch wenn wir jetzt schon ein gewisses Verständnis von Zeit und Raum und deren Wechselbeziehung zueinander erlangt haben, bleiben doch noch viele Fragen offen. Manche dieser Fragen mögen von der Wissenschaft noch enträtselt werden, für die Beantwortung anderer werden wir uns wohl noch gedulden müssen. Zumindest so lange, bis der Herr uns die Antworten offenbaren wird. Aber er richtete an uns zumindest schon einmal ein paar tröstende Worte, die an unser Vertrauen appellieren, sodass wir geduldig darauf warten, bis wir das für uns jetzt noch Unverständliche einmal verstehen werden. Dieser Trost wird in folgender Schriftstelle in Jesaja 55:8,9 so klangvoll ausgedrückt:

„Meine Gedanken sind nicht eure Gedanken und eure Wege sind nicht meine Wege - Spruch des Herrn. So hoch der Himmel über der Erde ist, so

hoch erhaben sind meine Wege über eure Wege und meine Gedanken über eure Gedanken." (AT: Jesaja 55: 8,9)

Wir müssen also mit der gebotenen Demut anerkennen, dass wir mit unserem begrenzten irdischen Verständnis viele Geheimnisse, die sich in der uns umgebenden Natur verbergen, nicht verstehen können. Dennoch können wir mit Sicherheit sagen, dass die Naturgesetze zuverlässig sind und Gott sie so lenkt, dass unsere Wege zu dem Ziel führen, zu dem er uns führen möchte. Die Natur verhält sich streng nach den Gesetzen. Die Effekte, die daraus resultieren, können wir heute dank des wissenschaftlichen Fortschritts weitgehend verstehen und vielfach auch messtechnisch gut nachvollziehen. Wir wissen auch, dass unser Verstand während unserer sterblichen Existenz begrenzt ist und dass wir demütig den großen Unterschied zwischen unserem irdischen Verständnis und den ewigen Wahrheiten im Reich Gottes anerkennen müssen.

Fassen wir zusammen: Für Gott gibt es keinen Anfang und kein Ende, er existiert von Ewigkeit zu Ewigkeit[34]. Zeit, wie wir sie kennen, existiert für ihn nicht. Es gibt sie nur in unserem zeitlich begrenzten Universum. Wir in der Sterblichkeit lebenden Kinder Gottes sind deswegen der Zeit unterworfen. Wir haben einen Anfang und ein Ende. Für Gott ist jedoch alles was in unserem zeitlichen Universum geschieht oder geschehen wird gegenwärtig: die Vergangenheit, die Gegenwart und die Zukunft. Bei uns hier auf der Erde ist das anders: Alles läuft in einer zeitlichen Reihenfolge ab. Das mag zwar alles für uns heute klar sein, aber wie konnte ein ungebildeter junger Mann wie Joseph Smith schon 1832 – lange vor Einstein - solche tiefgreifenden Wahrheiten aussprechen, nämlich dass Vergangenes, Gegenwärtiges und Zukünftiges beständig vor Gott ist und damit Zeit für ihn nicht existiert? Aus sich selbst heraus hätte er das niemals erkennen können. Die Erkenntnis war nur durch Offenbarung möglich. Daran lässt sich gut erkennen, dass Offenbarung manchmal den wissenschaftlichen Erkenntnissen vorausgeht.

Im Reich Gottes geht es also nicht um Sekunden, Stunden, Tage und Jahre, denn Gott steht außerhalb von Raum und Zeit und kann deshalb die gesamte Zeitachse unserer Sterblichkeit mit einem einzigen Blick überblicken. Für Gott gibt es die Grenzen von Raum und Zeit nicht, ebenso wenig die Grenzen der

---

[34] AT: Psalm 90:2

Erkenntnis, die den Menschen gesetzt sind. Aber uns sterblichen Menschen fällt es naturgemäß schwer, uns von der Reihenfolge der Ereignisse im Fluss der Zeit zu trennen. Der Grund dafür liegt in der Tatsache begründet, dass unsere Zeit an die Begrenzungen von Raum und Materie geknüpft ist.

In der physikalischen Welt des Isaac Newton waren Räume und Zeiten absolut und unveränderlich, denn die Geschwindigkeit des Lichts wurde als unendlich, also nicht als begrenzt angenommen. Albert Einstein hat dann aber die wahren Gesetzmäßigkeiten erkannt, denen die Natur unterworfen ist. Er verschaffte uns eine Sicht auf die Dinge, wie sie wirklich sind. Es fand durch Einstein gewissermaßen eine völlige Umkehr der Sichtweisen statt. Durch seine Entdeckungen haben Raum und Zeit ihre Absolutheit verloren und wurden relativ. Auf der anderen Seite wurde bei ihm die Geschwindigkeit des Lichts zu einer absoluten Größe. Diese Absolutheit des Lichts birgt auch die Eigenschaft in sich, Raum und Zeit zu krümmen, also zu verändern. Es ist diese Konstanz der Lichtgeschwindigkeit, die dazu führt, dass Raum und Zeit nicht mehr absolut sein können. Raum und Zeit sind jetzt keine voneinander unabhängigen Größen mehr, sondern sie sind unlösbar miteinander verwoben. Raum existiert nicht ohne die Zeit und die Zeit nicht ohne den Raum. Deswegen konnten Raum und Zeit nur gemeinsam erschaffen werden, gewissermaßen als eine einheitliche, zusammengehörige Daseinsform, der so genannten Raumzeit. Und es ist diese Raumzeit, die die Architektur des Universums definiert. Sie ist gewissermaßen die Grundlage aller Dinge im physischen Dasein. Die Absolutheit von Raum und Zeit wurde zugunsten der konstanten Lichtgeschwindigkeit aufgegeben. Aber dies widerspricht so sehr unserer Alltagserfahrung, dass es für uns Menschen schwierig ist, diese Eigenschaft der Natur vollständig zu begreifen.

Durch die oben gemachten Ausführungen wird klar, dass die Wirklichkeit der Natur nicht durch die klassischen Newtonschen Gesetze der Mechanik beschrieben werden kann, sondern dass wir es mit Phänomenen zu tun haben, die weitaus vielschichtiger sind. Dennoch behält die Newtonsche Mechanik ihre große Bedeutung für die Wissenschaft und insbesondere auch für die Technik. Denn sie ist sehr wohl in der Lage, das Verhalten der Natur bei kleinen Geschwindigkeiten (also bei Geschwindigkeiten, die sehr viel kleiner sind als die Lichtgeschwindigkeit) sehr präzise zu beschreiben. Niemand würde beispielsweise die Bewegungsgleichungen von Fahrzeugen mithilfe der Gleichungen der Speziellen Relativitätstheorie berechnen, obwohl diese von fundamentalerer Natur sind. Denn erst bei großen Geschwindigkeiten versagt die Betrachtung auf Basis der Newtonschen Gesetze.

Die gesamte Materie steht unter der Herrschaft des Lichts - nicht nur weil die Materie aus dem Licht erschaffen wurde, sondern weil das Licht auch die Struktur der Raumzeit vorgibt. Licht ist somit weit mehr als nur eine Strahlung, die wir von der Sonne erhalten. Licht ist vielmehr ein Mittler zwischen Raum und Zeit und legt auch das Wesen der Zeit fest. Es verbindet die Ursache mit der Wirkung und begründet so die Gesetzmäßigkeit der Kausalität. Was dabei aber so faszinierend ist: Diese überragende Wahrheit konnte man bereits 1832 in den neuzeitlichen Heiligen Schriften lesen, lange bevor Albert Einstein seine Relativitätstheorien entwickelt hat:

„Das Licht, das in allem ist, das allem Leben gibt, das das Gesetz ist, wodurch alles regiert wird." (L&B 88:13)

Aus dieser Schriftstelle geht hervor, dass durch das Gesetz des Lichts alles regiert wird, ohne Ausnahme. Diese Deutung des Phänomens Licht und seiner Bedeutung für Raum, Zeit und Materie, aus der unsere Erde und das gesamte Universum geschaffen ist, war Anfang des 19. Jahrhunderts völlig unbekannt. Doch hat der Herr es für richtig erachtet, uns die Wahrheit dieser grundlegenden Gesetzmäßigkeiten schon damals zu offenbaren. Eine Wahrheit, die dem Propheten Joseph Smith bereits im Jahr 1832 offenbart wurde und die er im Buch Lehre & Bündnisse niedergeschrieben hat. Kein Wissenschaftler kannte zu diesem Zeitpunkt diese Wahrheit. Auch der Prophet Joseph Smith hätte sie nicht im Entferntesten selbst ergründen können. Sie konnte ihm nur durch die Offenbarungen Gottes zuteilwerden.

Wir haben uns in diesem Kapitel zunächst den Phänomenen Raum und Zeit zugewendet, haben schließlich aber festgestellt, dass über all dem das Licht steht. Gewissermaßen als Bindeglied und Vermittler. Im Licht scheinen sich alle für die Strukturen unseres ewigen Daseins relevanten Elemente zu vereinen. Wir kennen hier auf der Erde zwar nur die physikalischen Eigenschaften des Lichts, doch wenn wir die folgenden Schriftstellen betrachten, so geht seine Bedeutung noch sehr viel weiter über unseren physischen Lebensbereich hinaus. Das Licht spielt demnach nicht nur eine überragende Rolle in der Natur, seine wirklich große

Bedeutung hat es in den Lehren des Erlösers, wie sie uns als das wiederherge-stellte Evangelium Jesu Christi zugänglich gemacht wurden. So verkörpert es ne-ben seiner physikalischen Rolle auch die Prinzipien von Wahrheit, Intelligenz, Schöpfungskraft und Göttlichkeit.

> *„Die Herrlichkeit Gottes ist Intelligenz oder, mit anderen Worten, Licht und Wahrheit."* (L&B: 93:36)

> *„Und das Licht, das leuchtet und euch Licht gibt, ist durch ihn, der euch die Augen erleuchtet, und das ist dasselbe Licht, das euch das Verständnis belebt."* (L&B 88:11)

In diesem Kapitel wurde vieles über das Wesen von Licht, Raum und Zeit be-schrieben, das weit über das hinausgeht, was wir in unserer Lebensumgebung davon wahrnehmen. Doch von größter Bedeutung ist für uns aber wohl, dass uns diese gewonnenen Erkenntnisse die Schöpfung Gottes näherbringen. Dabei erken-nen wir aber auch die überwältigenden Zusammenhänge, zwischen offenbarter Religion und weltlicher Wissenschaft, die uns vielleicht vorher verborgen waren.

Das Licht herrscht über all dem und verleiht den Gewalten von Energie und Materie jene Ordnung, die alle Teile des Universums auf eine geradezu wunder-same Weise zusammenwirken lässt, sodass für die Kinder Gottes ein Wohnplatz in der sterblichen Phase ihrer ewigen Existenz bereitet werden konnte. Unser Uni-versum, dessen Weite wir mit unseren irdischen Sinnen zwar nicht erfassen kön-nen, dessen Gesetzesstrukturen wir nun aber ansatzweise kennengelernt haben, gibt uns ein mächtiges Zeugnis für die Existenz eines lebenden und liebenden Gottes.

5.4. DER ZUSAMMENHANG VON LICHT UND MATERIE

Einige Monate nach der Veröffentlichung der speziellen Relativitätstheorie 1905, hat Albert Einstein eine weitere fundamentale Entdeckung gemacht, bei der ebenfalls das Licht im Mittelpunkt steht, genau genommen auch hier die Konstanz der Lichtgeschwindigkeit, wie wir sie bereits besprochen haben. Der formale Ausdruck dieser Entdeckung ist die wohl bekannteste Formel der Physik:

$$E = m \cdot c^2 \qquad \text{(Energie = Masse} \cdot \text{Lichtgeschwindigkeit zum Quadrat)}$$

Diese einfache Formel setzt zwei für uns als völlig unterschiedlich wahrgenommen Dinge, wie die nicht materielle Energie und die Masse, die man sehen und in den Händen halten kann, in Beziehung zueinander. Dies ist außerordentlich bemerkenswert und beim ersten Betrachten auch wenig verständlich und hat deswegen viele Wissenschaftler Anfang des 20. Jahrhunderts sehr beunruhigt. Warum sind Energie und Materie äquivalent und warum ist gerade die Lichtgeschwindigkeit der verbindende Faktor zwischen beiden?

Diese so einfach aussehende Beziehung zwischen Energie und Masse lehrt uns eine tiefgründige Wahrheit über das Wesen der Natur. Bevor Albert Einstein diese epochale Entdeckung aus seiner speziellen Relativitätstheorie ableitete, betrachtete die Wissenschaft Energie und Masse als zwei völlig separate und voneinander unabhängige Dinge. Aber Energie und Masse, die in der Natur in völlig unterschiedlichen Formen auftreten, sind in Wirklichkeit nur zwei verschiedene Daseinsformen derselben Grundsubstanz, die wir auch Urstoff nennen können. Und wir wissen aus Offenbarungen, dass dieser Urstoff, oder die Elemente von ewiger Natur sind, die weder erzeugt noch vernichtet werden können. Aus dieser Grundsubstanz besteht das ganze Universum und alles was darin enthalten ist. Denn Masse kann in Energie umgewandelt werden und Energie in Masse. Dieser Prozess der Umwandlung hat es möglich gemacht, dass aus dem anfänglichen Licht, oder der Energie, alle Materie werden konnte, die heute unser Universum ausfüllt. Jedes kleinste Stück Materie, das heute unsere Welt und uns selbst ausmacht, hat seinen Ursprung in dem Licht des Anfangs.

Auch wenn sich für unser Verständnis die Zusammenhänge in dieser Gleichung schwer nachvollziehen lassen, so führt sie uns doch gedanklich an einen wichtigen Punkt, der uns einen kleinen Einblick jener Gesetzmäßigkeiten gibt, die Gott bei der Schöpfung des Universums zur Anwendung brachte. Es ist diese einfache Formel, die den Wissenschaftlern viele Türen zur Erklärung mancher wissenschaftlich relevanter Phänomene öffnete. Eine dieser Fragen, die sich davor einer Beantwortung entzog, war die Frage nach der Quelle der Energie der Sonne: Woher bekommt die Sonne ihre Energie? Nachdem Einstein die Beziehung zwischen Masse und Energie gefunden hat, wurde langsam klar, dass die Sonne ihre Strahlungsenergie aus ihrer eigenen Masse bezieht.

Alles beruht auf der Erkenntnis, dass Masse und Energie nur zwei verschiedene Erscheinungsformen desselben Urstoffes sind, aus dem alles besteht. Nur wegen dieser Gleichwertigkeit (wissenschaftlich: Äquivalenz) von Energie und Materie war es möglich, dass am Anfang der Zeit das Universum nur aus Raum, Zeit und Energie oder Licht bestand. Alle Materie des gesamten Universums hat sich später aus dem Licht gebildet. Da das Licht in der Formel, die alles entscheidende Rolle spielt, kann das Licht selbst als Urstoff der Schöpfung bezeichnet werden.

Die Formel $E = m \cdot c^2$ sieht zwar unscheinbar aus, doch es verbergen sich eindrucksvolle Größenordnungen dahinter. Allein in einem Kilogramm Materie ist so viel Energie enthalten, dass man damit theoretisch 50 Millionen Haushalte ein Jahr lang mit elektrischer Energie versorgen könnte. Doch leider lässt sich diese Energieumwandlung technisch nicht realisieren. Man bekommt jedoch eine vage Ahnung davon, wieviel Energie erforderlich ist, um alle Materie dieses Universums entstehen zu lassen. Aber weil die Energie ewig und damit wohl unerschöpflich ist, ist sie sicher auch in unendlichen Mengen im Reich Gottes vorhanden.

Physikalisch oder technisch umsetzbare Beispiele für die Äquivalenz, also der Gleichwertigkeit von Energie und Materie gibt es in vielen Bereichen, die nicht nur in unserem täglichen Leben zu finden sind, sondern maßgeblich auch die Entstehung der Planeten und des Lebens ermöglichen:

- **Kernfusion**:
  Die Kernfusion ist der wichtigste Energielieferant fast aller Sterne, auch

der unserer Sonne. Unsere Sonne verliert durch die Kernfusion von Wasserstoff zu Helium in jeder Sekunde 4 Millionen Tonnen Masse (Wasserstoff), die in Energie umgewandelt und in Form von Wärmestrahlung abgegeben wird. Verglichen mit der Gesamtmasse der Sonne im Ausmaß von 2 mal 10^{30} kg (10^{30} = eine Eins mit 30 Nullen) ist dieser Effekt allerdings fast vernachlässigbar. In Ihrer bisherigen Lebenszeit von ca. 4,5 Milliarden Jahre hat unsere Sonne weniger als ein Promille (= ein Tausendstel) ihrer Masse durch die Kernfusion verloren. Und sie hat noch ausreichend Brennstoff (Wasserstoff) für weitere 5 Milliarden Jahre. Aber die Kernfusion in den Sternen (= Sonnen) erfüllt noch eine weitere bedeutende Aufgabe. Durch die Kernfusion werden in den Sternen viele chemische Elemente gebildet, die für die Entstehung von Planeten wie unserer Erde und für die Schaffung von Leben erforderlich sind. Die Sterne sind damit die Wiegen der chemischen Elemente. Nur dank der Sonne kann es Leben auf der Erde geben. Denn sie ist der Hauptlieferant der Energie, die für eine bewohnbare Erde benötigt wird.

- **Kernspaltung**:

Ein Atomkern des radioaktiven Elements Uran oder Plutonium kann bei Beschuss durch niederenergetische Neutronen[35] in mehrere Atome mit niedrigerer Kernladungszahl[36] (wie zum Beispiel in Jod, Cäsium, Strontium) zerfallen, deren Gesamtmasse kleiner ist als die Masse des ursprünglichen Atomkerns. Die dabei freigesetzte Energie entspricht genau dieser Massendifferenz. Dieser Zerfall kann entweder unkontrolliert als Kettenreaktion in einer Atombombe oder als kontrollierte Kettenreaktion in einem Kernkraftwerk erfolgen.

- **Vernichtungsstrahlung**:

Trifft zum Beispiel ein negativ geladenes Elektron auf sein Antiteilchen,

---

[35] Neutronen sind elektrisch neutrale Teilchen, die in fast allen Atomkernen vorkommen

[36] Die Kernladungszahl eines Atoms gibt an, wie viele elektrisch positiv geladene Protonen im Atomkern sind. Jedes chemische Element hat deshalb seine eigene Kernladungszahl

das positiv geladene Positron, dann wird die Gesamtmasse von Positron und Elektron in Form von Strahlung (Licht oder Photonen) abgegeben. Diese sogenannte Paarvernichtung ist einer der wichtigsten und dominierendsten Prozesse in der sehr frühen Phase der Entwicklung des Universums und damit die wichtigste Quelle für die allgegenwärtige Strahlung im frühen Universum. Es gibt aber auch medizinische Anwendungen dieser Paarvernichtung, die schon seit vielen Jahren in der medizinischen Diagnostik sehr erfolgreich eingesetzt werden. Beispielsweise wird dieser Prozess bei der Positronen-Emissions-Tomographie (PET) sehr erfolgreich zur Abbildung von Stoffwechselprozessen im menschlichen Körper verwendet.

Der Zusammenhang zwischen Energie und Materie ist also grundlegend für die Existenz unseres Universums. Bemerkenswert ist auch die Größe, die Materie und Energie in Beziehung setzt, nämlich das Quadrat der Lichtgeschwindigkeit. Wäre die Lichtgeschwindigkeit deutlich größer, dann hätte sich aus der Energie des Anfangs weit weniger Materie bilden können. Es hätten kaum genug Sterne gegeben um Leben entstehen zu lassen. Wäre die Lichtgeschwindigkeit unendlich groß, hätte es niemals Materie geben können und das Universum wäre eine Welt aus Licht, ohne Leben und ohne Entwicklung. Aber es gibt diesen Zusammenhang und deshalb wurde aus reiner Energie oder dem ewigen Licht die Materie, um daraus Welten ohne Zahl zu formen.

Nachdem wir schon so viel Neues über das Wesen der Zeit erfahren haben, geht es in diesem Kapitel um eine weitere bedeutende Eigenschaft der Zeit, die zudem in einem sehr engen Verhältnis zu unserem Leben in der Sterblichkeit steht. Die Zeit, so wie wir sie subjektiv erleben, schreitet beständig und offensichtlich auch unaufhaltsam in Richtung der Zukunft voran. In unserem täglichen Umfeld erleben wir die Zeit eingebettet in Begriffe wie Vergangenheit, Gegenwart und Zukunft. Die Vergangenheit ist für uns unumstößlich vorbei, sie existiert deshalb nur noch in unseren Gedanken und Erinnerungen. Vergangenes kann nicht mehr rückgängig gemacht werden. Aber das was wir in der Vergangenheit gemacht haben, hat einen großen Einfluss auf den Verlauf der Gegenwart und der Zukunft. Die Zukunft liegt noch vor uns und unser zukünftiges Handeln und unsere Entscheidungen sind noch offen. Für uns ist der stetige Ablauf von Vergangenheit, Gegenwart und Zukunft Wirklichkeit und niemals umkehrbar. Wir können uns eine Wirklichkeit mit einer umgekehrten Zeitrichtung auch nicht vorstellen, sie widerspricht völlig unseren Erfahrungen und unserem Verständnis. Aber wie wir sehen werden, erweitert die Frage nach der Zeitrichtung unser grundsätzliches Verständnis vom Wesen der Natur. Warum läuft die Zeit eigentlich immer nur in eine Richtung, warum kann sich die Zeitrichtung nicht einfach umdrehen? In der Schöpfung Gottes muss es einen tieferen Grund dafür geben. Und tatsächlich finden wir in der Natur ein bedeutendes Prinzip, dem eine Zeitrichtung innewohnt: Die Kausalität oder das Gesetz von Ursache und Wirkung. Denn eine Ursache liegt zeitlich immer vor der Wirkung und niemals umgekehrt. Einer Wirkung geht immer eine Ursache voraus, nichts geschieht ohne Ursache, auch wenn sie uns manchmal nicht bekannt ist. Beispielsweise muss ein Glas zuerst vom Tisch gestoßen werden, bevor es auf dem Boden aufschlagen und zerspringen kann. Dieser Ablauf lässt sich niemals umkehren.

Auch die Natur funktioniert nach dem Prinzip der Kausalität. Erstaunlicherweise erlauben aber fast alle physikalischen Gesetze eine Umkehrung der Zeitrichtung ohne ihre prinzipielle Gültigkeit zu verlieren. Für sie spielt es keine Rolle, ob die Zeit vorwärts oder rückwärts läuft. Filmt man etwa, wie zwei Billardkugeln gegeneinander stoßen, so könnte man den Film auch rückwärts abspielen, d.h. die Zeit umkehren, ohne dass man dies beim Anschauen bemerken würde. Man könnte auch die Schwingungen eines Pendels filmen und den Film anschließend vorwärts oder rückwärts abspielen, man würde keinen Unterschied feststellen können. Selbst die Rotation der Planeten um die Sonne könnte im Prinzip umgedreht ablaufen, ohne dass das gegen ein physikalisches Gesetz verstoßen würde. Für all die genannten Beispiele spielt es keine Rolle, ob die Zeit vorwärts oder rückwärts abläuft.

Auf der anderen Seite gibt es aber in der Natur eine große Klasse von physikalischen Prozessen die hingegen immer nur in einer Richtung ablaufen können. So würde es beispielsweise überhaupt keinen Sinn ergeben, den Film einer abbrennenden Kerze rückwärts abzuspielen, da man dies sofort bemerken würde. Es widerspricht einfach unserer Erfahrung. Ein anderes Beispiel: Wenn eine Tasse vom Tisch auf den Boden fällt, zerspringt sie in tausend Stücke. Niemals würde sich eine zersprungene Tasse aus tausend Stücken wieder wie von selbst zusammenfügen und auf den Tisch zurückfliegen.

Solche Vorgänge, die nur in einer Richtung ablaufen können, nennt man irreversibel. Sie sind prinzipiell nicht zeitlich umkehrbar und geben durch diese Eigenschaft eine absolute und unumstößliche Zeitrichtung vor. Diese Nichtumkehrbarkeit des natürlichen Geschehens ist die Ursache für die Zeitlichkeit des menschlichen Seins. Der Mensch und die ganze belebte Natur unterliegt zwingend dieser Zeitlichkeit. Der Mensch wird geboren, er erhält einen sterblichen Körper und muss zwangsläufig altern und schließlich stirbt der vergängliche Körper. Denn der Mensch unterliegt der Vergänglichkeit und damit dem Fluss der Zeit. Wäre das nicht so, dann würde Gottes Plan der Errettung nicht funktionieren. Die Natur ist genauso konzipiert, dass sie Gottes Plan folgt.

Wir erkennen daraus, dass es im Prinzip zwei grundsätzlich verschiedene physikalische Prozesse gibt, die in der Natur ablaufen. Es sind zum einen die zeitlich umkehrbaren Phänomene wie das Zusammenstoßen einzelner Billardkugeln oder die Bewegung der Planeten um die Sonne. Diese Vorgänge sind berechenbar und unterliegen dem Determinismus der Gesetze. Mit ihnen kann man physikalische Vorgänge berechnen, die auch in der Zukunft ablaufen werden. Auf der anderen Seite gibt es die nichtumkehrbaren, irreversiblen Phänomene, die immer mit dem

Zusammenwirken von sehr vielen, voneinander unabhängigen Teilchen zu tun haben, wie zum Beispiel die Wärmebewegung der unzählbaren Atome und Moleküle in der Luft, die vielen Teile einer zerbrochenen Tasse oder die riesige Anzahl von Wassermolekülen in einem Fluss. In unserer Welt taucht die Richtung der Zeit daher nur dann auf, wenn Wärme, Vergänglichkeit und irreversible Prozesse im Spiel sind. Zwischen Wärme, Vergänglichkeit und der Richtung der Zeit besteht daher ein fundamentaler Zusammenhang. Denn nur wo Wärme und Vergänglichkeit vorhanden sind, unterscheiden sich Vergangenheit und Zukunft.

Was in den natürlich ablaufenden, irreversiblen Prozessen geschieht, wird mit einer physikalischen Größe, der Entropie, beschrieben. Die Entropie ist gewissermaßen das Ausmaß der Unordnung, oder etwas wissenschaftlicher ausgedrückt: Sie ist das Maß für die Anzahl von Realisierungsmöglichkeiten eines bestimmten Zustandes. Zum Beispiel gibt es eine riesige Anzahl von Möglichkeiten wo sich ein einzelnes Sauerstoffmolekül in der Luft aufhalten könnte oder in wie viele verschiedene unterschiedliche Teile ein Glas zerspringen kann, wenn es hinunterfällt. Theoretisch könnten sich sogar alle Sauerstoffmoleküle in einem Zimmer in einer Zimmerhälfte und alle Stickstoffatome in der anderen Hälfte aufhalten. Aber das würde niemals passieren, da dieser Zustand beliebig unwahrscheinlich ist.

Diese Nichtumkehrbarkeit vieler Abläufe ist eine grundlegende Eigenschaft der Materie, die ihren Ausdruck in einem fundamentalen physikalischen Gesetz findet. Dies besagt, dass die Unordnung oder die Entropie in einem geschlossenem System nur gleich bleiben oder zunehmen kann, aber niemals abnimmt. Das hört sich sehr abstrakt an, es lässt sich aber in vielfältiger Weise in der Natur beobachten. Eine Unordnung kann nur durch Zuführung von Arbeit, bzw. Energie beseitigt werden, sie verschwindet aber niemals von selbst. Beispielsweise kann eine Tasse auf Millionen verschiedene Weisen zerspringen. Sie kann aber nur auf eine einzige Weise intakt bleiben. Deswegen ist die Wahrscheinlichkeit, dass eine zersprungene Tasse wieder in die ursprünglich intakte Form zurückgeht, unmessbar klein und bleibt damit nur eine theoretische Option.

Fazit: Die Natur bedient sich der Wahrscheinlichkeiten und arbeitet mit dem Ausgleich von Unterschieden. Wenn man zum Beispiel in eine Tasse mit heißem Tee kaltes Wasser gießt, dann wird sich in kurzer Zeit der heiße Tee mit dem kalten Wasser vermischen und eine mittlere Temperatur annehmen. Theoretisch könnte sich auch der heiße Tee in der unteren Hälfte der Tasse sammeln und das kalte Wasser in der oberen Hälfte. Das funktioniert aber nicht, da die Natur den Ausgleich sucht und den Zustand mit der größten Wahrscheinlichkeit annimmt. Es gibt nämlich eine beliebig hohe Anzahl von verschiedenen Möglichkeiten, wie sich die kalten Wassermoleküle mit den heißen Tee-Molekülen vermischen können, doch die Wahrscheinlichkeit dafür, dass die beiden Arten von Molekülen getrennt auf ihren Seiten verbleiben, ist unmessbar gering und tritt deshalb niemals auf.

Letztlich sind es tatsächlich die Eigenschaften der Materie, die den Lauf der Zeit und damit den Zeitpfeil hervorrufen. Auch dadurch ist die Materie in unserem zeitlichen Universum an die Erfordernisse unseres Lebens angepasst. Zeit, Raum und Materie in der bei uns vorliegenden Form sind damit die Bausteine unseres sterblichen Daseins.

Ich möchte ihnen an einem sehr einfachen und alltäglichem Beispiel das Prinzip der Zunahme der Entropie, bzw. der Zunahme der Unordnung näher bringen. Man nimmt ein neues, nach Spielfarben und Zahlen geordnetes Kartenspiel, bestehend aus nur 24 verschiedenen Spielkarten. Die Spielkarten sind der Reihe nach geordnet, deshalb ist die Ordnung maximal und damit ist die Entropie der Spielkarten sehr niedrig. Wenn die Karten jetzt wie bei einem Kartenspiel üblich, zufällig gemischt werden, dann nimmt die Ordnung der Reihenfolge der Karten naturgemäß ab und die Entropie des Kartensystems steigt, da ja jede beliebige Reihenfolge der Karten gleich wahrscheinlich ist. Und jetzt kommt der entscheidende Punkt: Man kann durch zufälliges Mischen der Karten niemals wieder den geordneten Anfangszustand erreichen. Nicht weil es unmöglich ist, sondern weil die Wahrscheinlichkeit dafür verschwindend gering ist. Bei nur 24 verschiedenen Karten gibt es nur eine einzige geordnete Reihenfolge der Karten, aber es gibt insgesamt $6 \cdot 10^{23}$ verschiedene Möglichkeiten die 24 Karten nacheinander anzuordnen. $6 \cdot 10^{23}$ sind 600.000 Milliarden Milliarden verschiedene Möglichkeiten, unbeschreiblich viel mehr als ein langes Leben Sekunden hat. Jedes Mal, wenn die Karten neu gemischt werden, dann entsteht eine neue unsortierte Reihenfolge der Karten die es bisher auf dieser Welt noch nicht gegeben hat und wahrscheinlich auch niemals wieder geben wird. Nimmt man jetzt ein Kartenspiel mit 52 verschiedenen Spielkarten, dann gibt es mehr Möglichkeiten diese Karten anzuordnen, als es Atome auf dieser

Erde gibt. Und jetzt stellen sie sich vor, dass es nicht nur 52 verschiedene Teilchen gibt, sondern viele Milliarden.

Diese stetige Zunahme der Unordnung ist es, die die Richtung der Zeit vorgibt. Erst wenn wir den Zufall ausschalten und bewusst diese Karten wieder sortieren, was ja sehr einfach und schnell möglich ist, dann können wir die Ordnung wiederherstellen. Und damit nähern wir uns dem Reich Gottes an, indem es keine Unordnung, sondern nur Ordnung gibt. Es gibt eine Kraft, die die Ordnung auf ewig aufrechterhält, es ist die Kraft Gottes.

In unserem täglichen Leben begegnet uns die Zunahme der Entropie und damit der Unordnung überaus regelmäßig. Jeden Tag benötigen wir neue Energie, um unsere technisierte Welt am Laufen zu halten und das, obwohl die Energie ja nicht verloren gehen kann. Warum ist dies so? Letztendlich wird fast alle Energie die wir täglich verwenden in für uns nutzlose Wärmeenergie umgewandelt. Wenn wir beispielsweise mit dem Auto unterwegs sind, dann wird die chemische Energie des Kraftstoffs nach einem Zwischenschritt über die Bewegungsenergie komplett in Wärme umgewandelt: der Motor wird heiß, durch den Luftwiderstand beim Fahren wird die Luft erwärmt und durch Reibung erwärmen sich die Reifen und die Lager. Diese in Wärme umgewandelte Energie ist für technische Anwendungen verloren, sie ist nicht mehr nutzbar.

Weil die von uns täglich verwendete Energie letztendlich immer in für uns nutzlose Wärme umgewandelt wird, brauchen wir täglich neue Energie, obwohl sie ja eigentlich niemals verloren gehen kann. Nur für uns ist sie in dieser Form nicht mehr brauchbar. Durch den letztlichen Übergang jeglicher Energie in Wärme steigt die Unordnung und damit die Entropie unaufhaltsam und unumkehrbar.

Wir haben jetzt gelernt, dass alle physikalischen Prozesse, die mit Wärmeerzeugung, Wärmeaustausch oder einer sehr großen Anzahl von unabhängigen miteinander zusammenwirkenden Teilchen einhergehen, niemals umkehrbar sind, sie sind irreversibel. Das auf diese Erkenntnis zutreffende physikalische Gesetz ist bekannt als der 2. Hauptsatz der Thermodynamik[37]. Die Natur gleicht unterschiedliche Wärmeniveaus immer aus, die Wärme fließt immer vom wärmeren zum kälteren Körper und niemals umgekehrt. Denn nur wo Wärme und Vergänglichkeit im Spiel sind, unterscheiden sich Vergangenheit und Zukunft. Die stetige Zunahme der Entropie bzw. der Unordnung ist ein klassisches Naturgesetz, so wie es auch die Schwerkraft ist, der zufolge alles nach „unten" fällt.

Deswegen legt die Zunahme der Entropie die Richtung des Zeitpfeils in unserem Universum unumkehrbar fest. Da die Entropie in einem geschlossenen System, wie zum Beispiel unserem Universum immer ansteigen muss, ist die Zeitrichtung, der Zeitpfeil, eindeutig bestimmt. Das Gesetz der Zunahme der Entropie unterscheidet daher zwischen Vergangenheit und Zukunft. Es sagt uns etwas über den Fluss der Zeit und offenbart uns dadurch vieles über die Natur der Welt. Eine Umkehrung der Zeit kann es deshalb in unserem Universum nicht geben. Sir Arthur Eddington, ein britischer Astrophysiker, hat bereits 1928 den Zusammenhang zwischen der Zeitrichtung und der Entropie in seinem Buch "The Nature of the Physical World" formuliert und den Begriff des Zeitpfeils geprägt.

Niemals kann sich ein abgeschlossenes System ohne intelligente Einwirkung oder Zuführung von Energie von außen selbstständig von einem unordentlichen in einen ordentlich Zustand verändern. Wird ein System sich selbst überlassen, dann verändert es sich immer in Richtung der Unordnung. Ich möchte dieses Prinzip an einem einfachen Beispiel erläutern. Denken sie sich einen gut angelegten und gepflegten Garten. Wenn sie die Pflege des Gartens (= Zuführung von Energie) beenden, dann wird der Garten innerhalb weniger Jahre seine Ordnung verlieren und verwildern. Selbst die belebte Natur ist an dieses Prinzip gebunden. Wächst zum Beispiel eine Blume heran, dann entsteht dadurch eine Ordnung, die eigentlich im Widerspruch zur stetigen Zunahme der Unordnung steht. Die Blume wächst und gedeiht aber nur deshalb, weil sie von außen Energie (Licht, Wasser und Nährstoffe) aufnimmt, die die Ordnung entstehen lässt und auch erhält. Verhindert man die Zuführung von Energie, dann wird die Blume innerhalb kurzer Zeit

---

[37] Der 2. Hauptsatz der Thermodynamik beschreibt die Richtung der Energieumwandlung und erfasst damit die Größe der Unordnung, also der Entropie

verwelken, denn sie ist dann sofort der Vergänglichkeit und der Verweslichkeit unterworfen.

Letztlich stellt sich aber auch die Frage, wie in einer Welt der zunehmenden Unordnung hochkomplexes und damit hochgeordnetes Leben entstehen kann. Die Entstehung von Ordnung und Struktur in der Natur ist kein unwahrscheinlicher Zufall, sondern ist eine natürliche Konsequenz der physikalischen Gesetze. Die Entstehung von Leben ist angelegt im göttlichen Bauplan der Natur. Denn im Meer der Unordnung entstehen temporäre Inseln der Ordnung und des Lebens. Damit auf der Erde Leben und damit Ordnung entstehen kann, muss irgendwo die Unordnung überproportional zunehmen. In unserem Fall ist es die Sonne, sie gibt uns nicht nur Licht und Wärme, sondern sie schenkt uns die Ordnung, damit Leben entstehen kann.

Die Zunahme der Entropie und damit der Unordnung im Universum gibt die Richtung der Zeit vor. Es stellen sich jetzt die entscheidenden Fragen: warum ist die Zunahme der Entropie für uns so wichtig und welchen Zusammenhang gibt es zwischen der Zunahme der Entropie in unserem sterblichen Reich und dem Reich Gottes? Die Heiligen Schriften geben dazu eine klare Antwort.

Der Mensch unterliegt nach Gottes Willen auf der Erde der Sterblichkeit, der Vergänglichkeit und der Verweslichkeit. Physikalisch gesprochen bedeutet dies nichts anderes als die Zunahme der Unordnung und damit der Entropie. Die Menschen kommen auf diese Erde, um einen sterblichen und vergänglichen Körper zu bekommen. Nur so kann Gottes Plan der Errettung funktionieren. Aber nicht nur die Menschen sind in unserem Universum der Sterblichkeit unterworfen, sondern alles auf der Erde unterliegt der Vergänglichkeit, wie es schon Paulus in seinem Brief an die Römer beschrieben hat:

„Die Schöpfung ist der Vergänglichkeit unterworfen, nicht aus eigenem Willen, sondern durch den, der sie unterworfen hat." (NT: Römerbrief 8:29)

Diese Aussage von Paulus ist bemerkenswert. Sagt sie doch nicht nur aus, dass die Schöpfung Gottes, d.h. unser Universum, der Vergänglichkeit unterworfen ist, sondern dass die Vergänglichkeit durch den Schöpfer selbst kommt. Er hat bestimmt, dass alles in unserem Universum der Vergänglichkeit untertan sein muss.

Aus der ewigen Perspektive Gottes ist es unabdingbar, dass es in unserem Universum Vergänglichkeit und Verweslichkeit gibt – dies ist die Voraussetzung dafür, dass die Menschen in ihrer Sterblichkeit hier auf der Erde leben können. Und darin liegt der eigentliche Grund für die Zeit, den Zeitpfeil und die damit verbundene Zunahme der Entropie. Dies begleitet uns in unserem Erdendasein – und ist die grundlegende Voraussetzung dafür, dass der Zweck unseres irdischen Daseins erfüllt werden kann. Oder anders ausgedrückt: die Sterblichkeit bedingt, dass die Zeit nur in einer Richtung ablaufen kann. Nach dem Tod geht der Mensch zurück in das Reich Gottes, wo die Sterblichkeit zur Unsterblichkeit wird und die Verweslichkeit die Unverweslichkeit anzieht, wie es der Prophet Abinadi den Menschen erklärt hat und wie es im Buch Mormon niedergeschrieben ist.

„Selbst diese Sterblichkeit wird Unsterblichkeit anziehen, und dieses Verwesliche wird Unverweslichkeit anziehen und wird dazu gebracht werden, vor dem Gericht Gottes zu stehen, um von ihm gemäß ihren Werken gerichtet zu werden, ob sie gut seien oder ob sie böse seien." (BM: Mosia 16:10)

Mit anderen Worten, das Leben auf der Erde ist zeitlich und deshalb geprägt durch Vergänglichkeit, Sterblichkeit und Verweslichkeit. Während das Leben im Reich Gottes durch Ordnung, Unsterblichkeit und Unverweslichkeit bestimmt ist. Im Reich Gottes herrscht die vollkommene Ordnung, nichts ist mehr zeitlich, sondern alles unterliegt der Ordnung der Ewigkeit. Deswegen spielt die Entropie in Gottes Reich keine Rolle. Deswegen existiert im Reich Gottes auch kein Zeitpfeil und letztlich auch keine Zeit so wie wir sie hier auf der Erde kennen. Dies ist der eigentliche Grund dafür, dass es in Gottes Reich keine Zeit mehr gibt, denn alles besteht in Ewigkeit, ohne Vergänglichkeit und ohne Verfall.

Nachdem wir erkannt haben, dass die Vergänglichkeit der Menschen hier auf der Erde der eigentliche Grund für die Zeit und den Fluss der Zeit ist, wenden wir uns einer weiteren Erkenntnis zu, die wir aus dem Sachverhalt ableiten können, dass die Entropie in unserem Universum dauernd zunimmt. Lassen Sie mich das so formulieren: Wenn die Entropie des Universums fortwährend zunimmt und so-mit die Unordnung kontinuierlich mit der Zeit wächst, ergibt der Umkehrschluss, dass am Anfang des Universums ein Zustand größtmöglicher Ordnung geherrscht haben muss.

Diese Erkenntnis führt uns zu einer sehr interessanten Schlussfolgerung, näm-lich dass das Universum, als es von Gott erschaffen wurde, sich in einem Zustand größtmöglicher Ordnung befand. Und dies musste auch so sein, denn bei Gott gibt es keine Unordnung. Er konnte das Universum nicht „unordentlich" erschaffen. Nach diesem ersten Schritt in der Schöpfung war das Universum erst einmal auf sich allein gestellt. Daher musste die Ordnung zwangsläufig kontinuierlich abneh-men. Es ist also nicht nur die Energie, die die Entwicklung des Universums prägt, sondern vielmehr die niedrige Entropie und damit die ausgeprägte Ordnung im Anfangsstadium des Weltalls. Das Wachstum der Entropie des Universums treibt die gewaltige Geschichte des Kosmos voran[38]. Der Pfad der Schöpfung war damit eingeleitet. Alle Dinge konnten auf eine Weise entstehen, wie es für die Umsetzung des Erlösungsplans erforderlich war. Diese Form der Schöpfung könnte man auch als den *Weg der Entstehung"* bezeichnen.

Diese stetige Zunahme der Unordnung in unserem Universum wird zwangsläu-fig dazu führen, dass das Universum irgendwann den Zweck seiner Erschaffung nicht mehr erfüllen kann, es hat seine Aufgabe erfüllt. Sterne und Planeten werden vergangen sein und neue können nicht mehr entstehen. Aber all die ungeordnete Materie und Energie, die jetzt scheinbar nutzlos in den ewigen Weiten des Raumes verbleibt wird durch Gottes Kraft und Macht eine neue Ordnung erhalten, entwe-der um als ewige Wohnstätte der Menschen zu dienen und oder um neue sterbli-che Welten zu erschaffen.

Fassen wir das Ganze nun aus der Betrachtung der Wissenschaft zusammen: In einem Universum oder einem Raum, indem es keine thermodynamischen Pro-zesse gibt, wo kein Ausgleich erforderlich ist, weil alle Niveaus gleich sind, wo

---

[38] Die Ordnung der Zeit, Seite 134, Carlo Rovelli, Rowohlt Taschenbuch Verlag 2018

Wahrscheinlichkeiten keine Rolle spielen, weil keine Entropie vorherrscht, wo alles im Determinismus, also in der Ordnung geschieht und alle Zustände ewig existieren, in einem solchen ewigen Universum gibt es keine Zeitrichtung und deswegen auch keine Zeit, sondern nur ewiges Leben, ohne Anfang und ohne Ende. Und wenn es keine Zeit mehr gibt, dann ist alles gegenwärtig, Vergangenes, Gegenwärtiges und Zukünftiges. Das ist die Konsequenz der aufgezeigten Gesetzmäßigkeiten.

Es gibt aber noch ein weiters Thema, das mit diesem Sachverhalt in engem Zusammenhang steht: Gemeint ist wiederum die Kausalität, also die Abfolge von Ursache und Wirkung. Diese Kausalität ist ebenfalls eng verknüpft mit der Entropie und dem Ausmaß bzw. der Anzahl an Realisierungsmöglichkeiten. Es ist gewiss ein spannendes Unterfangen, die Thematik der Entropie, mit den zugehörigen Wahrscheinlichkeitsaussagen und den damit zusammenhängenden Realisierungsmöglichkeiten auf den Menschen anzuwenden. Jeder Mensch muss täglich viele Entscheidungen treffen, wobei der Entscheidungsraum (ein Gegenstück zu den Realisierungsmöglichkeiten in der Natur) sehr groß ist. Im Gegensatz zur stetigen Zunahme der Entropie in der Thermodynamik führen uns unsere Entscheidungen in eine von uns selbst vorgegebene Richtung, sei sie gut oder schlecht. Dies ist unsere Entscheidungsfreiheit, die schließlich ja auch die Grundlage für unsere persönliche Weiterentwicklung bildet. Gäbe es die Entscheidungsfreiheit nicht, wäre der Mensch dazu verurteilt, in eine vorgegebene Richtung laufen zu müssen. Eine persönliche Entwicklung wäre nicht möglich. Durch die Entscheidungsfreiheit erheben die Menschen sich über die unbelebte Materie. Dies lässt sich auch aus den Worten ableiten, mit denen der Prophet Lehi seine Kinder belehrte:

„Und wenn ihr sagt, es gebe kein Gesetz, so sagt ihr auch, dass es keine Sünde gibt. Wenn ihr sagt, es gebe keine Sünde, so sagt ihr auch, dass es keine Rechtschaffenheit gibt. Und wenn es keine Rechtschaffenheit gäbe, so gäbe es kein Glücklichsein. Und wenn es weder Rechtschaffenheit noch Glücklichsein gäbe, so gäbe es weder Strafe noch Elend. Und wenn es all dies nicht gibt, so gibt es keinen Gott. Und wenn es keinen Gott gibt, so gibt es uns nicht, auch die Erde nicht; denn es hätte keine Erschaffung geben können, weder dessen, was handelt, noch dessen worauf eingewirkt wird; darum hätte alles vergehen müssen. Und nun, meine Söhne, sage ich

euch dies alles zu eurem Nutzen und zur Belehrung; denn es gibt einen Gott, und er hat alles erschaffen, sowohl die Himmel als auch die Erde und all das, was darinnen ist, sowohl das was handelt als auch das worauf eingewirkt wird." (BM: 2. Nephi 2:13,14)

Der Prophet Lehi beschreibt hier die fundamentalen Zusammenhänge, die sich aus der Logik einer ganz bestimmten Kausalkette ergeben. Versteckt lässt sich daraus auch die Entscheidungsfreiheit herauslesen, denn mit dem, „was handelt", sind wir Menschen mit unserer Fähigkeit gemeint, selbständig entscheiden zu können. Und mit dem, „worauf eingewirkt wird", ist die unbelebte Materie gemeint. Sie verfügt über keine direkte Entscheidungsfreiheit, sondern sie agiert so, wie es den Gesetzen entspricht.

Wir haben in diesem Kapitel gelernt, dass Zeit und Raum nicht absolut sind, sondern von äußeren Umständen abhängen. Es gibt sogar Situationen in unserem Universum in denen die Zeit aufhört zu existieren. Vergangenheit, Gegenwart und Zukunft sind aber immer an den Fluss der Zeit gebunden, denn nur wo die Zeit stillsteht, wird alles gegenwärtig. Im Reich Gottes gibt es keine Zeit mehr, so wie wir sie hier auf der Erde erleben, darum ist für Gott alles gegenwärtig und er weiß alles von Anfang an. Wir leben aber auf dieser Erde in einem Zustand der Sterblichkeit und Verweslichkeit, deshalb gibt es hier auf der Erde zwangsläufig die Zeit und den Zeitpfeil. Im Reich Gottes, indem nichts mehr der Sterblichkeit und Verweslichkeit unterliegt, gibt es deswegen weder Zeit noch den Zeitpfeil, denn alles ist ewig, ohne Anfang der Tage und Ende der Jahre.

Wir wollen zusammenfassen, was uns dieses Kapitel deutlich gemacht hat: Raum, Zeit und Kausalität sind die zentralen Elemente, die die Wirklichkeit unseres irdischen Lebens prägen und bestimmen. Sie bilden die essenziellen Rahmenbedingungen dafür, dass wir zwischen Gut und Böse entscheiden können, dass wir aus freien Stücken dem Pfad folgen können, den uns der Erlöser vorgezeichnet hat, dass wir uns in Prüfung bewähren können – mit einem Wort: dass wir den Segen in Anspruch nehmen können, den der Plan unseres Vaters im Himmel, nämlich der Plan des Glücklichseins, für uns bereithält.

Die Elemente Raum, Zeit und Kausalität prägen nicht nur unser irdisches Dasein. Sie sind auch jene Faktoren, die die Schöpfung unseres Universums und damit auch unseres Planeten möglich machten. Sie stehen nicht nur am Anfang der Schöpfung, sondern sie begleiten die gesamte weiterführende Entwicklung, und sie werden auch das Ende alles Erschaffenen herbeiführen, so wie jedes sterbliche Wesen zu dem Staub zurückkehren muss, von dem es gekommen ist. Unser Universum wurde nicht als ein riesiges Uhrwerk erschaffen, in dem alles durch deterministische Gesetzmäßigkeiten festliegt was kommen wird. Unser Schöpfer hat unser Universum nicht nur erschaffen, sondern er bewahrt und steuert es, wo es erforderlich ist um sein Ziel zu erreichen: „Die Unsterblichkeit und das Ewige Leben des Menschen zustande zu bringen" (KP: Mose 1:39). Im nächsten Kapitel werden wir uns der Frage zuwenden, wie und wann das Universum entstanden ist, welche Eigenschaften es hat, ob es aus dem Nichts kam und wie lange es existieren wird. Dann werden wir auch erkennen, dass die Geschichte des Universums einfach atemberaubend ist.

6.0. DAS UNIVERSUM

Ex Nihilo Nihil Fit

(Aus nichts wird nichts)

Die Frage nach dem Ursprung des Universums ist Gegenstand vieler wissenschaftlicher Forschungen und Entdeckungen, die unsere Erkenntnisse über das Wesen, die Struktur, die Größe und das Alter des Universums beträchtlich erweitert haben. Es ist faszinierend zu erkennen wie das Universum entstanden ist und wie es sich folgerichtig Schritt für Schritt entfaltet hat. Nichts entwickelte sich zufällig und je tiefer man in das Verständnis dieser Entwicklung eintaucht, desto klarer und deutlicher wird der Plan, der sich dahinter verbirgt. Dieses Wissen führt dazu, dass wir die Größe Gottes und seine Schöpfung zunehmend auch in der unbelebten Natur erkennen und bewundern. Wir sind dankbar für alle seine Werke, denn sie sind ein Ausdruck seiner Liebe für seine Kinder. Und er gibt seinen Kindern die Fähigkeiten, die Einsichten und die Weisheiten, seine unsichtbare Wirklichkeit an den Werken seiner Schöpfungen zu erkennen (NT: Römerbrief 1:20).

Aber trotz all unserer beachtlichen neuen Erkenntnisse die wir über das Universum bis heute gewonnen haben, müssen wir immer noch anerkennen, dass wir das Wesen des Universums nicht annähernd begreifen können. Zu weit ist es doch von unserer Lebensumgebung entfernt. Denn immer noch gibt es eine große Lücke zwischen dem, was wir von der Welt wahrnehmen und von der Welt selbst. Prof. Lesch, Physiker an der Ludwig-Maximilians-Universität in München, hat dies folgendermaßen ausgedrückt:

„Wir können das Universum nicht erklären, sondern nur beschreiben."
(Prof. Lesch, LMU München)[39]

Schon vor fast 3000 Jahren hat Gott es für richtig erachtet, dem König Salomon viele tiefgreifende Wahrheiten über den Aufbau der Welt und das Wirken der

---

[39] GEO Nr. 11/2006, S. 28

Elemente zu offenbaren, um ihm dadurch einen Hauch der Kraft Gottes verspüren zu lassen:

„Er verlieh mir untrügliche Kenntnis der Dinge, so dass ich den Aufbau der Welt und das Wirken der Elemente verstehe. Anfang und Ende und Mitte der Zeiten, die Abfolge der Sonnenwenden und den Wandel der Jahreszeiten, den Kreislauf der Jahre und die Stellung der Sterne." *„Alles Verborgene und alles Offenbare habe ich erkannt, denn es lehrte mich die Weisheit, die Meisterin aller Dinge. Sie ist ein Hauch der Kraft Gottes und reiner Ausfluss der Herrlichkeit des Allherrschers. Sie ist der Widerschein des ewigen Lichts, der ungetrübte Spiegel von Gottes Kraft, das Bild seiner Vollkommenheit."* (AT: Das Buch der Weisheit 7:17-21, 25, 26)

Bei der Frage nach der Natur des Universums geht es nicht nur um die Erkenntnis der Entstehung und der materiellen Entwicklung, es geht vielmehr darum, wie unser sterbliches Dasein mit dem Universum und dem Reich Gottes verknüpft ist. Denn schließlich hat Gott das Universum nur für den einen Zweck hervorgebracht, damit seine Kinder auf Planeten wie unserer Erde den Zweck ihrer Erschaffung erfüllen und die ewigen Segnungen erhalten können, die ihnen ihr himmlischer Vater zukommen lassen möchte. Denn nur das Leben gibt dem Universum einen Sinn.

Aus den Offenbarungen, die wir in den heiligen Schriften lesen können, wissen wir zweifelsfrei, dass Gott das Universum mit all seinen Galaxien, Sternen und Planeten erschaffen hat.

„Hebt eure Augen in die Höhe, und seht: Wer hat die Sterne dort oben erschaffen? Er ist es, der ihr Heer täglich zählt und her>aufführt, der sie alle beim Namen ruft." (AT: Jesaja 40:26)

Und demütig erkennen wir als Wissenschaftler heute, dass die aktuellen wissenschaftlichen Erkenntnisse mehr und mehr im Einklang mit den Offenbarungen Gottes sind. Alles ist in vollkommener Harmonie und Sinnhaftigkeit entstanden. Dennoch stellt sich an dieser Stelle des Buches die entscheidende Frage: Warum bedurfte es überhaupt eines neuen Universums? Warum konnte nicht alles im ewigen Reich Gottes geschehen? Dallin H. Oaks, ein Apostel der Kirche Jesu Christi der Heiligen der Letzten Tage, hat diese Frage in einer Ansprache vom April 2017 eindrucksvoll beantwortet:

> *„Als Geistkinder Gottes wünschten wir uns in einem Dasein vor diesem Erdenleben das ewige Leben, das uns bestimmt war. Wir hatten uns so weit entwickelt, wie es uns ohne ein sterbliches Dasein mit einem physischen Körper möglich war. Um uns diese Gelegenheit zu verschaffen, präsidierte der Vater im Himmel über die Erschaffung der Welt."* (Dallin H. Oaks, Zeitschrift Liahona, April 2017)

Den Worten von Präsident Dallin H. Oaks lässt sich entnehmen, dass die Geistkinder Gottes für ihre Entwicklung einen physischen und sterblichen Körper benötigen. Da es aber im ewigen Reich Gottes weder die Sterblichkeit noch die Vergänglichkeit und Verweslichkeit geben kann, bedarf es also eines Ortes der Endlichkeit, der Sterblichkeit und der Verweslichkeit. Und genau zu diesem Zweck hat Gott dieses endliche Universum erschaffen. Als einen Ort der Vergänglichkeit und der Verweslichkeit – und damit auch als einen Ort der Veränderung und auch einen Ort der Prüfung. Eine Voraussetzung dafür, dass die Kinder Gottes einen physischen Körper erhalten und all die Erfahrungen sammeln können, die sie für ihre Entwicklung benötigen, aber auch dafür, dass sie einer Prüfung unterzogen werden und sich aus freien Stücken zwischen Gut und Böse entscheiden können. Nachdem die Fesseln des Todes durch den Erlöser Jesus Christus überwunden wurden, ist es ihnen möglich, nach ihrem Tod und nach der Auferstehung durch den Schleier zu treten, in ihr göttliches Elternhaus und in das ewige Reich Gottes, sodass ihre einstige Sterblichkeit sich zu einer ewigen Unsterblichkeit verwandelt und aus der Verweslichkeit eine unumkehrbare Unverweslichkeit wird.

> *„Übt ihr Glauben aus an die Erlösung durch ihn, der euch erschaffen hat? Blickt ihr mit gläubigem Auge voraus, und seht ihr diesen sterblichen Leib zu Unsterblichkeit erhoben und dieses Verwesliche zu Unverweslichkeit erhoben, sodass ihr vor Gott stehen könnt, um gemäß den Taten gerichtet zu werden, die ihr im sterblichen Leib getan habt."* (BM: Alma 5:15)

Da es also im Reich Gottes weder Sterblichkeit noch Verweslichkeit gibt, musste ein Universum erschaffen werden, das die Vergänglichkeit in Raum und Zeit ermöglicht. Dieses Universum sollte den Geistkindern unseres Vaters im Himmel den

Weg zu einem sterblichen, physischen Körper ermöglichen, der der Vergänglichkeit und Sterblichkeit unterworfen ist.

Die Geschichte des Universums offenbart uns heute ein beeindruckendes Zeugnis der Macht Gottes. Dabei erleben wir, wie die Wissenschaft nach und nach all jene Erkenntnisse gewinnt, die zumindest für gläubige Menschen eine Bestätigung seiner Macht sind.

Nun wollen wir uns ein wenig der Methodik zuwenden, derer er sich bei der Schaffung des Universums bedient hat. Denn das Universum ist das Werk seiner Hände:

> *„Und siehe, du bist mein Sohn; darum schaue, und ich werde dir das Werk meiner Hände zeigen."* (KP: Mose 1:4)

Wie wir bereits in früheren Kapiteln festgestellt haben, war es die ewige, also die unvergängliche Energie, die vereinfacht ausgedrückt als Baumaterial diente. Wir haben aber auch festgestellt, dass diese Energie dem ewigen Licht entspringt, das die Basis allen Seins ist. Dieses Licht bzw. diese Energie steht unter Gottes Kontrolle. Deshalb geht es von ihm aus und füllt die Unermesslichkeit des Raumes – zumindest jenes Raums, wie er sich unserer Wahrnehmung und wissenschaftlichen Erkenntnisfähigkeit gemäß darstellt. Auch die Heilige Schrift beschreibt diese Wahrheit mit klaren Worten:

> *„Dieses Licht geht von der Gegenwart Gottes aus und erfüllt die Unermesslichkeit des Raumes."* (L&B 88:12)

Der Moment, in dem Gott die Keimzelle des Universums gelegt hat, dieser allererste Anfang liegt für uns vollständig im Dunkeln. Dieser Moment ist unerreichbar für die größten Teleskope der beobachtenden Astronomen und nicht erklärbar für die theoretisch forschenden Astrophysiker in ihren Laboren. Wir wissen aber, dass dieses Universum nicht aus dem Nichts („Creatio ex nihilo") erschaffen wurde, sondern aus dem Stoff der Ewigkeit. Denn Materie und Energie sind ewig und können daher auch nicht erschaffen werden.

Mit der ersten Ausbreitung des Lichts wurde jene Kausalkette in Gang gesetzt, die wir bereits im Kapitel 5 kennengelernt haben. Dort wurde von der fundamentalen Erkenntnis Einsteins berichtet, wonach das Licht das übergeordnete Element von Raum und Zeit ist, ja sogar über diese herrscht. So entstand durch die erste Ausbreitung des Lichts das, was wir Raum und Zeit nennen. Und genau dieser Raum und diese Zeit sind es, die die Voraussetzungen für die Sterblichkeit bilden und unseren Werdegang von einem Wesen mit einem Körper aus geistiger Materie hin zu einem Wesen mit einem physischen Körper ermöglichen.

Gott steht außerhalb dieser Zeit und außerhalb des Raumes, sonst hätte er das Universum nicht erschaffen können. Er lebt in einem ewigen und unendlichen Reich, in das unser zeitliches und expandierendes Universum eingebettet ist. Daher kann er den Blick von seinem höheren Reich und damit außerhalb der Zeit stehend auf seine Schöpfung und seine darin lebenden Kinder richten und mit ihnen nach seinem Willen direkt und ohne zeitliche Verzögerung sprechen.

Am Anfang war das Licht, das auch Strahlung genannt wird. Die Temperatur der Strahlung und damit auch die Energie war unvorstellbar groß. Und sie war räumlich begrenzt auf einen winzigen Raum, der Keimzelle des Universums. Sich selbst überlassen entwickelte sich dann alles so weiter, wie die ewigen Gesetze der Energie und der Materie es vorgeben. Mehr bedurfte es am Anfang nicht. Die Zeit begann zu existieren und der Raum entstand und dehnte sich rasend schnell aus. Aus der Strahlung - dem Licht - entstanden nacheinander alle verschiedenen Elementarteilchen, die die Basis aller Materie sind. Schritt für Schritt hat sich aus diesem ersten Licht alles entwickelt, von den ersten Teilchen bis zur Entstehung unseres Sonnensystems. Alle Schritte mussten in der richtigen Reihenfolge erfolgen und keiner durfte ausgelassen werden. Denn sonst gäbe es weder uns noch die zahlreichen Sonnen und Planeten.

Heute im 21. Jahrhundert sind wir von den Einblicken in das erforschte Wissen und auch von den Blicken in die Weiten des Alls fasziniert. Den gläubigen Menschen macht dies demütig und es lässt ihn die oft zitierte Schriftstelle besser verstehen:

> *„So hoch der Himmel über der Erde ist, so hoch erhaben sind meine Wege über eure Wege und meine Gedanken über eure Gedanken."* (AT: Jesaja 55:8,9)

Wie das perfekte Ineinandergreifen von Millionen von Zahnrädern fügt sich durch das Wirken Gottes alles so präzise ineinander, sodass die Erde und viele andere bewohnbare Planeten entstehen konnten als Wohnstätte für den Menschen beim Durchschreiten seiner Sterblichkeit und der damit verknüpften Bewährungszeit. Aber die Entstehung der Welten ohne Zahl unterlag keinem Automatismus. Um all dies zustande zu bringen, musste Gott das Universum nicht nur erschaffen, sondern auch lenkend eingreifen.

> *„Die Welten wurden von ihm gemacht; die Menschen wurden von ihm gemacht; alles wurde von ihm gemacht und durch ihn und aus ihm."* (L&B 93:10)

> *„Das von ihm und durch ihn und aus ihm die Welten erschaffen werden und wurden, und deren Bewohner sind für Gott gezeugte Söhne und Töchter."* (L&B 76:24)

Aufgrund vieler voneinander unabhängiger Beobachtungsdaten wissen wir heute sehr genau, dass unser Universum einen Anfang hatte. Es existiert nicht seit ewigen Zeiten, denn dann hätte es nicht erschaffen werden können und es wäre ohne Anfang und ohne Ende. Die heutigen Erkenntnisse der Wissenschaften deuten darauf hin, dass vor fast genau 13,8 Milliarden Jahren die Geschichte unseres Universums begann. Mit den großen Teleskopen dieser Welt können wir heute Bilder fast vom Anfang des Universums machen und diese Bilder können wir uns anschauen. Sie zeigen uns die ältesten Galaxien, die gerade einmal 300 Millionen Jahre nach dem Beginn von Raum und Zeit, also vor 13,5 Milliarden Jahren entstanden sind. Sie zeigen uns auch, wie das Universum vor fast 13,5 Milliarden Jahren ausgesehen hat und welche Strukturen die jungen Galaxien am Anfang der Zeit entwickelt haben. Das Licht dieser ältesten Sterne und Galaxien hat vor unglaublichen 13,5 Milliarden Jahren seine lange Reise angetreten, um heute mit den Teleskopen der Astronomen beobachtet zu werden. Heute ist die Geschichte des Universums durch eine Fülle von Untersuchungen belegt und in den Büchern der Naturwissenschaftler dokumentiert.

Die Astronomie hat sich seit dem Anfang des 20. Jahrhunderts in geradezu atemberaubender Weise weiterentwickelt, sodass wir heute weitestgehend alle fundamentalen physikalischen Gesetze des Universums kennen. Vor diesem Hintergrund ist es umso mehr beachtlich, über welche astronomischen Erkenntnisse Joseph Smith bereits in den Jahren um 1830 verfügte, beruhend auf neuzeitlicher

Offenbarung. Zur Zeit von Joseph Smith jun. war die Größe des Universums und die Vielzahl der Sterne und Planeten der Wissenschaft nicht einmal in Ansätzen bekannt. Aber Joseph Smith jun. formulierte:

> *„Denn Welten ohne Zahl habe ich erschaffen; und ich habe sie ebenfalls für meinen eigenen Zweck erschaffen."* (KP: Mose 1:33)

> *„Und es gibt viele (Anmerkung: Welten), die jetzt bestehen, und unzählbar sind sie für den Menschen; aber mir sind alle Dinge gezählt, denn sie sind mein, und ich kenne sie."* (KP: Mose 1:35)

> *„Und wäre es möglich, dass der Mensch die Teilchen der Erde zählen könnte, ja, Millionen Erden gleich dieser, so wäre das noch nicht einmal der Anfang der Zahl deiner Schöpfungen."* (KP: Mose 7:30)

Die Wirklichkeit über die unermessliche Anzahl der Sterne offenbarte unser Schöpfer auch schon vor über 4000 Jahren dem Propheten Abraham, wie wir im Alten Testament der Bibel im Buch Genesis lesen können:

> *„Ich will dir Segen schenken in Fülle und deine Nachkommen zahlreich machen wie die Sterne am Himmel und den Sand am Meeresstrand."* (AT: Genesis 22:17)

Hier vergleicht unser Schöpfer die riesige Anzahl der Sterne am Himmel mit dem unzählbaren Sand am Meeresstrand.

Dass es Sterne und Planeten ohne Zahl geben könnte, entsprach zur Zeit Joseph Smiths nicht einmal in Ansätzen den gängigen Lehrmeinungen. Die Existenz von Planeten außerhalb unseres Sonnensystems war eher ein Thema der Philosophie, denn der Wissenschaft. Eine größere Anzahl an Planeten konnte man lediglich aus Plausibilitätsüberlegungen vermuten, nachweisen konnte man sie nicht. Dafür sind sie viel zu weit entfernt und zu lichtschwach. Erst in den 1980er Jahren war die Entwicklung der Teleskope so weit fortgeschritten, dass man Planeten entdecken konnte, die zu Sternen gehören, die weit jenseits unseres Sonnensystems liegen. Diese „externen" Planeten nennt man seit damals Exoplaneten. Bis heute hat man einige tausend solcher Exoplaneten entdeckt und ansatzweise untersucht. Einige dieser Exoplaneten liegen sogar in sogenannten habitablen, also bewohnbaren, Zonen innerhalb ihres Sonnensystems. Habitabel bedeutet, dass dort Temperaturen vorherrschen, die flüssiges Wasser ermöglichen, sie also nicht zu heiß oder zu kalt sind.

Abbildung 1:   *©NASA, ESA, STScl*

Die Spiralgalaxie mit dem Namen NGC 1232 hat einen Durchmesser von etwa 160.000 Lichtjahren und ist ungefähr 68 Mio. Lichtjahre von der Erde entfernt. Die vielen blauen Punkte und Strukturen, besonders in den Spiralarmen, deuten auf sehr junge und sehr heiße Sterne hin, während die rotscheinenden Bereiche und Punkte im Zentrumsbereich auf alte und relativ kühle Sterne hindeuten.

Neueste Untersuchungen mit dem Kepler-Weltraumteleskop haben ergeben, dass es wohl mehr Planeten als Sterne gibt. Allein in unserer Milchstraße sollte es

Milliarden erd-ähnlicher Planeten geben. Das ist das beeindruckende Ergebnis der Kepler-Mission, die zwischen 2009 und 2018 gezielt nach Planeten im Orbit anderer Sterne suchte. Von dieser riesigen Anzahl an Planeten könnte etwa die Hälfte die Voraussetzungen für organisches Leben erfüllen, so die Annahme. Selbst in Anbetracht dieser Einschränkung käme man immer noch auf mehr als 500 Millionen potenziell lebensfreundlicher Planeten allein in unserer Milchstraße[40]. Das schier unfassbare Zahlenspiel geht aber noch weiter, denn bisher haben wir nur die potenziell erd-ähnlichen Planeten innerhalb unserer Milchstraße, also jener Galaxis, in der sich unser Sonnensystem befindet, ins Auge gefasst. Wie wir aber längst wissen, gibt es nicht nur eine Milchstraße. Weit mehr als 1.000 Milliarden solcher Galaxien gibt es in unserem Universum und jede davon birgt mehr als 500 Millionen lebensfreundliche Planeten. Und das ist wohl erst der Anfang dessen, was sich uns von der Schöpfung Gottes offenbart.

> *„Und wäre es möglich, dass der Mensch die Teilchen der Erde zählen könnte, ja, Millionen Erden gleich dieser, so wäre das noch nicht einmal der Anfang der Zahl deiner Schöpfungen."* (KP: Mose 7:30)

Da ist die Formulierung *„Welten ohne Zahl"* dann schon fast untertrieben. Als ein Beispiel dieser fast unzählbar vielen Galaxien zeigt die Abbildung 1 eine wunderschöne und eindrucksvolle Aufnahme einer Spiralgalaxie, die wir direkt von oben beobachten können. Diese Galaxie ist 68 Millionen Lichtjahre von der Erde entfernt und hat einen Durchmesser von etwa 160.000 Lichtjahren. Wir sehen sie heute also so, wie sie vor 68 Millionen Jahren ausgesehen hat. Sie ist etwas größer als unsere Milchstraße und beherbergt weit mehr als 100 Milliarden Sterne. Es ist auch davon auszugehen, dass viele dieser Sterne von Planeten wie der Erde umkreist werden, auf denen Leben existiert. Entdeckt wurde diese Galaxie 1784 von dem deutsch-britischen Musiker und Astronomen Wilhelm Herschel. Die vielen blauen Sterne sind sehr heiße (Oberflächentemperaturen bis 40.000 Grad) und junge Sterne, während die roten Sterne kälter (Oberflächentemperatur etwa 3.000

---

[40] Bryson et al., The Occurence of Rocky Habitable Zone Planets Around Solar-like Stars from Kepler Data, ArXiv 2010.14812, 2020

Grad) und deshalb auch sehr viel älter sind (unsere Sonne ist dagegen tatsächlich nur ein Zwergstern mit einer Oberflächentemperatur von ungefähr 5800 Grad).

Fundierte Erkenntnisse über die zeitliche Entwicklung von Sternsystemen waren Anfang des 19. Jahrhunderts kaum in Ansätzen vorhanden. Dass Sternensysteme entstehen und vergehen, lag Anfang des 19. Jahrhunderts noch außerhalb der gängigen Vorstellungen, aber Joseph Smith war dies aufgrund von Offenbarung bereits bekannt:

„Denn siehe, es gibt viele Welten, die durch das Wort meiner Macht vergangen sind." (KP: Mose 1:35)

Die Milchstraße kennen wir heute schon fast so gut wie unsere Westentasche. Doch noch vor 100 Jahren waren uns gerade einmal die Entfernungen zu einer Handvoll Sternen in unserer näheren kosmischen Umgebung grob bekannt. Und die Existenz von Galaxien außerhalb unserer Milchstraße war nicht einmal in Ansätzen erwiesen. Doch dies hat sich bis heute grundlegend gewandelt. Denn seit wenigen Jahren kennen wir die präzisen Positionen, Bewegungen, Helligkeiten und Farben und damit die Oberflächentemperaturen von über 1,8 Milliarden Sternen in unserer Milchstraße. Das sind etwa 1% aller Sterne in unserer Milchstraße. Damit einher geht die Kenntnis der genauen Positionen und Bewegungen von über 50.000 Planeten in unserer kosmischen Nachbarschaft. Es ist so, als hätte sich den Menschen eine Tür zur Erkenntnis des Universums geöffnet.

Möglich gemacht wurde diese präzise Vermessung der Milchstraße durch ein außerordentlich leistungsfähiges Weltraumteleskop mit dem Namen Gaia, das 2013 in eine Umlaufbahn um die Sonne gebracht wurde. Es umrundet die Sonne im Gleichklang mit der Erdbewegung auf der sonnenabgewandten Seite. Die optische Auflösung dieses Teleskops ist von überwältigender Genauigkeit. Hier zwei Beispiele, damit man sich diese Genauigkeit besser vorstellen kann: Mit dem Gaia-Teleskop könnte man die Dicke eines menschlichen Haars noch aus einer Entfernung von 1.000 km messen und auf dem Mond vorhandene Strukturen ab einer Größe von nur 6 cm identifizieren.

Mit den Gaia Sterndaten kann man etwas ganz Besonderes machen, was in der Realität niemals möglich wäre. Man kann ein atemberaubendes Bild unserer eigenen Milchstraße so erzeugen, wie sie aus großer Entfernung aussehen würde. Ein solches Bild kann man natürlich nicht fotografieren, denn dafür müsste man viele tausende Lichtjahre weit ins All reisen. Die Abbildung 2 zeigt ein solches eindrucksvolles Bild. Es ist tatsächlich nicht eine optische Aufnahme unserer Milchstraße, nein, das eindrucksvolle Bild zeigt uns die mit dem Gaia-Satelliten gemessenen Positionen, Helligkeiten und Farben von 1,8 Milliarden Sternen unserer Milchstraße. Die dunklen Flecken sind Staubnebel, die die dahinterliegenden Sterne verdecken oder in ihrer Helligkeit abschwächen. Die beiden hellen Flecken in der unteren rechten Hälfte sind die Sterne der großen und der kleinen Magellanschen Wolken, zwei Zwerggalaxien in unmittelbarer Nähe unserer Milchstraße.

Abbildung 2:   ©ESA/Gaia/DPAC CC BY-SA 3.0 IGO

Dieses Bild ist keine astronomische Aufnahme unserer Milchstraße, sondern es zeigt die mit dem Gaia Satelliten gemessenen Positionen, Helligkeiten und Farben von unglaublichen 1,8 Milliarden Sternen aus unserer Milchstraße. Die beiden hellen Flecken in der unteren rechten Hälfte sind die Sterne der großen und der kleinen Magellanschen Wolken, zwei kleine Zwerggalaxien in der Nähe unserer Milchstraße.

Anfang des 19. Jahrhunderts kannte man kaum die Entfernungen einer Handvoll von Sternen und heute kennen wir die exakten Positionen und Eigenschaften von 1,8 Milliarden Sternen in unserer Milchstraße. Die Wissenschaft brauchte 180 Jahre, um mit großem technischen Aufwand jene Dimensionen unseres Weltalls zu ergründen, wie sie Joseph Smith jun. schon im Dezember 1830 offenbart wurden, wie in Köstliche Perle, Mose 7:30 beschrieben.

Die vielen Milliarden Planeten in unserem Universum sind für uns wohl wirklich nicht zählbar, denn wer könnte die Teilchen dieser Erde zählen?

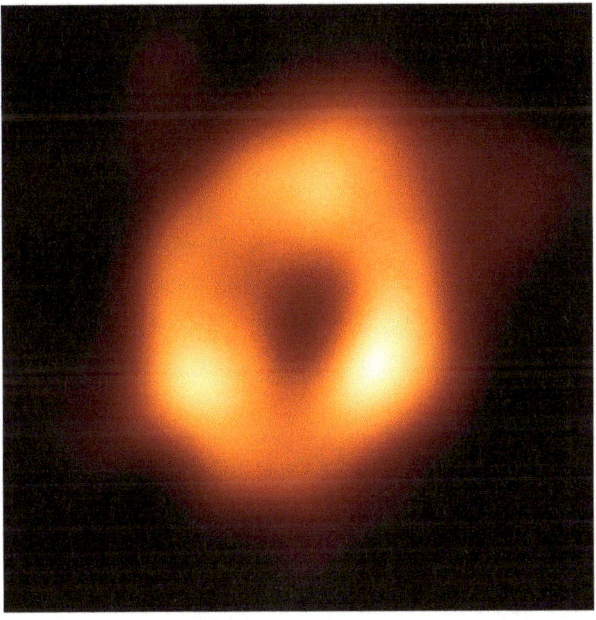

Abbildung 3   *© EHT Collaboration*

Dieses Bild zeigt die erste Aufnahme des Schwarzen Lochs im Herzen unserer Milchstraße. Es hat eine riesige Masse von etwa 4 Millionen Sonnenmassen und ist von der Erde etwa 27.000 Lichtjahre entfernt. Da Schwarze Löcher selbst nicht sichtbar sind (ihre Gravitationskräfte sind so stark, dass selbst Licht nicht entweichen kann), sieht man im Zentrum des Bildes nur den Schatten des Schwarzen Lochs, das von einer leuchtenden Gasscheibe umgeben ist, die sich mit sehr hoher Geschwindigkeit um das Schwarze Loch dreht.

Heute wissen wir sogar, dass sich im 27.000 Lichtjahre von der Erde entfernten Zentrum unserer Milchstraße ein gewaltiges Schwarzes Loch (siehe Anhang 3) mit der viermillionenfachen Masse unserer Sonne befindet. Bisher fehlten allerdings die technischen Voraussetzungen, dieses Schwarze Loch sichtbar zu machen, da es von dichten Staub- und Gasnebeln umgeben ist. Aber dies hat sich im Jahr 2022 geändert. Die neuesten und aktuellen technischen Entwicklungen in der Astronomie haben es möglich gemacht, das erste Bild des Schwarzen Lochs im Herzen unserer Milchstraße aufzunehmen. Es ist der Ort, um den sich unsere Milchstraße dreht. Noch niemals zuvor haben die Menschen ein Schwarzes Loch gesehen. Man konnte bisher nur aufgrund der Bewegung naher Sterne auf deren Existenz schließen. Natürlich sieht man nicht das Schwarze Loch selbst, sondern einen runden schwarzen Schatten, der von heißen Gasen umkreist wird, das sich fast mit Lichtgeschwindigkeit um das Schwarze Loch herumbewegt.

Möglich wurde dieses Bild durch eine sehr genaue Kopplung vieler einzelner, mit Parabolantennen ausgerüsteter Radioteleskope, die fast über die ganze Erde verteilt sind und das winzige Zentrum der Milchstraße für viele Stunden im Blick hatten. Alle diese mit Atomuhren ausgerüsteten Radioteleskope blickten zeitlich hochpräzise und aufeinander abgestimmt auf das kleine Zentrum der Milchstraße. Dieser Verbund der Radioteleskope wird von den Wissenschaftlern Event Horizon Telescope (EHT) genannt. Die von dem Verbund aufgenommenen Bilder wurden danach so miteinander verknüpft, dass daraus ein einzelnes Bild entstand, so als hätte es ein einzelnes Radioteleskop von fast der Größe unserer Erde aufgenommen. Das äußerst beeindruckende und bisher einmalige Ergebnis sieht man in Abbildung 3. Der schwarze Schatten in der Bildmitte, dort wo sich das Schwarze Loch befindet, wird umkreist von einem heißen Gas. Genauso wie es Albert Einstein vor mehr als 100 Jahre errechnet und publiziert hat.

Abbildung 4 zeigt in einer Bildmontage die Position des Schwarzen Lochs in unserer Milchstraße verbunden mit der Darstellung einiger Radioteleskope, die an der Entdeckung beteiligt waren. Die wirkliche Größe des Schwarzen Lochs mit dem umkreisenden Gas ist vergleichbar mit dem Durchmesser der Bahn des Planeten Merkur um die Sonne. Die technischen Voraussetzungen für diese Aufnahmen sind extrem herausfordernd. Das Vorhaben gleicht dabei dem Versuch, eine kleine Apfelsine auf dem Mond abzubilden.

*Zu sehen ist eine Bildmontage der Aufnahme des Schwarzen Lochs mit des-
sen Position im Zentrum unserer Milchstraße von der Erde aus gesehen. Da
das Zentrum unserer Milchstraße durch interstellare Staub- und Gaswolken
verdeckt und dadurch einer direkten optischen Beobachtung nicht zugänglich
ist, wurde die Aufnahme mittels großer Radioteleskope durchgeführt, die
quasi durch die Staub- und Gaswolken hindurchblicken können. Um die erforderliche hohe Bildauflösung zu erreichen, wurden einige über die ganze Erde
verteilte Teleskope mit ihren Parabolantennen zu einem riesigen virtuellen
Teleskop, das fast der Größe der Erde entspricht, zusammengeschaltet*

Mit den ständig besser werdenden technischen Möglichkeiten dringen wir immer tiefer in die Geheimnisse des Universums ein. Auch wenn wir heute noch nicht
wissen, wie sich diese gigantischen Schwarzen Löcher in den Zentren der Galaxien
gebildet haben und welche Aufgabe sie erfüllen, so sind wir doch zunehmend in
der Lage sie zu beobachten und daraus Rückschlüsse zu ziehen. Unsere

Erkenntnisse und unser Wissen von der Natur schreiten immer schneller voran und lassen uns zunehmend die Größe von Gottes Schöpfung erkennen.

Um nun aber ein qualitatives Verständnis von der Entwicklung des Universums erlangen zu können, ist es unabdingbar, die grundlegenden Gedanken wichtiger physikalischer Gebiete zumindest ansatzweise zu verstehen. Die Entstehung des Universums ist auf diesen Gesetzen aufgebaut. Wenn wir sie verstehen, dann verstehen wir auch die Entstehung des Universums. Zwei entscheidende Wissensgebiete haben sich in diesem Zusammenhang in der Anfangszeit des 20. Jahrhunderts entwickelt: die Theorie der Gravitation und die Quantenmechanik. Etwa 50 Jahre später, in der Mitte des letzten Jahrhunderts wurden diese Erkenntnisse durch die Theorie der Elementarteilchen ergänzt, sodass seither ein wissenschaftlich stabiles Fundament existiert, das uns heute ein umfassendes Verständnis von der Entstehung des Universums möglich macht. Und es ist sicherlich kein Zufall, dass sich die Wiederherstellung der Kirche Jesu Christi der Heiligen der Letzten Tage im Jahr 1830 zeitlich mit dem Beginn der entscheidenden wissenschaftlichen Entwicklungen überschnitten hat. Unser Vater im Himmel hat nicht nur seine Kirche wiederhergestellt, sondern er hat uns auch die Schleusen zur Erkenntnis geöffnet.

Da das Universum einen Anfang hatte, Gott aber ohne Anfang und ohne Ende der Tage ist, kann er am Beginn der Schöpfung nicht in unserem Universum gewesen sein. Denn dann hätte er sich selbst und das Universum aus dem ‚Nichts' erschaffen müssen und er hätte einen Anfang gehabt. Aber Gott hatte keinen Anfang, denn er ist ewig. Sein Wohnort ist deshalb außerhalb unseres Universums und deshalb auch außerhalb unserer Zeit. So war es ihm möglich, dieses Universum mit all seinen Welten zu erschaffen und damit für seine Kinder einen Weg durch die Sterblichkeit zu ebnen – die Voraussetzung dafür, dass sie einen physischen Körper erlangen und nach absolvierter Prüfungszeit wieder in sein ewiges Reich zurückkehren können.

In den folgenden Kapiteln werden wir uns damit beschäftigen, wie das Alter des Universums so präzise bestimmt werden kann und was wir über seine Entwicklung wissen. Die Türen der Erkenntnis über das Universum haben begonnen sich zu öffnen und sie öffnen sich weiter, Tag für Tag.

6.1. DIE ENTSTEHUNG UND ENTWICKLUNG DES UNIVERSUMS

Bis Anfang des 20. Jahrhunderts ging man davon aus, dass Raum und Zeit unveränderliche und absolute Größen sind und dass das gesamte Universum ein beständiges, sich in alle Ewigkeit nie änderndes Gebilde ist. Aus der Perspektive unseres heutigen Wissensstands ist es deshalb schwer vorstellbar, dass für die Menschheit das Universum damals noch ein relativ einfaches und sehr überschaubares Gebilde war. Es bestand lediglich aus unserem Sonnensystem, einigen Sternen der Milchstraße, und einzelnen merkwürdigen „Nebelflecken". Unser Sonnensystem kannte man allerdings schon sehr genau und konnte die Bewegung der damals bekannten Planeten mit guter Genauigkeit berechnen. Die Vorhersagen von Sonnenfinsternissen und anderer Planeten-basierter Ereignisse gelang sehr präzise. Man kannte auch die sichtbaren Sterne der Milchstraße und wusste, dass sie viel weiter entfernt waren als die Planeten und unsere Sonne. Allerdings konnte damals noch niemand wissen, woher die Sonne und die Sterne ihre Energie bezogen, um uns mit Licht und Wärme zu versorgen, denn die Physik der Atomkerne und der Kernfusion lag noch im Dunkeln verborgen und sollte erst Jahre später erforscht werden. Als Galileo Galilei im 17. Jahrhundert sein erstes Fernrohr gen Himmel richtete, war er sich sicher, dass das helle Band am Himmel, die Milchstraße, aus vielen einzelnen Sternen bestehen würde. Erst später als man die merkwürdigen Nebelflecken als eigenständige, weit entfernte Sterneninseln, die so genannten Galaxien, erkannte, und deren Entfernungen besser einschätzen konnte, wurde einem die ungeheure Ausdehnung des Universums langsam gewahr.

Das war eine Erkenntnis, die Gott dem Propheten Joseph Smith schon fast ein Jahrhundert früher offenbart hatte, denn in dem Buch „Die Köstliche Perle" (KP) lesen wir:

> *„Denn siehe, es gibt viele Welten, die durch das Wort meiner Macht vergangen sind. Und es gibt viele, die jetzt bestehen, und unzählbar sind sie für den Menschen."* (KP: Mose 1:35)

Dies sind erste deutliche Hinweise auf die Grenzenlosigkeit des Universums und der gesamten Schöpfung, 1830 gegeben in einer Offenbarung an den Propheten Joseph Smith. Lange bevor die Wissenschaften diese Wahrheiten hervorbrachten. Eine Wahrheit, die er nicht aus sich selbst heraus gewinnen konnte.

Von diesen ersten Einblicken, die Gott dem Propheten Joseph Smith im Zusammenhang mit den ewigen und grenzenlosen Dimensionen des Universums zuteilwerden ließ, bis zu dem Zeitpunkt, als die Wissenschaft die Erkenntnis über Größe, Struktur und Ordnung des Universums gewann, sollten nur 70-80 Jahre vergehen. Heute können wir bis in die tiefsten Tiefen des Universums blicken, ja sogar bis fast zum Beginn von Raum und Zeit. Dies eröffnet uns die Erkenntnis über jene Ordnung im Universum, wie sie von Gott festgelegt und eingerichtet wurde. Ein Blick auf diese Ordnungsstruktur lässt uns zumindest erahnen, was Ewigkeit bedeutet.

Die Entdeckungen und Beobachtungen der Menschen, die zum heutigen Erkenntnisstand führten, bauen auf einem Fundament auf, das von den Forschern Albert Einstein, Edwin Hubble sowie von Penzias und Wilson gelegt wurde. Durch sie alle wurden gewissermaßen die Türen zur Erkenntnis der Ewigkeit geöffnet. Wegen der großen Bedeutung für die Wissenschaft werden ihre Entdeckungen nachfolgend detailliert dargestellt.

- Albert Einstein

Den Anfang machte Albert Einstein 1905 mit der Veröffentlichung der speziellen Relativitätstheorie, in der er das Wesen von Raum und Zeit offenlegte und die Konstanz der Lichtgeschwindigkeit nicht nur zum Fundament vieler physikalischer Gesetze, sondern von der gesamten Natur selbst erhob. Die begrenzte Lichtgeschwindigkeit von ca. 300.000 km/sec ist der Grund dafür, warum wir bei der Beobachtung des Himmels immer in die Vergangenheit zurückblicken und dabei fast bis an den Ursprung der Zeit gelangen. Nach dem Abschluss seiner Arbeiten an der speziellen Relativitätstheorie arbeite Albert Einstein an der weit umfangreicheren allgemeinen Relativitätstheorie, die er 1915 veröffentlichte. Sie bildet das

Fundament für die heutige Erkenntnis von Struktur und Entwicklung des gesamten Universums. Albert Einstein revolutionierte damit auch die Erkenntnis vom Wesen der Gravitation, die nicht nur unsere Erde und alles, was sich darauf befindet, regiert, sondern auch die Bewegung aller Planeten, Sterne und Galaxien, aber auch die Eigenschaften der Raumzeit und damit des gesamten Universums beschreibt. Es ist wahrlich beeindruckend, dass Albert Einstein das tatsächliche Wesen der Gravitation und seiner wechselseitigen Beziehung zur Raumzeit erkannte und damit das Universum in seiner für den Laien unermesslichen Größe berechenbar machte. Es war somit Einstein, der das Geheimnis von Raum, Zeit und Gravitation für die Menschheit entschlüsselt hat.

- Edwin Hubble

1929 folgte Edwin Hubble, der auf Grundlage seiner Beobachtungen eine weitere bahnbrechende Entdeckung machte. Er erkannte, dass sich alle fernen Galaxien von uns wegbewegen und dass dies umso schneller geschieht, je weiter sie von uns entfernt sind. Diese Entdeckung ließ nur einen Schluss zu: Das Universum dehnt sich aus, weshalb es weder statisch noch unveränderlich sein kann. Indem es sich ausdehnt, zieht es die darin enthaltenen Galaxien mit sich, genauso wie sich aufgemalte Punkte auf einem Luftballon voneinander entfernen, wenn der Luftballon aufgeblasen wird. Daraus lässt sich folgender Schluss ziehen: Wenn sich das Universum beständig ausdehnt, muss es auch einmal entsprechend kleiner gewesen sein, wenn man in die Vergangenheit zurückblickt. Und buchstäblich vor 13,8 Milliarden Jahre war es klein wie eine Keimzelle. Es war der Anfang des Universums. Und tatsächlich blicken wir zurück in die Vergangenheit, wenn wir die Sterne und Galaxien am Himmel betrachten, denn das Licht, das wir sehen, ist vor langer Zeit, also in der weiten Vergangenheit, von ihnen ausgegangen und brauchte Millionen und Milliarden von Jahren, bis es unser Auge erreicht. Es ist buchstäblich ein Blick in die Kinderstube des Universums. Durch Edwin Hubble wissen wir, dass das Universum einer gewaltigen Dynamik unterworfen ist und einst kleiner war als das kleinste Atom.

- Penzias und Wilson und die kosmische Hintergrundstrahlung

Eine der wichtigsten und weitreichendsten astronomischen Entdeckungen des 20. Jahrhunderts erfolgte eher zufällig. 1965 entdeckten die Physiker und Astronomen Penzias und Wilson[41,42] mit ihren Radioantennen ein scheinbares Rauschen im Mikrowellenbereich[43], das sehr gleichmäßig aus allen Himmelsrichtungen zu kommen schien. Schnell stellte sich heraus, dass dieses Signal nicht irdischen Ursprungs sein konnte, sondern seinen Ausgangspunkt in den Tiefen des Weltalls hatte. Aber woher kam es genau und was verursachte dieses Signal? Eine genaue Analyse bestätigte eine frühere Vermutung, dass das Signal aus der Anfangszeit unseres Universums stammen musste. Denn interessanterweise war schon Jahre zuvor die mögliche Existenz einer solchen Strahlung als Theorie vermutet worden. Diese Theorie stützte sich auf erste Modelle zur Entwicklungsgeschichte des Universums und diese Modelle sollten sich später als weitgehend richtig erweisen.

Dieses Signal ist heute bekannt als die kosmische Hintergrundstrahlung und es ist das älteste Signal, dass wir jemals empfangen haben und vermutlich auch jemals empfangen werden. Es stammt aus der Kinderstube unseres Universums und ist gerade einmal 380.000 Jahre nach dem Beginn von Raum und Zeit entstanden. Es ist quasi das Nachleuchten des Anfangs unseres Universums. Es hat vor etwa 13,8 Milliarden Jahre seine lange Reise angetreten, bevor es heute auf der Erde mit Antennen empfangen werden kann. Diese Strahlung erfüllt auch heute noch die Weite des Universums und trägt fantastische Informationen über die Anfangszeit des Weltalls mit sich. Steve Aaronson bezeichnete diese Hintergrundstrahlung in einem Interview mit Penzias und Wilson aus gutem Grund als das „Licht der Schöpfung", denn es offenbart uns die Struktur des Universums am Anfang von Raum und Zeit. Letztlich ist die kosmische Hintergrundstrahlung eine Abbildung

---

[41] *Penzias, A.A.; R. W. Wilson (July 1965). "A Measurement Of Excess Antenna Temperature At 4080 Mc/s". Astrophysical Journal Letters. **142**: 419–421.*

[42] *Aaronson, Steve (January 1979). "The Light of Creation: An Interview with Arno A. Penzias and Robert W. Wilson". Bell Laboratories Record: 12–18*

[43] Mikrowellen haben eine Wellenlänge von 30cm bis 1mm. Ein Mikrowellenherd verwendet eine Strahlung mit einer Wellenlänge von etwa 12cm. Die kosmische Hintergrundstrahlung hat eine Wellenlänge von etwa 1mm

der Temperaturverteilung am Anfang des Universums. Seit dieser Anfangszeit ist das Universum um etwa den Faktor 1.000 gewachsen. Im gleichen Verhältnis musste die Temperatur sinken, von damals etwa 3.000 Kelvin ($\triangleq$ 2.727 Grad Celsius) auf heute nur noch etwa 2,7K ($\triangleq$ -271 Grad Celsius), also nur minimal größer als der absolute Nullpunkt der Temperatur.

Die kosmische Hintergrundstrahlung empfangen wir aus allen Richtungen des Himmels. Sie ist aber nicht ganz konstant und gleichmäßig über den Himmel verteilt, sondern sie weist winzige räumliche Variationen in der Intensität der Strahlung auf. Und diese räumlichen Variationen der Strahlung liefern uns ein Abbild des Universums kurz nach dem Beginn von Raum und Zeit. Diese Strahlung verrät eine große Menge an sehr präzisen Informationen über unser frühes Universum, über sein Alter, seinen Anfang, seine Struktur und seine Entwicklung. Nach der Analyse dieser Hintergrundstrahlung stand es zweifelsfrei fest, dass das Universum einen Anfang hat und dass dieser Anfang etwa 13,8 Milliarden Jahre in der Vergangenheit liegt. Stephen Hawking, ein berühmter englischer Astronom, hat deshalb aus gutem Grund die Entdeckung der kosmischen Hintergrundstrahlung als die wichtigste astronomische Entdeckung des 20. Jahrhunderts bezeichnet. Die kosmische Hintergrundstrahlung ist nicht weniger als ein buchstäblicher „Fingerabdruck der Schöpfung".

Bevor wir nun auf die drei oben genannten Entdeckungen im Detail eingehen, möchte ich noch einen in diesem Zusammenhang wichtigen Punkt bzw. Begriff erläutern. Sowohl in der Mathematik als auch in der Betrachtung des Universums wird häufig der Begriff „unendlich" verwendet. Dieser Begriff ist in der Mathematik definiert und erlaubt bestimmte, genau definierte Rechenoperationen. In der Physik hingegen ist der Begriff „unendlich" nicht so präzise definiert, sondern er beschreibt lediglich einen Zustand ohne Anfang und ohne Ende (oder zumindest eines von beidem). So ist zum Beispiel eine Kugeloberfläche ohne Ende und doch endlich. Auch wenn wir in der Mathematik sehr einfach mit dem Unendlichen hantieren können und es aus der Mathematik nicht mehr wegzudenken ist, so wird doch vermutet, dass in der Natur nichts Unendliches vorkommen kann. Weder etwas unendlich kleines noch etwas unendlich großes. Wenn ein physikalisches Gesetz bei bestimmten Rahmenbedingungen das Ergebnis „unendlich" ergibt, dann muss davon ausgegangen werden, dass dieses Gesetz die Wirklichkeit nicht richtig beschreibt. Weder dürfte das Universum unendlich groß sein, noch dürfte es am Anfang aus einer Singularität[44] mit unendlicher Raumkrümmung entstanden sein.

Was wir aber wissen ist, dass aus etwas Endlichem niemals etwas Unendliches werden kann. Deswegen sind die Urstoffe und Elemente ewig, auch sind alle Intelligenzen ewig, haben also weder Anfang noch Ende. Das gleiche bezieht sich selbstverständlich auch auf unseren Vater im Himmel. Auch er ist ohne Anfang und ohne Ende. Er kennt die Bedeutung der Unendlichkeit und auch wir werden sie verstehen, nachdem wir den Zustand der Sterblichkeit verlassen haben und in unsere himmlische Heimat zurückgekehrt sind.

---

[44] Singularität: ein Ort ohne räumliche Ausdehnung

Albert Einstein und die allgemeine Relativitätstheorie

Kurz nach der Veröffentlichung seiner speziellen Relativitätstheorie im Jahr 1905 begann Albert Einstein mit der Entwicklung einer neuen, weitaus komplexeren Arbeit: Die Theorie der Gravitation. Schon bei seinen Arbeiten an der speziellen Relativitätstheorie zeigte sich, dass die Newtonsche Gravitationsphysik aus dem 17. Jahrhundert nur näherungsweise richtig sein konnte. Bald erkannte er, wie bereits beschrieben, dass Newtons Annahme, dass Raum und Zeit absolut und unveränderlich sind, nicht der Wirklichkeit der Natur entsprechen konnte.

Der Ausgangspunkt von Albert Einsteins Überlegungen war die einfache und geniale Annahme, dass die Wirkung der Gravitation bzw. der Schwerkraft, durch die zum Beispiel alles auf der Erde nach unten fällt, nicht von der Beschleunigung eines Körpers, z.B. in einem fahrenden Auto, unterschieden werden kann. Daher ist die Beschleunigung eines Körpers grundsätzlich nicht von dem Wirken der Gravitation zu unterscheiden. Aus diesen einfachen Überlegungen heraus entwickelte Albert Einstein in einer bestechenden Logik die Gesetze der Gravitation und konnte auf diese Weise auch die wesentlichen Gesetzmäßigkeiten ergründen, denen das Universum unterliegt. Den glanzvollen Abschluss seiner Arbeiten über die allgemeine Relativitätstheorie erreichte er im Jahr 1915. Mit dieser Forschungsarbeit stellte er das Wissen von den Gesetzen der Gravitation auf ein völlig neues Fundament. Nicht mehr die Kräfte selbst standen im Mittelpunkt der Gravitation, sondern die Eigenschaften des Raumes. Da der Raum aufgrund seiner Erkenntnisse nun nicht mehr unveränderlich war, konnte er sich krümmen und sich in seiner raumzeitlichen Beschaffenheit verändern. Das war die Erweiterung dessen, was die Wissenschaft die „vier-dimensionale Raumzeit" nennt. Für uns drei-dimensional Denkende ist so etwas wie ein in sich gekrümmter Raum natürlich nicht vorstellbar. Aber er lässt sich relativ einfach berechnen und was noch wichtiger ist, diese Effekte der vier-dimensionalen Raumkrümmung sind nicht nur messbar, sondern wir können sie heute auch direkt beobachten. So sehen wir wie sich Lichtstrahlen, wenn sie an einem großen Himmelskörper vorüberziehen, in ihrer Bahn verändern. Oder, was noch viel eindrucksvoller ist, wir beobachten sehr viele sogenannte Gravitationslinsen[45]. Diese Gravitationslinsen bestehen aus großen

---

[45] Als Gravitationslinseneffekt wird in der Astronomie die Ablenkung von Licht durch große Massen bezeichnet.

Ansammlungen von Galaxienhaufen, die das an ihnen vorbeifliegende Licht durch die Raumkrümmung wie eine Linse bündeln und damit das Licht von dahinterliegenden schwach leuchtenden Galaxien oder Sternen so verstärken, dass wir sie auf der Erde besser beobachten können. So können wir Galaxien aus der Frühzeit des Universums sehr viel einfacher beobachten und ihre Eigenschaften bestimmen.

Einsteins geniale Idee lässt sich vereinfacht wie folgt zusammenfassen: Massen (zum Beispiel Himmelskörper) krümmen den Raum und andere Himmelskörper bewegen sich in dem gekrümmten Raum auf kürzesten Linien, den sogenannten Geodäten[46]. Gravitation ist demzufolge keine Kraft, sondern eine Eigenschaft des Raumes und damit, verbunden über die Lichtgeschwindigkeit, auch eine Eigenschaft der Zeit. Die allgemeine Relativitätstheorie zeugt von der Genialität Albert Einsteins, der sie rein aus seinen Überlegungen und Gedankenexperimenten ableiten konnte. Dabei liegt die Vermutung nahe, dass hierbei die Inspiration Gottes eine entscheidende Rolle spielte, wenn völlig neue Ideen aus den Tiefen des Unbewussten aufsteigen. Denn alles entwickelte sich in einer geradezu inszenierten Reihenfolge, und das auf eine Weise, die Schritt für Schritt zu einer Entschlüsselung einiger Geheimnisse von Gottes Schöpfung führte.

Sieht man sich die allgemeine Relativitätstheorie von Albert Einstein näher an, wird man erstaunt sein, dass sie sich in einer einzigen Gleichung zusammenfassen lässt, die sie sich natürlich weder merken noch verstehen müssen. Diese Gleichung gehört sicherlich zu den schönsten Formeln in der Astronomie, beschreibt sie doch in einer einzelnen Zeile wie sich das ganze Universum bisher entwickelt hat und sich in Zukunft weiter verhalten wird:

$$R_{\mu\nu} - \frac{1}{2} g_{\mu\nu} R + \Lambda g_{\mu\nu} = \frac{8\pi G}{c^4} T_{\mu\nu}$$

Natürlich ist diese Gleichung nicht wirklich einfach, ist sie doch ein hoch komplexes Gleichungssystem, das aus sechzehn sogenannten gekoppelten partiellen

---

[46] Eine Geodäte ist die kürzeste Linie zwischen zwei Punkten in einem gekrümmten Raum. In einem nicht gekrümmten Raum, wie in unserer Lebensumgebung, ist die Geodäte eine Gerade

Differentialgleichungen besteht. Dennoch ist es faszinierend, dass das Verhalten und die Entwicklung unseres gesamten Universums mit seinen Milliarden Galaxien und Billionen Sternen in einer einzigen Gleichung Platz findet.

Der linke Teil der Gleichung beschreibt die Krümmung der vierdimensionalen Raumzeit, während der rechte Teil die Massen- und Energieverteilung darstellt, die diese Krümmung hervorruft. John Archibald Wheeler von der Princeton University hat diesen Sachverhalt vereinfacht erklärt:

„Die Materie diktiert dem Raum, wie er sich zu krümmen hat, und der Raum sagt der Materie, wie sie sich bewegen soll." (John Archibald Wheeler, Princeton University, New Jersey)

Leider gibt es für diese gekoppelten Differentialgleichungen keine einfachen Lösungen. Man muss zusätzliche Annahmen machen, um den Lösungsraum einzuschränken. Einen großen Anteil daran hatten der russische Astronom Alexander Friedmann[47] und der belgische Theologe und Astrophysiker Georges Lemaître[48]. Sie vereinfachten die Einstein'schen Feldgleichungen unter der Annahme, dass das Weltall eine homogene räumliche Struktur hat (man nennt eine räumliche Struktur homogen, wenn sie immer gleich aussieht, egal in welche Richtung man schaut). Diese Annahme gilt natürlich nur, wenn man das Weltall im Großen betrachtet, d.h. sich auf die Verteilung der Galaxien und Galaxienhaufen beschränkt. Und es ist tatsächlich so, dass die Verteilung der Milliarden Galaxien im Universum recht gleichmäßig ist. Wenn wir es uns auf sehr kleine astronomische Entfernungen, wie zum Beispiel die Abstände in unserer Milchstraße beschränken, dann ist das Weltall natürlich sehr inhomogen. Da die Annahme der homogenen räumlichen Struktur des Weltalls im Großen völlig gerechtfertigt ist, kann man aus den Friedmann-Lemaître Gleichungen Voraussagen über die Struktur und die zeitliche Entwicklung des gesamten Universums ableiten. Die wichtigste Folgerung aus diesen Gleichungen war: Das Universum kann niemals statisch und unveränderlich sein, es expandiert oder es zieht sich zusammen, andere Lösungen lässt die Natur nicht zu.

---

[47] Alexander Friedmann (1888-1925) war russischer und Physiker, Geophysiker und Mathematiker.
[48] Georges Lemaître (1894-1966) war ein belgischer Theologe und Astrophysiker

Diesen Gleichungen zufolge muss das Universum deshalb entweder einen Anfang oder ein Ende haben - oder auch beides. Das war allerdings noch keine befriedigende Antwort. Es brauchte noch einige wenige Jahre, bis Edwin Hubble, ein amerikanischer Astronom, 1929 die richtige Antwort darauf fand.

Edwin Hubble und die Expansion des Weltalls

Einen indirekten, aber entscheidenden Anteil an der Entdeckung der Expansion des Weltalls hatte der 1787 in Straubing geborene Optiker und Physiker Joseph von Fraunhofer (1787-1826). Er entdeckte die nach ihm benannten dunklen Linien im Spektrum der Sonne (siehe Abbildung 5). Das abgestrahlte Licht der Sonne besteht nicht nur aus einer einzelnen Farbe, sondern auch aus einem breiten Farbspektrum, dass ein Maximum bei einer bestimmten Farbe aufweist. Das ist der Grund, warum wir die Sonne in einer bestimmten Farbe sehen. Bei den dunklen Linien im Farbspektrum der Sonne handelt es sich um sogenannte Absorptionslinien, hervorgerufen durch Elemente und Moleküle, die sich in der Atmosphäre der Sonne befinden. Die nach Fraunhofer benannten Linien erlauben daher nicht nur Rückschlüsse auf die chemische Zusammensetzung und Temperatur der Sonne und jener der weiter entfernten Sterne, sondern auch auf deren Geschwindigkeiten. Dadurch erweist sich die Erforschung der Sternspektren als unentbehrliches Hilfsmittel zur Untersuchung weit entfernter Sterne und Galaxien. Die Spektren sind daher wie ein chemischer Fingerabdruck der Sterne und Galaxien, die uns die einzigartigen inneren Eigenschaften dieser Objekte erkennen lassen, auch wenn sie Millionen oder gar Milliarden Lichtjahre von uns entfernt sind.

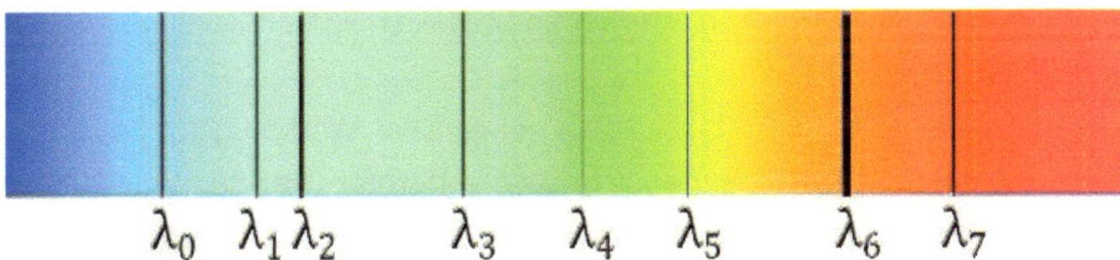

Abbildung 5:   *© R. Graumann*
Dieses Bild zeigt ein fiktives Sternenspektrum mit dem Farbspektrum des Lichts und eingezeichneten dunklen Absorptionslinien verschiedener Wellenlängen. Wenn wir das Licht eines Sterns z.B. mit einem Prisma in seine Bestandteile zerlegen, dann bekommen wir einen regenbogenartigen Untergrund, der mit schwarzen Linien verschiedener Wellenlängen λ durchsetzt ist. Aus den Linien können wir sehr viele Informationen über die Sterne ableiten

Unsere Sonne und auch jeder andere Stern emittiert (von emittieren: lateinisch emittere = herausgehen lassen) Licht im sichtbaren und unsichtbaren Wellenlängenbereich, jeweils entsprechend seiner Oberflächentemperatur. Unsere Sonne hat eine Oberflächentemperatur von etwa 5.800 Grad und erscheint aus dem

Weltraum betrachtet weiß. Ihre auf der Erde wahrgenommene gelbliche Farbe kommt durch den Einfluss der Erdatmosphäre zustande. Sterne mit einer niedrigeren Oberflächentemperatur von zum Beispiel 3.000 Grad erscheinen uns rötlich, wohingegen sehr heiße Sterne mit Temperaturen von 20.000 - 30.000 Grad bläulich strahlen.

In diesem breiten Spektrum an unterschiedlichen heißen Sternen findet man an bestimmten Stellen dunkle Linien, sogenannte Absorptions- oder Spektrallinien, die durch ihre Lage im Spektrum, und damit durch ihre Wellenlänge, charakterisiert sind. Warum ist diese Feststellung wichtig? Weil sie uns über die in den Sternen enthaltenen chemischen Elemente eine sichere Aussage liefert. Diese Aussage leitet sich aus den durch Licht angeregten elektronischen Übergängen in Atomen und Molekülen ab. Dabei erzeugt jedes chemische Element und jedes Molekül Spektrallinien in einer jeweils für sich charakteristischen Wellenlänge. Diese Spektrallinien erscheinen daher wie ein eindeutiger Fingerabdruck der Materie. Aus ihren Positionen im Spektrum und damit aus den Wellenlängen dieser Linien in einem Sternen- oder Sonnenspektrum können die im jeweiligen Stern enthaltenen chemischen Elemente oder Moleküle bestimmt werden (siehe Abbildung 5). Auf diese Weise kann man sehr einfach bestimmen, welche chemischen Elemente und Moleküle in den weit entfernten Sternen und Galaxien vorhanden sind.

Mit dieser Methode stellt uns die Natur ein geniales Werkzeug zur Bestimmung der chemischen Zusammensetzung sehr weit entfernter Objekte, wie Sterne und Galaxien zur Verfügung. Objekte, die wir niemals direkt erreichen können. Doch das Licht, das uns von Sternen und Galaxien erreicht, enthält all diese Informationen.

Zusammenfassung: Die optische Erfassung des Universums in Form von hochaufgelösten Bildern lässt uns die Strukturen und die Farben der Sterne, Galaxien und interstellaren Gaswolken erkennen. Die dabei gemessenen Farbspektren (Spektroskopie) lassen auch auf ihre innere chemische Beschaffenheit schließen. So wissen wir, welche chemischen Elemente und Moleküle in diesen Objekten vorhanden sind. Mit dieser Spektroskopie besitzt die Wissenschaft heute ein Instrument, um selbst die chemische Zusammensetzung der entferntesten Galaxien zu erforschen. Selbst wenn das Licht dieser ältesten Galaxien Milliarden von Jahren unterwegs ist, trägt es doch unentwegt seine Informationen mit sich, bis wir sie auf der Erde messen und entschlüsseln können. Auf diese Weise gewährt uns das Universum Einblicke in seine innerste Beschaffenheit.

Nach dieser kurzen, aber wichtigen Einführung über die Bedeutung der Spektroskopie für die Untersuchung der Eigenschaften der Sterne und Galaxien, kehren wir zurück zu den wichtigen Arbeiten, die zur Entdeckung der Expansion des Universums geführt haben.

Nach der Entdeckung der ersten Galaxien außerhalb unseres Milchstraßensystems hat der amerikanische Astronom Vesto Slipher, der sich auf die Untersuchung von Spektren kosmologischer Objekte spezialisiert hat, eine bedeutende Entdeckung gemacht[49]. 1912 beobachtete er erstmals, dass sich die Spektrallinien des Wasserstoffs, der sich in großen Mengen in den Galaxien befindet, von jenen Spektrallinien des Wasserstoffs unterscheidet, die hier auf der Erde gemessen wurden. Nämlich in der Weise, dass sich die Spektrallinien, die von den Galaxien ausgehen, zu einer anderen Farbe und damit zu einer anderen Wellenlänge hin verschoben haben.

Dieser Effekt der Wellenlängen-Verschiebung bei den Spektral-Linien beruht auf der relativen Bewegung von solchen Objekten, die Lichtwellen abstrahlen. Kommt ein solches Objekt auf uns zu, wird die Wellenlänge verkürzt. Damit erhöht sich die gemessene Frequenz, sodass sich in der Folge das Signal in Richtung der blauen Farbe des Spektrums verschiebt. Diese Veränderung wird in der wissenschaftlichen Fachsprache als "blau-Verschiebung" bezeichnet. Entfernt sich das Objekt jedoch von uns weg, so wird die Wellenlänge erhöht, die Frequenz sinkt, dass Signal verschiebt sich in Richtung der roten Farbe des Spektrums. Es ist nun „rot-verschoben". Findet man also bei einem kosmologischen Objekt (zum Beispiel einem Stern oder einer Galaxie) eine Rotverschiebung in den Spektrallinien, so lässt sich daraus ableiten, dass sich das Objekt von uns wegbewegt. Daneben gibt es aber noch einen weiteren, äußerst wichtigen Zusammenhang. Je größer die Rotverschiebung der Spektrallinien ist, desto schneller entfernt sich ein Objekt von

---

[49] *Slipher, V.M. (1917). "Radial velocity observations of spiral nebulae". The Observatory. **40**: 304–306.*

uns. Man kann also nicht nur bestimmen, dass sich eine Galaxie von uns entfernt, sondern auch wie schnell.

Das erstaunliche an Vesto Sliphers Entdeckung war, dass sich die meisten Spektren der untersuchten Galaxien in Richtung des langwelligen Bereiches des Spektrums verschoben haben, also in Richtung des roten Teils des Spektrums (siehe Abbildung 6). Diese Rotverschiebung der Spektrallinien in den Spektren der Galaxien lässt sich nur dadurch erklären, dass sich diese Galaxien von uns entfernen. Diese Entdeckung ließ viele Fragen aufkommen. Die wohl wichtigste fragt nach dem eigentlichen Grund für das merkwürdige Verhalten der Galaxien: Was ist die Ursache dafür, dass sich fast alle Galaxien von uns entfernen?

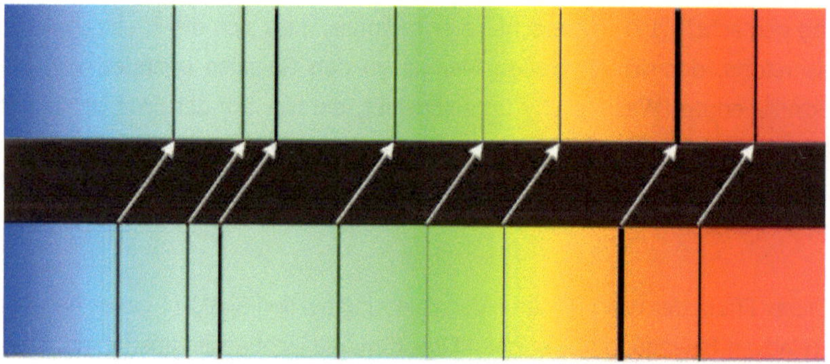

Abbildung 6:   © R. Graumann
Dieses Bild zeigt eine exemplarische Rotverschiebung von Spektrallinien.
Unten: Fiktives Spektrum eines nahen Sterns (siehe Abbildung 5).
Oben: Fiktives Spektrum eines weit entfernten Sterns, der sich mit etwa 10% der Lichtgeschwindigkeit von uns entfernt (Entfernung ca. 1,5 Milliarden Lichtjahre). Dadurch, dass sich der Stern sehr schnell von uns weg bewegt, sind die dunklen Linien in Richtung der roten Seite des Spektrums hin verschoben, man nennt sie deshalb auch rotverschoben. Aus der Größenordnung der Verschiebung der Linien kann man auf die Geschwindigkeit des Sterns und damit auch auf seine Entfernung schließen.

Kurze Zeit später, im Jahr 1929, verglich der amerikanische Astronom Edwin Hubble die tatsächliche Entfernung von Galaxien mit den Verschiebungen der Spektrallinien der entsprechenden Galaxienspektren. Dabei konnte er den folgenden außergewöhnlichen und wegweisenden Zusammenhang erkennen und nachweisen: Je größer die Distanz zwischen einer Galaxie und der Erde ist, desto größer ist auch die Geschwindigkeit, mit der sich die Galaxie von uns entfernt[50]. Und dieser Zusammenhang gilt für fast alle Galaxien, unabhängig davon in welche Himmelsrichtung wir auch schauen.

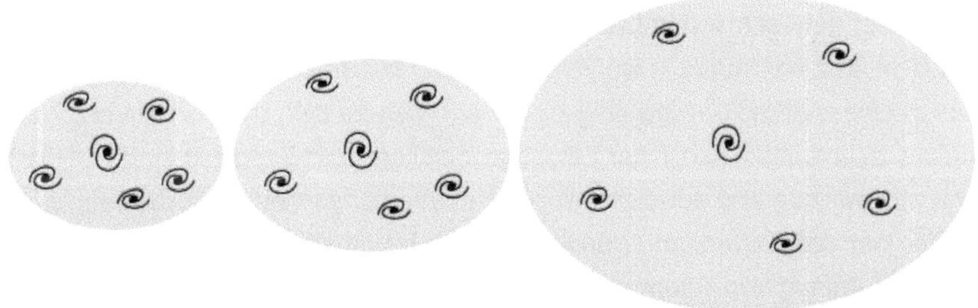

Abbildung 7:   *© R. Graumann*
Dieses Bild zeigt schematisch, wie man sich die Expansion des Universums mit den darin enthaltenen Galaxien vorstellen kann. Das Universum wird dabei verglichen mit der zweidimensionalen Oberfläche eines Luftballons, wobei die eingezeichneten Galaxien punktuell mit der Oberfläche des Luftballons verbunden sind. Wird der Luftballon aufgepustet (entsprechend der Expansion des Universums), dann vergrößert er seine Oberfläche und damit nehmen auch die Abstände zwischen den Galaxien. Je weiter die Galaxien voneinander entfernt sind, je mehr vergrößern sich auch ihre Abstände zueinander. Die Galaxien bewegen sich also nicht selbst, sondern werden von der Expansion des Universums (hier der aufgeblasene Luftballon) mitgezogen

Dafür konnte es nur eine einzige Erklärung geben: Das Universum selbst expandiert mit einer ungeheuren Geschwindigkeit und zieht dabei die gesamte

---

[50] *Hubble, Edwin (December 1926). "Extragalactic nebulae". Astrophysical Journal. **64** (64): 321–369.*
*Hubble, Edwin (1929). "A relation between distance and radial velocity among extra-galactic nebulae". PNAS. **15** (3): 168–173*

Materie mit sich. Man kann sich dieses Verhalten vereinfacht wie folgt vorstellen. Stellen sie sich vor, sie haben einen Luftballon, auf dessen Oberfläche punktuell Galaxien bildhaft angeordnet sind. Bläst man den Luftballon kontinuierlich auf, dann vergrößert sich stetig die Oberfläche und die Galaxien entfernen sich voneinander. Dieses Auseinanderdriften der bildhaften Galaxien erfolgt umso schneller, je weiter sie voneinander entfernt sind (siehe Abbildung 7).

Wir fassen nun zusammen: Das Universum dehnt sich kontinuierlich aus und zieht die Galaxien mit sich. Daraus lässt sich im Umkehrschluss die Erkenntnis ableiten, dass das Universum und damit auch die Abstände der Galaxien zueinander kleiner gewesen sein müssen, wenn wir in die Vergangenheit zurückblicken. Das Licht lässt uns immer in die Vergangenheit unseres Universums zurückblicken, weil es eine endliche Geschwindigkeit hat und weil die Zeit, die das Licht brauchte, um uns zu erreichen, den in der Vergangenheit liegenden Zeitpunkt ermitteln lässt. Je weiter wir nun also auf diese Weise in die Vergangenheit zurückblicken, umso kleiner war das Universum. Wenn wir zurück bis zu seinem Anfang gehen, was auch der Anfang von Raum und Zeit war, würde das Universum kleiner als ein Staubkorn erscheinen.

Einstein hat die Gleichungen der Gravitation gefunden, Friedmann und Lemaître haben sie gelöst und dabei festgestellt, dass das Universum sich stetig verändern muss. Entweder dehnt es sich aus oder es zieht sich zusammen. Ein stationäres und unveränderliches Universum, das sich weder ausdehnt noch zusammenzieht, ist grundsätzlich nicht möglich. Deshalb kann es auch kein ewig unveränderbares Universum geben. Nur das Reich Gottes existiert ewig, aber darüber lernen wir später mehr. Das bahnbrechende an Edwin Hubbles Entdeckung ist, dass das Universum sich kontinuierlich und dauerhaft ausdehnt. Mit dieser Feststellung hat sich gleichzeitig ein lange verborgenes Geheimnis unseres Universums offenbart: Es existiert nicht seit Ewigkeiten, sondern es hatte einen Anfang. Und sein Anfang war ein Schöpfungsakt Gottes.

„Und durch das Wort meiner Macht habe ich sie erschaffen, nämlich durch meinen Einziggezeugten Sohn, der voller Gnade und Wahrheit ist. Und Welten ohne Zahl habe ich erschaffen; und ich habe sie ebenfalls für meinen eigenen Zweck erschaffen; und durch den Sohn habe ich sie erschaffen, nämlich meinen Einziggezeugten." (KP: Mose 1:32,33)

100 Jahre nach der Wiederherstellung der Kirche Jesu Christi der Heiligen der Letzten Tage im Jahr 1830 stand zweifelsfrei fest, dass sich das Universum kontinuierlich ausdehnt. Die Entdeckungen von Edwin Hubble waren insofern bahnbrechend, weil er neben der kontinuierlichen Ausdehnung des Universums auch dessen Dynamik erkannt hat, woraus sich erstmals die Expansionsgeschwindigkeit des Universums bestimmen ließ. Man spricht in diesem Zusammenhang heute von der Hubble-Konstante. In den letzten Jahren wurde diese Hubble-Konstante noch intensiver und genauer vermessen. Dadurch gelang es, aus der Expansionsgeschwindigkeit des Universums, die in der Hubble-Konstante fest verankert ist, folgende bahnbrechende Ableitung zu gewinnen: Aus der Hubble-Konstanten lässt sich unmittelbar das Alter des Universums bestimmen. Dieses Alter beträgt ziemlich genau 13,8 Milliarden Jahre. Heute verfügt die Astronomie über weitere Methoden, mit denen sich unabhängig voneinander das Alter des Universums bestätigen lässt.

Eines der zentralen Geheimnisse des Universums ist für uns damit offengelegt. So steht heute zweifelsfrei fest, dass das Alter des Universums 13,8 Milliarden Jahre beträgt. Ferner wissen wir auch, dass das für uns sichtbare Universum mit seinen Milliarden Galaxien und Billionen von Sternen heute einen Durchmesser von etwa 93 Milliarden Lichtjahren hat. Es stellt damit ein unvorstellbar gigantisches Gebilde dar. Sein Zweck ist ausschließlich darauf ausgerichtet, den Kindern Gottes auf ihrem Weg in die Unsterblichkeit auf den „Welten ohne Zahl" ein vorübergehendes Zuhause zu bieten. Wenn wir nun all das Besprochene rund um unser Universum zeitlich einordnen, so erscheint es für uns Menschen wie eine unendliche lange Zeitspanne, im Vergleich zur Ewigkeit ist es aber doch nur weniger als ein einziger Wimpernschlag.

6.2. DIE KOSMISCHE HINTERGRUNDSTRAHLUNG ODER DAS LICHT DER SCHÖPFUNG

Etwa 380.000 Jahre nach dem Beginn der Zeit (also in der frühesten Frühzeit der Geschichte des Universums) war die durchschnittliche Temperatur des gesamten Universums auf etwa 3.000 Kelvin (K)[51] gesunken. Diese Temperatur entspricht etwa der halben Oberflächentemperatur der Sonne. Bis zu diesem Zeitpunkt bestand das Universum im Wesentlichen aus freien Protonen (das sind Wasserstoffkerne, auch als positiv geladene Atome des Wasserstoffs bekannt), aus Elektronen (das sind negativ geladene Elementarteilchen) und aus Strahlung (bestehend aus Photonen, die auch als Lichtteilchen bezeichnet werden). Die Energie der Photonen war damals noch so groß, dass sich kein neutraler Wasserstoff, bestehend aus einem Wasserstoffkern und einem Elektron, bilden konnte. Die Elektronen wurden von den hochenergetischen Photonen immer wieder aus den Atomen herausgerissen. Auf diese Weise entstand ein heißes Gemisch, Plasma genannt, im thermodynamischen Gleichgewicht. Die Photonen konnten sich daher nicht frei im Raum bewegen, sondern wurden ständig von den elektrisch geladenen Teilchen absorbiert oder abgelenkt.

Das Universum war deshalb für Strahlung komplett undurchsichtig, wie eine Nebelwand, die die Sicht auf den Beginn von Raum und Zeit versperrte. Eigentlich war es keine Wand, die alles Dahinterliegende abschirmte, sondern ein expandierender Raum, der wie mit einem undurchsichtigen Nebel komplett verhüllt war, denn ein Dahinter gab es nicht. Die Lichtteilchen konnten diesem „Nebel" aus elektrisch geladenen Teilchen nicht entkommen, denn der gesamte Raum war davon erfüllt. Wir können diesen Zustand kurz nach dem Beginn von Raum und Zeit mit einem Nebel hier auf der Erde vergleichen. Das Licht wird an den fein in der

---

[51] Temperaturen werden in der Wissenschaft häufig in Kelvin (K) gemessen. Wobei sich die Temperaturskala Kelvin von Grad Celsius nur dadurch unterscheidet, dass sie einen anderen Nullpunkt besitzt. Grad Celsius hat den Nullpunkt beim Gefrierpunkt des Wasser gelegt (0^0 C), wohingegen der Nullpunkt der Kelvin Skala beim absoluten Nullpunkt der Temperatur liegt ($\triangleq -273,16^0$ C). Der Gefrierpunkt des Wassers liegt entsprechend bei 0^0 C und 273,16 K

Luft verteilten Wassertröpfchen abgelenkt und dadurch wird der Nebel für das Licht nahezu undurchsichtig.

Ab etwa 380.000 Jahren, also gewissermaßen direkt nach der Geburtsstunde des Universums war es dann so weit. Der „Nebel" verzog sich relativ schnell und gab buchstäblich die Sicht in die Frühzeit des Universums frei. Was ist da genau passiert: Das Universum hatte sich nun soweit ausgedehnt und damit gleichzeitig auch so weit abgekühlt, dass die Temperatur unter den Wert von 3.000 Kelvin gefallen war. Die von der Temperatur abhängige Energie der Photonen war jetzt so niedrig, dass sie die Verbindung von Protonen und Elektronen zu Wasserstoffatomen nicht mehr verhindern konnten. Es entstanden die neutralen Wasserstoffatome, die jetzt nicht mehr die Photonen absorbieren oder ablenken konnten. Jetzt war der Weg frei für die Photonen aus der Frühzeit des Universums. Der Nebel hatte sich gelichtet und damit war das Universum für Licht jetzt durchsichtig geworden. Nichts konnte die Photonen in ihrer Bewegung jetzt noch aufhalten. Vor 13,8 Milliarden Jahren begannen sie ihren langen Weg durch Raum und Zeit, bis wir einige von ihnen heute mit unseren Antennen auf der Erdoberfläche oder in den Satelliten im Weltraum detektieren können. Diese Hintergrundstrahlung erfüllt auch heute nach die Weite des Universums. In jedem Kubikzentimeter unseres Universums finden wir heute noch etwa 400 Photonen aus der Anfangszeit des Universums.

Während dieser langen Reise veränderte sich die Temperatur und damit die Farbe der Hintergrundstrahlung durch die stetige Vergrößerung und damit Abkühlung des Universums. Anfänglich strahlte sie bei einer Temperatur von 3000 Kelvin noch in einem einheitlichen Orange, aber mit der Expansion des Universums vergrößerte sich auch die Wellenlänge der Strahlung. Ihre Farbe wechselte über die Jahrmilliarden von Orange über Rot und Infrarot, bis sie heute bei einer Temperatur von 2,7 Kelvin ($\triangleq$ -270,42^0 C) im für uns nicht direkt sichtbaren Mikrowellenbereich liegt. Somit liegt die Temperatur der Hintergrundstrahlung heute nur noch knapp oberhalb des absoluten Temperatur-Nullpunkts von -273,15^{0}C. Sie ist für uns Menschen schon lange nicht mehr optisch sichtbar, aber für Mikrowellenantennen sehr gut messbar.

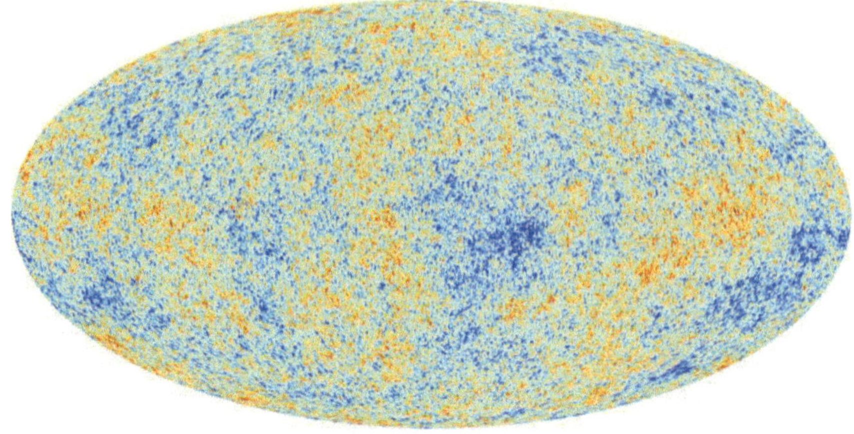

Dargestellt ist die mit dem Planck Satelliten gemessene Temperaturverteilung der kosmischen Hintergrundstrahlung über den gesamten Himmel. Sie ist ein Abbild des Universums kurz nach dem Beginn von Raum und Zeit. Die mittlere Temperatur der Strahlung beträgt heute etwa 2,7 Kelvin und liegt damit nur knapp über dem absoluten Temperaturnullpunkt. Die Temperatur ist weitestgehend homogen über den gesamten Himmel, mit nur sehr kleinen Abweichungen von 0.00001 Kelvin. Diese sehr kleinen Abweichungen sind in dem Bild als Bereiche mit niedrigerer Temperatur (blaue Gebiete) und höherer Temperatur (rote Gebiete) dargestellt. Aus dieser Temperaturverteilung lassen sich überraschend viele Informationen aus der Anfangszeit des Universums gewinnen.

In ihrem Gepäck tragen die Photonen der kosmischen Hintergrundstrahlung trotzdem immer noch einen geradezu unermesslichen Schatz von Informationen aus der Anfangszeit des Universums mit sich, der uns die Entstehungsgeschichte des Weltraums offenbart. Diese Photonen bilden die kosmische Hintergrundstrahlung und sie berichten buchstäblich über die Anfangsphase der Schöpfung und damit über die Geburtsstunde von Raum und Zeit. Diese Photonen sind auf ihrem langen Weg durch Raum und Zeit kaum gestört worden, so dass sie heute noch die unverfälschten Informationen aus der Anfangszeit des Universums mit sich tragen. Diesen Schatz konnte die kosmische Hintergrundstrahlung über 13,8

Milliarden Jahre bewahren, bis die Wissenschaftler in der Lage waren sie zu messen und zu entschlüsseln.

Die ersten und noch relativ ungenauen Messungen der kosmischen Hintergrundstrahlung im Jahr 1964 zeigten eine vollkommen homogene Temperatur-Verteilung der Strahlung über den gesamten Himmel. Egal in welche Himmelsrichtung man schaute, man beobachtete immer dieselben Informationen. Variationen waren nicht erkennbar. Aber aus theoretischen Überlegungen mussten solche Variationen existieren, denn sonst hätte sich die Verteilung der Galaxien im Universum nicht erklären lassen. Wäre die Temperaturverteilung vollkommen isotrop, dann hätte es am Anfang des Universums keine Variation der anfänglichen Materieverteilung gegeben, aus denen sich später die Sterne und Galaxien bilden konnten.

Es dauerte aber bis zum Anfang des 21. Jahrhunderts, bis es durch Satelliten-basierte Aufnahmen möglich wurde, aus der kosmischen Hintergrundstrahlung sehr präzise Informationen zu gewinnen. Es begann 2001 mit der US-amerikanischen Raumsonde WMAP (<u>W</u>ilkinson <u>M</u>icrowave <u>A</u>nisotropy <u>P</u>robe), gefolgt 2009 von dem noch besseren ESA[52] Satelliten Planck. Die extrem hohe Temperatur- und Ortsauflösung des Planck-Satelliten mit einer Genauigkeit von 0,000002 Kelvin (entsprechend etwa 2 μK = 2 Mikro-Kelvin) erlaubte die Erstellung von Bildern der Hintergrundstrahlung, die unseren Blick auf das Universum geradezu revolutionierte (siehe Abbildung 8).

Um dieses Bild richtig deuten zu können, muss man wissen, dass es sich um keine photographische Aufnahme des Himmels handelt, sondern um eine Vermessung der Temperatur des Lichts aus der Frühzeit des Universums, das uns nach einer solch langen Zeit noch erreichen konnte. Man könnte diese Aufnahmetechnik durchaus mit der einer sehr präzisen Wärmebildkamera vergleichen, mit der man punktweise den gesamten Himmel abtastet. Wenngleich der Begriff Wärme bei -270,42⁰ C etwas deplatziert wirkt. Obwohl das Bild beim oberflächlichen Hinschauen ein banales und zufällig erscheinendes Muster aus roten, gelben und

---

[52] ESA: European Space Agency

blauen Gebieten zeigt, ist darin doch eine Fülle an Informationen aus der Anfangszeit des Universums enthalten. Es ist das auf den ersten Blick merkwürdige Wechselspiel von roten, gelben und blauen Bereichen, dass uns die Struktur des Universums zum Zeitpunkt seiner Entstehung verrät. Aber dieses Muster ist weder banal noch zufällig, es ist ein Abbild der Struktur des Universums am Beginn von Raum und Zeit und diese Struktur finden wir heute wieder, wenn wir uns die Verteilung der Galaxien und der riesigen Galaxienhaufen im Frühstadium des Universums anschauen.

Um diese Informationen entschlüsseln zu können, braucht es komplizierte mathematische Methoden. Prinzipiell ist es so, dass die roten Bereiche eine etwas höhere Temperatur und die blauen Bereiche eine etwas niedrigere Temperatur des frühen Universums anzeigen. Diese Variationen oder die Richtungsabhängigkeit der Temperaturverteilungen - und damit verbunden - der Dichteverteilungen der Materie waren damals ursächlich für die Entstehung von großräumigen Strukturen, wie Galaxien und Galaxienhaufen, verantwortlich. Wäre die Temperaturverteilung damals vollkommen homogen gewesen, hätten sich niemals großräumige Strukturen herausbilden können und Galaxien wären niemals entstanden. Eine belebte Erde wäre dann niemals möglich gewesen.

Mit Hilfe der kosmischen Hintergrundstrahlung offenbart sich der Beginn unseres Universums. Wir können auf diese Weise gewissermaßen auf die Anfangszeit unseres Universums blicken, als es gerade einmal 380.000 Jahr alt war. Das entspricht nur etwa 0,003% seines heutigen Alters. Diese „Wärmebild-Aufnahme" des Universums liefert uns die klarste und reinste Information vom Anfangsstadium der Schöpfung. Umgekehrt ist die Schöpfungsgeschichte, wie sie uns von Gott durch die Heilige Schrift offenbart wurde, für uns eine Art bildhafte, im symbolischen Sinn vermittelte Darstellung, angefangen beim Beginn der Schöpfung, als das ewige Licht Gottes die Urgewalten in Gang setzte, bis hin zu dem Zeitpunkt, als die Erde durch Adam und Eva bewohnt wurde. Auf diese Weise wird für uns das Wunder eines geplanten Wechselspiels von Millionen perfekt ineinandergreifender Zahnräder erkennbar, das schließlich dazu führte, dass am Ende dieses Prozesses die Kinder Gottes die für sie gestalteten Planeten bewohnen und so den Zweck ihres sterblichen Daseins erfüllen können.

Es ist doch außerordentlich faszinierend, wie aus derart kleinen Variationen, die winzigen Temperaturunterschiede innerhalb der kosmischen Hintergrundstrahlung betreffend, eine solch große Auswirkung resultieren kann. Denn die heutige großräumige Struktur des Universums ist ein Abbild der Strukturen, die am Anfang geherrscht haben. Die Temperaturunterschiede betragen gegenwärtig nur noch wenige Mikro-Kelvin (µK). Diese mikroskopisch kleinen Variationen reichen aus, um einen wahren Schatz an Informationen aus dem kosmischen Licht zu gewinnen. Auf diese Weise hilft uns heute die Betrachtung des kosmischen Lichts, denn ohne dieses Licht wäre die frühe Entstehungsgeschichte des Universums für uns für immer verborgen geblieben.

Durch eine präzise Analyse-Methode lässt sich aus der kosmischen Hintergrundstrahlung indirekt auf die Verhältnisse des für optische Betrachtungen versperrten Anfangsbereichs des Universums schließen. Was selbst eine solche indirekte Betrachtungsweise an Erkenntnissen liefert, ist gelinde gesagt überwältigend. Auf die Einzelheiten der Analyse einzugehen, würde den Umfang dieser Publikation weit sprengen. Doch die wichtigsten Ergebnisse aus der Analyse der kosmischen Hintergrundstrahlung sollen in nachfolgender Aufzählung dargestellt werden:

- **Das Alter des Universums:**
  Das vielleicht wichtigste Ergebnis aus der Analyse der kosmischen Hintergrundstrahlung betrifft den Zeitpunkt für den Anfang unseres Universums. Aus der kosmischen Hintergrundstrahlung lesen wir direkt ab, dass die Geschichte von Raum und Zeit vor ziemlich genau 13,8 Milliarden Jahren begann. Aber dieses Ergebnis steht heute nicht für sich allein da, sondern wird gestützt durch eine große Anzahl von unterschiedlichen astronomischen Beobachtungen, die alle zu ähnlichen Ergebnissen kommen.

- **Die Ausdehnungsgeschwindigkeit des Universums**
  Die Ausdehnungsgeschwindigkeit unseres Universums wird mit der sogenannten Hubble-Konstante beschrieben. Die Berechnung dieser Geschwindigkeit ist jedoch sehr kompliziert, weil eine Reihe von Faktoren

zu berücksichtigen sind. Sie beträgt etwa 70 Kilometer pro Sekunde, pro Mega-Parsec (Mpc), kurz: H = 70 km/sec/Mpc. Die Einheit Mpc (Mega-Parsec) ist eine in der Astronomie gebräuchliche Einheit zur Entfernungsbestimmung und beträgt ungefähr 3 Millionen Lichtjahre. Die Hubble-Konstante bedeutet, dass sich eine Galaxie, die ungefähr 3 Millionen Lichtjahre von uns entfernt ist, sich mit einer Geschwindigkeit von etwa 252.000 km/Stunde von uns entfernt.

Die Erkenntnisse, die aus der kosmischen Hintergrundstrahlung gewonnen werden können, sind überaus komplex, aber sie liefern uns außerordentlich präzise und unverfälschte Ergebnisse zur Entstehung und Entwicklung unseres Universums und haben dadurch unser Wissen über das Universum auf eine sehr viel höhere Stufe gehoben. Sie sind deshalb unverfälscht, weil die Photonen der kosmischen Hintergrundstrahlung unmittelbar aus der Anfangszeit des Universums stammen und auf direktem Wege zu uns gelangt sind, ohne dass sie auf ihrem langen Weg größeren fundamentalen Störungen ausgesetzt gewesen waren. Das wohl wichtigste Ergebnis aus der Analyse der Hintergrundstrahlung ist die Erkenntnis, dass das Universum einen Anfang hatte und nicht seit Ewigkeiten unverändert existiert. Und durch Offenbarung ist uns die zusätzliche Erkenntnis zuteil geworden, dass Gott Vater der Schöpfer unseres Universums ist. Wenn wir heute das Licht der kosmischen Hintergrundstrahlung betrachten, dann blicken wir zurück bis fast zum Beginn von Raum und Zeit, dem Beginn unseres Universums. Das wir die kosmische Hintergrundstrahlung heute überhaupt noch sehen können, obwohl sie vor vielen Milliarden Jahren gestartet ist, liegt an einem raffinierten Wechselspiel zwischen der endlichen Lichtgeschwindigkeit der Strahlung und der Expansionsgeschwindigkeit des Universums, die gerade in der Anfangszeit des Universums die Lichtgeschwindigkeit bei weitem übertraf (dies ist kein Widerspruch zur Konstanz der Lichtgeschwindigkeit, da sich der Raum selbst mit Überlichtgeschwindigkeit ausdehnen kann).

Erstaunlicherweise können wir diese Hintergrundstrahlung noch heute auf der Erde in unseren Wohnzimmern „sehen", vorausgesetzt sie haben noch einen alten Röhrenfernseher mit einer Antenne auf dem Dach. Einige Prozent des Rauschens dieser alten Röhrenfernseher wird tatsächlich durch die kosmische Hintergrundstrahlung verursacht.

6.3. DIE GESCHICHTE DES UNIVERSUMS

Mit all den uns zur Verfügung stehenden Informationen aus Wissenschaft und offenbarter Religion, sind wir heute in der Lage, die Beschaffenheit und die Entstehungsgeschichte unseres Universums sehr gut zu beschreiben. Der Schlüssel zur Rekonstruktion dieser Geschichte ist die konstante Lichtgeschwindigkeit von etwa 300.000 km pro Sekunde. Denn dadurch schauen wir immer in die Vergangenheit. Diese Geschwindigkeit erscheint uns außerordentlich schnell, in Wirklichkeit ist sie aber langsam, wenn wir die räumlichen Dimensionen des Universums betrachten. Denn das Licht kann Millionen oder gar Milliarden Jahre unterwegs sein, bis es von einem Stern oder einer Galaxie kommend die Erde erreicht. Diese Eigenschaft des Lichts ermöglicht es uns, die Vergangenheit unseres Universums detailliert zu erkunden. Wäre das Licht unendlich schnell, dann wäre uns die Geschichte des Universums für immer verborgen geblieben.

Beobachten wir Sterne und Galaxien, die sich in unterschiedlichen Entfernungen von der Erde befinden, dann blicken wir auch unterschiedlich weit zurück in die Vergangenheit. Auf diesem Wege können wir die ganze Geschichte des Universums schreiben. Vom Licht der ersten Sterne und Galaxien vor mehr als 13 Milliarden Jahren bis hin zu den neu entstandenen Sonnen und Planeten in unserer unmittelbaren kosmischen Nachbarschaft. Damit entfaltet sich die komplette Entwicklung des Universums vor unseren Augen. Wenn wir beispielsweise nur Galaxien betrachten, deren Licht wir nach etwa 5 Milliarden Jahren empfangen, dann kennen wir damit die großräumige Verteilung der Galaxien zu dem damaligen Zeitpunkt, ihre Anzahl, ihre Größen und Formen. Und dies können wir prinzipiell für jeden Zeitpunkt in der Geschichte des Universums machen.

So wissen wir, dass das Universum einen Anfang hatte und dass es sich vom ersten Augenblick an ausgedehnt hat und es immer noch tut. Am Anfang war es sehr klein und extrem heiß. Mit der Entstehung des Universums entstanden gleichzeitig auch Raum und Zeit, so wie wir sie in unserem irdischen Zustand kennen. Wir haben in den bisherigen Kapiteln erfahren, dass Materie lediglich eine andere Daseinsform von Energie ist und dass Materie deshalb aus Energie geformt werden kann. Energie ist letztlich auch eine Daseinsform von Licht. In dieser Äquivalenz

von Energie und Materie liegt ein Schlüssel verborgen, der uns die Wahrheit darüber offenbart, was im Augenblick der Entstehung unseres Universums geschah.

Um die Geschichte des Universums verstehen zu können, muss auf eine wichtige Frage eingegangen werden, die mit dem Anfang des Universums untrennbar
verbunden ist. Wenn das Universum einen Anfang hatte, wo ist dann der Ort an
dem alles begann? Die Schwierigkeit in der Beantwortung dieser Frage ist eng
verknüpft mit unserem irdischen und damit sehr eingeschränktem drei-dimensionalen Verständnis der Welt. Unsere drei-dimensionale Wahrnehmung spiegelt die
Wirklichkeit nicht wider. Denn die Frage nach dem Mittelpunkt des Universums
kann nur aus Sicht der von uns nicht wahrnehmbaren vier-dimensionalen Wirklichkeit beantwortet und erklärt werden. Um das Ergebnis vorwegzunehmen, einen
solchen Ort, den wir Mittelpunkt des Universums nennen können, gibt es nicht.
Dies ist für uns Menschen nicht vorstellbar, da jeder Wohnraum in unserer irdischen Umgebung einen Mittelpunkt besitzt. Unsere Erde besitzt einen Mittelpunkt,
die Planeten kreisen um die Sonnen, die im Mittelpunkt des Sonnensystems liegt.
Selbst unser Sonnensystem umkreist den Mittelpunkt unserer Galaxis. Aber das
Universum besitzt keinen Mittelpunkt, denn es entstand eben nicht in der für uns
wahrnehmbaren dreidimensionalen Wirklichkeit, sondern im vierdimensionalen
Gefüge der Raumzeit, das für unser Verständnis grundsätzlich nicht greifbar ist.
Mit folgendem Beispiel lässt sich diese Frage aber vielleicht auch für unser irdi-
sches Verständnis ganz gut beantworten.

Denken sie noch einmal an den Luftballon aus Abbildung 7. Bevor er aufgeblasen wird, hat er weder eine Oberfläche noch einen Mittelpunkt. Jetzt blasen sie
den Luftballon langsam auf. Was passiert jetzt? Eine Oberfläche entsteht und vergrößert sich stetig. Die punktuell befestigten Galaxien auf seiner Oberfläche entfernen sich fortwährend voneinander, je größer der Luftballon wird. Aber auf dieser Oberfläche gibt es aber keinen Mittelpunkt. Jeder einzelne Punkt der
Oberfläche des Luftballons war einmal Mittelpunkt. Lässt man die Luft langsam
wieder aus dem Ballon heraus, nähern sich alle Galaxien einander an, bis sie im
theoretischen Endstadium alle in einem Punkt vereinigt sind. Dann ist jeder Punkt
zum Mittelpunkt geworden. Übertragen wir dieses Gedankenexperiment auf unsere vierdimensionale Raumzeit, dann erkennen wir, wie es im Prinzip möglich ist,
dass unser Universum keinen Mittelpunkt hat, genauso wenig wie die Oberfläche
einer Kugel einen hat. Daraus kann man etwas interessantes schlussfolgern: der

Ort, an dem alles begann ist tatsächlich überall in unserem Universum. Sogar jeder Mensch, oder jedes andere beliebige Objekt, an welchem Ort sich dieser oder dieses auch immer befindet, ist somit der Mittelpunkt des Universums.

Es gibt viele Beobachtungen die darauf hindeuten, dass das Universum tatsächlich keinen räumlichen Mittelpunkt aufweisen kann an dem alles begann. Schauen wir uns beispielsweise die Verteilung der kosmischen Hintergrundstrahlung (siehe Abbildung 8) aus der Säuglingszeit des Universums an, dann erkennen wir unmittelbar, dass sie fast gleichmäßig über den gesamten Himmel verteilt ist. Es gibt in ihr keine hervorgehobene Richtung, die auf einen Mittelpunkt hindeuten könnte. Alle Himmelsrichtungen, die der Betrachtung unterzogen werden, weisen die gleiche Wertigkeit auf. Egal in welche Himmelsrichtung wir schauen, wir blicken immer zurück auf den Anfang der Welt.

In der zweiten Beobachtung betrachten wir die Verteilung der ältesten Galaxien am Himmel. Gäbe es einen Mittelpunkt in unserem Universum, dann würde man erwarten, dass das Alter der Galaxien von der Himmelsrichtung abhängt in der wir schauen. Aber so ist es nicht. Egal in welche Himmelsrichtung wir auch blicken, in jeder Richtung finden wir Galaxien mit der gleichen Altersverteilung dieser astronomischen Objekte. Auch die Verteilung der ältesten Galaxien ist gleichmäßig über den gesamten Himmel verteilt. Das Universum besitzt daher keinen ausgezeichneten Mittelpunkt, denn jeder Punkt im Universum ist gleichwertig, jeder einzelne Punkt kann als Mittelpunkt betrachtet werden, auch wenn dies unserer Vorstellung vollkommen widerspricht.

Mit den großen Teleskopen dieser Welt schauen wir immer in die Vergangenheit, völlig unabhängig davon in welche Himmelsrichtung wir auch blicken. Und wir erkennen, dass das Universum auf großen Skalen (Milliarden Lichtjahren) immer gleich aussieht und daraus können wir schlussfolgern, dass es keinen ausgezeichneten Punkt in unserem Universum geben kann.

Das Universum hatte seinen Anfang nicht in Form einer Explosion oder eines großen Knalls, der irgendwo in unserem Universum stattfand. Denn am Anfang entstanden erst Raum und Zeit, was wir heute als unser Universum kennen und es war schon am Beginn eingebettet in das ewige Reich Gottes. Gott schuf das

Universum und untrennbar damit verbunden Raum und Zeit, für immer vereint als vierdimensionale Raumzeit.

Untrennbar mit dem Beginn des Universums ist die Frage verbunden woraus es erschaffen wurde. Da sich diese Frage den wissenschaftlichen Gesetzmäßigkeiten entzieht, gibt es keine gesicherten Annahmen, die den Anfang erklären könnten. Es gibt aber sehr wohl wissenschaftliche Modelle für den Anfang des Universums. Die wohl am weitesten verbreitete Annahme in der wissenschaftlichen Gemeinschaft ist die Erschaffung des Universums aus dem Nichts („Creatio ex Nihilo"). Wobei niemand weiss, was sich hinter dem „Nichts" verbirgt. Es kann nicht das Vakuum sein, das unser Universum durchzieht, denn dieses Vakuum ist nicht „Nichts", sondern es ist gefüllt mit einem chaotischen Durcheinander von entstehenden und vergehenden virtuellen Teilchen[53] und es hat Eigenschaften, die unter anderem auch die Größe der Lichtgeschwindigkeit festlegt. Außerdem ist auch das Vakuum erst mit dem Beginn des Universums entstanden und kann daher nicht die Ursache des Ursprungs sein.

Die Entstehung des Universums aus dem „Nichts" findet man auch in verschiedenen christlichen Glaubensrichtungen, wobei hier die Bedeutung der Schöpfung aus dem „Nichts" letztlich eng verknüpft ist mit der angenommenen Schöpfungstätigkeit Gottes. Die Lehre der Erschaffung aus dem „Nichts" wurde auch erst in den ersten Jahrhunderten des 1. Jahrtausend in die Glaubensgrundsätze der katholischen Kirche übernommen und hat keinen eigentlichen Ursprung in den Schriften des Neuen und Alten Testaments.

Ähnlich beschreibt es auch der Schweizer Theologe Hans Küng in seinem Buch „Der Anfang aller Dinge"[54i]. Er stellt unmissverständlich klar, dass in der Schöpfungsgeschichte der Bibel von einer „Erschaffung aus dem Nichts" keine Rede sein kann.

> „Von einer „Erschaffung aus dem Nichts" ist weder im ersten noch im zweiten Schöpfungsbericht die Rede. Diese Auffassung, die keinen Stoff voraussetzt, wurde sehr viel später entwickelt in den vom hellenistischen Denken

---

[53] Ein virtuelles Teilchen ist niemals direkt beobachtbar, sondern existiert nur als Ausdruck einer Kraft
[54] Hans Küng, „Der Anfang aller Dinge", Piper Verlag GmbH, München 2005

beeinflussten jüdischen Gemeinden. Zuerst nachgewiesen ist sie im 2. Buch der Makkabäer, das die Jahre 175-135 v.Chr. behandelt und ursprünglich griechisch geschrieben ist." (Seite 134, ebd. 54).

Trotz dieser Klarstellung beharrt auch Hans Küng auf die katholische Lehrmeinung einer „Erschaffung aus dem Nichts" und begründet dies mit Eigenschaften Gottes, die die frühen Kirchenführer Gott zugeschrieben haben, obwohl sie weder aus Offenbarungen noch aus der Bibel ableitbar sind. Hans Küng schreibt darüber:

„Schöpfung aus dem Nichts" ist der philosophisch-theologische Ausdruck dafür, dass sich Welt und Mensch samt Raum und Zeit Gott allein verdanken und keiner anderen Ursache." (Seite 139, ebd. 54)

Aus diesen von den frühen Kirchenführern Gott zugeschriebenen Eigenschaften wird direkt abgeleitet, dass die Entstehung von Raum, Zeit und Materie unmittelbar Gott als alleinige Ursache zugeschrieben werden. Ein Erschaffung der Welt aus vorhandener Materie/Energie wird daher von der katholischen Kirche ausgeschlossen, weil sie auf eine Ursache außerhalb Gottes zurückgeführt werden kann, was den Gott zugeschrieben Eigenschaften widerspricht.

Die Lehre von der „Erschaffung aus dem Nichts" lässt sich daher nicht aus den Schöpfungsberichten der Bibel ableiten, sondern ist direkt auf die von den frühen katholischen Kirchenführern Gott zugeschriebenen Eigenschaften, dass Gott der Ursprung von allem und jedem ist, abgeleitet. Die Frage, ob Gott die Welt aus dem Nichts oder aus bestehender Materie erschaffen hat, erscheint manchem nur als ein akademischer Diskurs. Aber eigentlich geht hier um weit mehr, es geht um ein grundsätzliches Verständnis von Gottes Sein und Wirken, aber auch um sein Grenzen. Aber darüber wird in einem späteren Kapitel gesprochen werden müssen.

In den Heiligen Schriften der Kirche Jesu Christi der Heiligen der Letzten Tage steht hingegen deutlich geschrieben, dass das Universum nicht aus dem „Nichts" erschaffen wurde, sondern dass alle Elemente, d.h. alle Materie und alle Energie ewigen Ursprungs sind:

„Die Elemente sind ewig." (L&B 93:33)

Nichts woraus unser Universum erschaffen wurde oder was Teil des Universums ist, ist zeitlich, alles ist ewiger Natur. Auch wenn die Daseinsform der Materie eine andere ist als im ewigen Reich Gottes, so entstammt doch alles derselben göttlichen und ewigen Quelle. Auch der Geist des Menschen ist ewig, er kann weder erschaffen noch vernichtet werden, wohl kann er sich weiterentwickeln. Diese ewigen Elemente sind der Grundstock unseres Universums. Doch jetzt weiter zur Entwicklung des Universums.

Das Universum war am Anfang unmessbar klein, extrem heiß und es dehnte sich in der Folge rapide aus. Es entstand aber nicht, wie viele Wissenschaftler annehmen, aus einem dimensionslosen Punkt, einer sogenannten Singularität, sondern hatte bereits eine raumzeitliche Ausdehnung. Es war massiv gefüllt mit dem ewigen Licht und der Energie des Anfangs, eine Energie die ausreichte, dass daraus die unzähligen Sterne, Planeten, Galaxien und Welten ohne Zahl entstehen konnten. Durch seine überaus schnelle Ausdehnung kühlte sich das Universum kontinuierlich ab. Um in der bildhaften Ausdrucksweise zu bleiben, so könnte man die Anfangszeit unseres Universums als extrem stürmisch beschreiben. Von diesem ersten Zeitpunkt an, können wir heute jeden einzelnen Schritt in der Entwicklung unseres Universums sehr präzise beschreiben. Von der ersten Strahlung, dem ewigen Licht, bis zu der Entstehung der Sterne und der Galaxien.

Wir werden später noch erkennen, wie planvoll diese Entwicklung gestaltet wurde. Schritt für Schritt sind alle Stoffe entstanden, die erforderlich sind, um Sterne, Planeten und schließlich auch die belebte Natur entstehen zu lassen. Kein Schritt durfte ausgelassen werden, keiner durfte zu einem falschen Zeitpunkt stattfinden, andernfalls hätte es für den Menschen in diesem Universum keine geeigneten Lebensbedingungen gegeben.

Die Expansion des Universums muss mit einer gewaltigen Kraft stattgefunden haben. Diese Kraft muss aber bereits im Universum enthalten gewesen sein, da es bereits in der ersten Sekunde über alle Maßen gewachsen ist und diese Expansion sogar bis heute anhält. Diese Kraft und die dem Universum innewohnende Energie, katapultierte gewissermaßen die Keimzelle unseres Universums zu

Größenordnungen, die sich unserer Vorstellungskraft entziehen. Diese rasante Ausdehnung entfachte eine Kette von Ereignissen, in deren Verlauf die Elementarteilchen, die chemischen Elemente und letztlich alle Materie um uns herum gebildet wurden.

Betrachten wir diesen Sachverhalt nun etwas konkreter und fassen wir ihn in Zahlen und Daten. Dabei ist es für das grundsätzliche Verständnis nicht wichtig, dass wir diese Zahlen verstehen oder nachvollziehen können. Sie sollen uns lediglich einen Eindruck darüber verschaffen, welche Zustände am Anfang des Universums geherrscht haben mussten. Die Energie, die dort zur Verfügung stand, musste ausreichend sein, um daraus Billionen von Sternen und Planeten zu bilden, Welten ohne Zahl, sogar zahlreicher als alle Sandkörner der Erde, wie Gott es dem Propheten Abraham offenbarte. Die gewaltige Energie des Anfangs war komprimiert auf ein Volumen das viel kleiner war als das kleinste Atom. Die Zeiten und die Temperaturen über die wir jetzt sprechen werden, liegen weit jenseits unserer Vorstellungskraft, zu weit entfernt sind sie von den Geschehnissen unserer täglichen Lebensrealität.

Beginnen wir mit der sehr kurzen Zeitspanne unmittelbar nach dem Beginn des Universums, also dem Zeitpunkt, als Raum und Zeit ihren Anfang hatten. Die Temperatur des Universums lag am Anfang bei unvorstellbaren 10^{32} Grad, oder in einer anderen Ausdrucksweise: 100.000 Milliarden Milliarden Milliarden Grad. Diese Temperaturen können natürlich nicht gemessen, sondern nur im Nachhinein aus den bekannten physikalischen Gesetzen berechnet werden. In dieser ersten extrem kurzen Zeitspanne wurden alle subatomaren Teilchen[55] gebildet, aus denen die Welt später bestehen sollte. Nach einer Zeit von 10^{-11} Sekunden oder anders ausgedrückt dem hundertsten Teil einer milliardsten Sekunde, erreichte das Universum eine Phase, die die Physiker heutzutage in Experimenten schon sehr gut nachvollziehen können. Denn von diesem Zeitpunkt an können wir heute exakt beschreiben und in Experimenten nachvollziehen was damals geschah. Ab 10^{-6} Sekunden, oder eine Mikrosekunde nach dem Beginn von Raum und Zeit betrug die Temperatur „nur" noch 1 Billion Grad ($\triangleq 10^{12}$ Grad). Es begann die Zeit, in der

---

[55] Subatomare Teilchen: Die Teilchen aus denen die Bestandteile des Atomkerns aufgebaut sind

sich die Bausteine der Atomkerne, die Protonen und Neutronen, aus dem Licht des Anfangs und aus den subatomaren Teilchen gebildet haben.

Zwischen 10 Sekunden und 20 Minuten nach dem Anfang betrug die Temperatur gerade noch eine Milliarde Grad. Die Temperatur war nun so weit abgefallen, dass sich die ersten stabilen Atomkerne bilden konnten. Zuerst entstanden Deuteriumkerne. Das ist eine Form des Wasserstoffs, bestehend aus einem positiv geladenen Proton und einem neutralen Neutron. In der chemischen Schreibweise liest sich das so: ^{2}H. Etwa zeitgleich entstanden auch die Heliumkerne ^{4}He, bestehend aus 2 Protonen und zwei Neutronen.

Die Entstehung der riesigen Menge an Wasserstoff- und Heliumkernen, ausreichend für Billionen Sterne, dauerte nur unglaublich kurze zwanzig Minuten. Damit entstanden innerhalb dieser kurzen Zeitspanne, vor 13,8 Milliarden Jahren, fast alle Wasserstoff- und Heliumatome, die wir heute in unserem Universum finden. Faszinierend ist in diesem Zusammenhang auch, dass der gesamte Wasserstoff, den wir in unseren menschlichen Körpern als chemisches Element im Wasser vorfinden, aus der Frühzeit des Universums stammt. Er wurde bereits innerhalb der ersten zwanzig Minuten nach dem Beginn unseres Universums aus der Energie des Lichts gebildet. Die gesamte Materie im Universum bestand zu diesem Zeitpunkt aus 75% Wasserstoffkernen (Protonen) und zu 25% aus Heliumkernen, mit geringen Beimischungen aus den Elementen Lithium und Beryllium. Das ist genau jene Häufigkeitsverteilung, wie wir sie auch heute noch in unserem Universum vorfinden. Etwas vereinfacht kann man daher sagen, dass am Anfang nur der Wasserstoff war und sich alle anderen Atome, chemischen Elemente, Moleküle, Festkörper und auch die lebende Materie daraus entwickelt haben, abgesehen vom unsterblichen Geist des Menschen, der aus dem ewigen Reich Gottes kommt.

Im Nachhinein werden wir so Zeugen einer außerordentlich beeindruckenden und geplanten Entwicklung, die uns erkennen lässt, wie Schritt für Schritt aus dem Licht Gottes alle Materie entstanden ist, um Millionen Jahre später daraus Sterne entstehen zu lassen, die die Grundlage für alles Leben im Universum sind. Vor den Sternen war das Licht und nicht umgekehrt. Genauso wie im Schöpfungsbericht geschrieben.

Wenn wir uns nun all dies vor Augen führen, wird uns die große Weisheit unseres Vaters im Himmel offenbar. Allein die Tatsache, dass in den ersten wenigen Minuten die Bauelemente zur Bildung der Sonnen (=Sterne) gelegt wurde, kann uns Menschen nur mit Demut erfüllen. Für uns stellt sich dies als ein einziges großes Wunder dar. Aber letztlich ist alles nur die Verkettung und konsequente Aneinanderreihung von einzelnen Gesetzmäßigkeiten, deren Ablauf zu dem beabsichtigten Ergebnis führt. In der Schöpfung Gottes ging es um die Schaffung von Sonnen, die jenes Licht und jene Wärme hervorbringen und mit deren Hilfe alle weiteren chemischen Elemente erzeugt werden sollten, die für die Erde und das Leben darauf erforderlich sind. Alles ist Schritt für Schritt umgesetzt worden, einem genialen Plan folgend. Mit den heutigen wissenschaftlichen Möglichkeiten lassen sich in groben Zügen die ersten zwanzig Minuten der Existenz unseres Universums erkennen. Wir wissen auch, dass sich in dieser kurzen Zeitspanne alle Materie aus dem Licht, bzw. der Energie des Anfangs gebildet hat, die für die weitere Entwicklung des Universums nötig war.

Nach der ersten halben Stunde wurde es im Universum richtiggehend langweilig. Es dehnte sich nur mehr weiter aus und kühlte sich dabei beständig ab. Der nächste große Schritt erfolgte etwa 380.000 Jahre später. Das Universum hatte sich bis zu diesem Zeitpunkt auf etwa 3.000 Grad abgekühlt und es hatte mittlerweile eine Ausdehnung von beachtlichen 90 Millionen Lichtjahren erreicht. Wie schon im Kapitel 6.4 beschrieben, führte die Temperatur von 3.000 Grad zu einem weiteren, für die physikalische Entwicklung des Universums, maßgeblichen Effekt: Die Wasserstoffkerne konnten sich mit den Elektronen zu neutralen Wasserstoffatomen vereinigen. Dieser physikalische Vorgang hatte auch zur Folge, dass sich alle verbliebenen Lichtteilchen im Universum frei bewegen konnten. Diese Lichtteilchen können wir heute noch beobachten und das schaffte die Voraussetzung dafür, dass wir heute in die Anfangszeit des Universums blicken und seine Entstehung nachvollziehen können. Denn das Universum ist dadurch durchsichtig geworden. Diese frei gewordenen Lichtteilchen bilden jene kosmische Hintergrundstrahlung, welche die Informationen aus der Frühzeit des Kosmos, zu uns in die Jetztzeit transportiert.

Im Universum brach in der Folge für ca. 200 Millionen Jahre jene Epoche an, die man als die dunkle Zeit bezeichnen könnte. Es gab noch keine Sterne, die es hätten erleuchten können. Es lag buchstäblich eine Finsternis über dem stetig wachsenden Weltall, bevor das erste Licht erstrahlte. Aber langsam zeichnete sich der nächste gravierende Schritt in der Entwicklung des Universums ab. Die gigantischen Mengen an Wasserstoff- und Heliumatomen begannen sich unter dem Einfluss der Gravitation immer mehr zu riesigen Gaswolken zusammenzuziehen. Etwa 200 Millionen Jahre nach dem Anfang des Universums entstand in diesen riesigen Gaswolken eine enorme Dichte an Wasserstoffatomen. Dies führte zwangsläufig dazu, dass sich aus den Gaswolken große Gaskugeln bildeten, die sich infolge der vorherrschenden Gravitation immer weiter zusammenzogen und die Temperaturen und Dichten in ihrem Innern dramatisch ansteigen ließen. Die Temperaturen im Innern dieser Gaskugeln aus Wasserstoff und Helium, erreichten bald mehrere Millionen Grad. Irgendwann war die Temperatur dann so hoch, dass sich das nukleare Feuer wie von selbst entzündete. Das nukleare Feuer beschreibt hier jene Energie, wie sie bei einer Kernfusion freigesetzt wird. Bei dieser Kernfusion verschmelzen vereinfacht ausgedrückt jeweils 4 Wasserstoffatome zu einem Heliumatom. Das sind genau jene Wasserstoffatome, die in den ersten zwanzig Minuten des Universums entstanden sind. Heute wissen wir, dass vier Wasserstoffatome etwas schwerer sind als ein Heliumatom. Etwas Masse bleibt also bei jeder einzelnen Fusion übrig. Und diese Masse wird in Form von Strahlungsenergie vollständig freigesetzt. Aus diesem Prozess beziehen die Sterne ihre gigantische Energie, die sie in den Weltraum abstrahlen und damit Leben auf den sie umkreisenden Planeten ermöglichen. Aus Wasserstoff wird also Helium und die dabei freiwerdende Energie charakterisiert die Strahlung, die von der Sonne ausgeht.

Dieser Moment der Zündung des nuklearen Feuers war die Geburtsstunde der ersten Sonnen (Sterne), die sodann ihr Licht in die Dunkelheit des Universums strahlen konnten. Die Finsternis musste diesem Licht unweigerlich weichen. Ein Szenario, dessen Anblick wohl nicht erhabener gewesen sein konnte. Von nun an sollten die Sterne ihr Licht in die unendlichen Weiten des Universums strahlen und die dominierenden Objekte im Universum sein und es für eine sehr lange Zeit bleiben. Jetzt wird auch der Zusammenhang zwischen dem Licht Christi und den Sonnen klar, wie er im Buch Lehre und Bündnisse beschrieben ist:

> *„Dies ist das Licht Christi. So ist er auch in der Sonne und die Macht davon, wodurch sie gemacht worden ist."* (L&B 88:7)

Durch die Macht und das Licht Christi sind letztlich nicht nur die ersten Sterne und Sonnen entstanden. Sondern die Entstehung von neuen Sonnen und Planeten dauert bis heute an.

Nach weiteren 100 bis 200 Millionen Jahren, wurden die in der Zwischenzeit geborenen Sterne, unter dem Einfluss der Gravitation, zu riesigen Sterneninseln zusammengezogen. Die Wissenschaft gab ihnen die Bezeichnung „Galaxie". Auch unsere Milchstraße ist eine Galaxie, die bereits einige Hundert Millionen Jahre nach dem Beginn von Raum und Zeit entstanden ist.

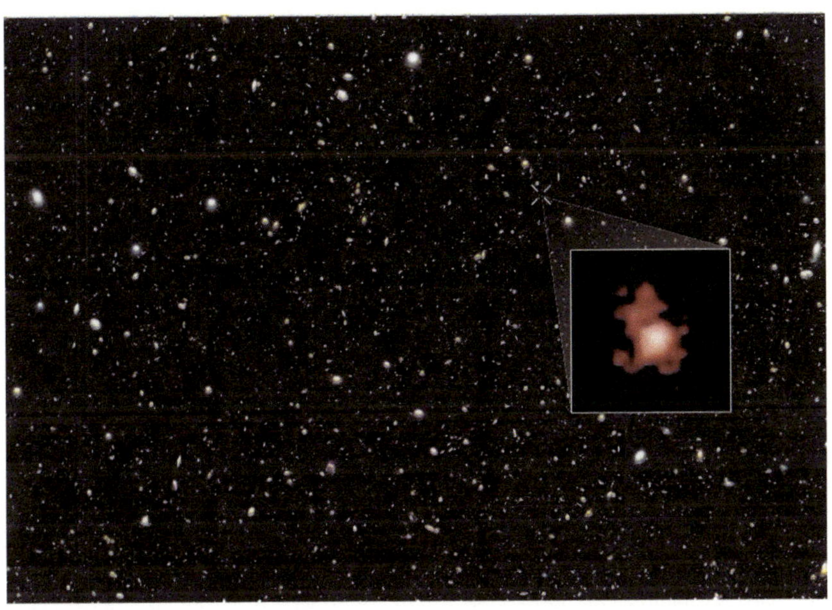

Abbildung 9   *©NASA, ESA, P. Oesch (Yale University), G. Brammer (STScI), P. van Dokkum (Yale University), and G. Illingworth (University of California, Santa Cruz)*

In der Hubble Deep Field Aufnahme des Hubble Weltraumteleskops (siehe Abbildung 11) haben Astronomen die bisher älteste Galaxie entdeckt. Sie hat ein Alter von 13,4 Milliarden Jahren und ist damit schon etwa 300 Millionen Jahre nach dem Beginn von Raum und Zeit entstanden, also durchaus in der Kinderstube des Universums. Diese Aufnahme zeigt uns den weitesten direkten Blick zurück in unsere kosmische Vergangenheit

All diese Entdeckungen wurden möglich, durch eine Vielzahl an großartigen Teleskopen, die in den letzten 100 Jahren in Betrieb genommen wurden. Im Zentrum dieser Entwicklung aber steht das, nach dem Astronomen Edwin Hubble benannte, Hubble-Weltraumteleskop, das gemeinsam von der NASA und von der ESA entwickelt und am 24. April 1990 in Betrieb genommen wurde. Mit ihm ist die Menschheit um ein mächtiges technisches System bereichert worden, das man durchaus, wie alle anderen Teleskope auch, als Zeitmaschine bezeichnen kann, da es uns wegen der endlichen Lichtgeschwindigkeit immer in die Vergangenheit blicken lässt. Dadurch ist es möglich, sogar bis fast zum Ursprung des Universums zurückzuschauen.

Der große Vorteil eines Weltraumteleskops gegenüber den erdgebundenen Teleskopen liegt darin begründet, dass die Bildqualität nicht durch die unruhige Erdatmosphäre getrübt ist, sodass damit wesentlich schärfere und genauere Bilder aufgenommen werden können. Aber der technologische Aufwand dafür ist enorm. Das Hubble-Teleskop bewegt sich in einer Höhe von etwa 550 km mit einer Geschwindigkeit von 28.100 km pro Stunde um die Erde. Für eine Erdumdrehung benötigt es 96 Minuten. Da die Aufnahmezeiten von lichtschwachen und fernen Galaxien teilweise mehrere Stunden betragen, muss das Weltraumteleskop während einer solchen Aufnahme immer mit einer sehr großen Präzision auf das Himmelsobjekt ausgerichtet sein und das bei einer Geschwindigkeit von 28.100 km pro Stunde. Das ist wahrlich eine technische Meisterleistung. Mit dem Hubble-Teleskop wurden bis heute weit über eine Million Aufnahmen von Sternen, Galaxien, Nebeln und Planeten gemacht.

Welche unglaublichen Aufnahmen mit dem Hubble-Weltraumteleskop möglich sind, zeigt beispielhaft die Abbildung 9. Zu sehen ist die berühmte Hubble Deep Field Aufnahme. In dieser Aufnahme haben Astronomen die bisher älteste bekannte Galaxie entdeckt. Sie trägt den kryptischen Namen GN-z11 und hat ein Alter von 13,4 Milliarden Jahren. Ihre Entstehung fand gerade einmal 300 Millionen Jahre nach dem Beginn von Raum und Zeit statt. Diese Aufnahme ermöglicht uns den weitesten direkten Blick zurück in unsere kosmische Vergangenheit, fast bis zum Anfang der Geschichte unseres Universums. Die Galaxie war damals bereits außergewöhnlich hell und enthielt eine Masse von etwa einer Milliarde Sonnenmassen.

Auch unsere Milchstraße ist schon etwa 300 Millionen Jahre nach dem Beginn des Universums entstanden. Sie ist also unglaubliche 13,4 Milliarden Jahre alt. Allerdings sind fast alle Sterne, die wir in unserer Milchstraße heute sehen können, sehr viel jünger. In den Milliarden von Jahren sind dem natürlichen Kreislauf folgend viele Sterne vergangen und ebenso viele neue Sterne entstanden. Vereinzelt findet man aber auch in unserer Milchstraße sogenannte „Methusalem[56]" Sterne, die ein Alter von über 13 Milliarden Jahre haben.

Anfang des Jahres 2022 haben Astronomen einen bemerkenswerten Rekord aufgestellt. In einer Aufnahme des Weltraumteleskops Hubble haben sie den ältesten und damit den am weitesten von uns entfernten einzelnen Stern entdeckt, der jemals beobachtet wurde (Abbildung 10). Der Stern ist so weit von uns entfernt, dass sein Licht 12,9 Milliarden Jahre brauchte um die Erde zu erreichen. Er ist demnach nur etwa 800 Millionen Jahre nach dem Beginn von Raum und Zeit entstanden. Also zu einer Zeit, als das Universum gerade einmal 7% des heutigen Alters hatte. Die Forscher haben diesem Stern den Namen Earendel, Altenglisch für Morgenstern, gegeben, da er sinnbildlich am Morgen unseres Universums entstanden ist. Diese Entdeckung ist deshalb besonders erstaunlich, da einzelne Sterne eigentlich viel zu lichtschwach sind um aus diesem riesigen Abstand noch gesehen zu werden. Weshalb konnte man ihn trotzdem entdecken?

Möglich wurde die Entdeckung nur durch eine Eigenschaft der Raumzeit, die bereits Albert Einstein in seiner allgemeinen Relativitätstheorie formuliert hat. Zwischen dem Stern Earendel und der Erde befindet sich in einer Entfernung von etwa 5,5 Milliarden Lichtjahren ein riesiger Galaxienhaufen (mit der Bezeichnung WHL0137-08), der den Raum durch seine starke Gravitation verformt und dabei wie ein riesiges Vergrößerungsglas wirkt. Dadurch wird das Licht von dahinterliegenden Objekten tausendfach verstärkt und der Stern wird für uns sichtbar.

---

[56] Methusalem ist laut dem Buch Genesis der Bibel 969 Jahre alt geworden. Er ist der Großvater von Noach

Abbildung 10 ©NASA, ESA, B. Welch (JHU), D. Coe (STScI), A. Pagan (STScI)

Mit dieser Aufnahme des Hubble Weltraumteleskops haben Astronomen Anfang des Jahres 2022 einen bemerkenswerten Rekord aufgestellt. Sie haben den am weitesten von uns entfernten einzelnen Stern entdeckt, der jemals beobachtet wurde (weißer Pfeil im Bild). Der Stern ist so weit von uns entfernt, dass sein Licht 12,9 Milliarden Jahre brauchte um die Erde zu erreichen. Er ist demnach nur etwa 800 Millionen Jahre nach dem Beginn von Raum und Zeit entstanden. Möglich wurde die Entdeckung nur durch eine Eigenschaft der Raumzeit, die bereits Albert Einstein in seiner allgemeinen Relativitätstheorie formuliert hat. Zwischen dem Stern Earendel und der Erde befindet sich in einer Entfernung von etwa 5,5 Milliarden Lichtjahren ein riesiger Galaxienhaufen (mit der Bezeichnung WHL0137-08), der den Raum durch seine starke Gravitation verformt und dabei wie ein riesiges Vergrößerungsglas wirkt, dass das Licht von dahinterliegenden Objekten tausendfach vergrößert.

Erst nach etwa 9 Milliarden Jahren hat sich unsere Sonne gebildet - und mit ihr auch unsere Erde. Das Baumaterial dazu entsprang anderen Sternen, deren Lebensdauer zu Ende gegangen war. Dieser lange Zeitraum war auch erforderlich, denn erst in den Sternen vieler Generationen wurden alle die chemischen Elemente erzeugt, die notwendig waren, um eine Erde entstehen zu lassen. Denn am Anfang gab es nur Wasserstoff und Helium, schwerere Elemente wie Sauerstoff, Stickstoff oder auch Eisen gab es noch nicht. Diese Elemente wurden in ausreichenden Mengen erst in vielen Sterngenerationen erzeugt. Schritt für Schritt entstand alles, was für das Leben benötigt wird.

Wir haben bis jetzt schon vieles über die Entstehungsgeschichte unseres Universums kennengelernt. Nicht nur für den Laien, sondern auch für die Wissenschaftler sind diese erst in den letzten Jahrzehnten gewonnenen Erkenntnisse vom Universum und seiner Entstehung geradezu atemberaubend. Sie zählen zu den herausragendsten Entdeckungen unserer Zeit und versetzen uns in die Lage, sehr genaue Aussagen über die Entstehungsgeschichte des Universums zu machen. Diese Geschichte bildet heute das so genannte Standardmodell der Kosmologie, was nichts anderes bedeutet, als dass die Erkenntnisse wissenschaftlich erklärbar, verifiziert und abgesichert sind. Eingeleitet wurde diese Entwicklung Anfang des 20. Jahrhunderts durch die fast gleichzeitige Entdeckung der Gesetze der Dynamik des Universums durch Albert Einstein und der Gesetze, die das Verhalten der kleinsten Teilchen beschreibt, der Quantenphysik. Denn nur die Kenntnisse der Naturgesetze beider Bereiche lieferten uns den Schlüssel zur Erkenntnis über die Entwicklung des Universums.

Es muss uns aber bewusst sein, dass der Anfang des Universums für uns aus physikalischer Sicht wahrscheinlich für immer verborgen bleiben wird, da er sich unseren Teleskopen und Untersuchungen vollständig entzieht. Doch nur einen winzigen Augenblick später öffnete sich die Entwicklung des Universum unserem physikalischen Verständnis. Um zu wissen was in dieser allerersten Zeit geschah, können uns nur die Offenbarungen Gottes helfen. Sie beschreiben auf eindrucksvolle Weise, wie durch das Licht Christi alles gemacht und regiert wird. Und dieses Regieren beinhaltet auch alle Gesetze, die der Natur innewohnen und die ihr Verhalten beschreiben. So auch den Beginn von allem, den Anfang unseres Universums. Diese Offenbarungen sind 1832 im Buch Lehre und Bündnisse niedergeschrieben worden, ein Abschnitt, der von Joseph Smith selbst als „Das Olivenblatt – vom Baum des Paradieses gepflückt" genannt wird. Ein überaus passender Name für die Offenbarungen, die auch den Beginn des Universums beschreiben. Die Verse 5 bis 13 machen klar, dass das Licht, das von Gott ausgeht, der Ursprung allen Lebens ist und die Unermesslichkeit des Raums ausfüllt:

> „... diese Herrlichkeit ist die der Kirche des Erstgeborenen, ja, Gottes, des Heiligsten von allen, durch Jesus Christus, seinen Sohn – er, der in die Höhe aufgefahren ist, wie er auch hinabgefahren ist unter alles, sodass er alles erfasst hat, auf dass er in allem sei und alles durchdringe, das Licht der Wahrheit; und diese Wahrheit leuchtet. Dies ist das Licht Christi. So ist er auch in der Sonne und das Licht der Sonne und die Macht davon, wodurch sie gemacht worden ist. So ist er auch im Mond und ist das Licht des Mondes und die Macht davon, wodurch dieser gemacht worden ist, so auch das Licht der Sterne und die Macht davon, wodurch sie gemacht worden sind, und auch der Erde und die Macht davon, nämlich der Erde, worauf ihr steht. Und das Licht, das leuchtet und euch Licht gibt, ist durch ihn, der euch die Augen erleuchtet, und das ist dasselbe Licht, das euch das Verständnis belebt; dieses Licht geht von der Gegenwart Gottes aus und erfüllt die Unermesslichkeit des Raumes – das Licht, das in allem ist, das allem Leben gibt, das das Gesetz ist, wodurch alles regiert wird, ja, die Macht Gottes, der auf seinem Thron sitzt, der im Schoß der Ewigkeit ist, der inmitten von allem ist." (L&B 88:5-13)

Sowohl diese offenbarte Erkenntnis als auch das von der Wissenschaft hervorgebrachte Wissen um einen Anfang, erschließen uns großartige Einsichten in Bezug auf Gottes Wesen und Wirken. In den neuzeitlichen Heiligen Schriften stoßen wir immer wieder auf Aussagen, die sich auf die Schöpfungsmacht Gottes beziehen, sowohl die Himmel als auch unsere Erde mit all ihrem Inhalt betreffend. Sie geben Auskunft über Ihn und Sein Wesen und machen unmissverständlich klar, dass Er das Universum erschaffen und die Entwicklung unseres Universums in Gang gesetzt hat.

> „Denn es gibt einen Gott, und er hat alles erschaffen, sowohl die Himmel als auch die Erde und alles das, was darinnen ist, sowohl das, was handelt, als auch das, worauf eingewirkt wird." (BM: 2. Nephi 2:14).

Allerdings muss alles, auch die Erschaffung unseres Universums in einem ewigen Zusammenhang gesehen werden. Welten werden geschaffen und sie vergehen, damit unser Schöpfer seinen ewigen Plan ausführen kann, nämlich das ewige Leben und die Unsterblichkeit der Menschen zustande zu bringen. So ist alles was geschieht ein konkreter Hinweis auf die ewige Dimension des göttlichen Handelns. Deswegen haben seine Werke weder Ende noch Anfang und *„seine Bahn ist eine ewige Runde."* (BM: Alma 37:12)

> *„Für mich selbst aber haben meine Werke weder Ende noch Anfang."* (L&B 29:33)

Die Frage nach der tatsächlichen Anzahl der Galaxien in unserem Universum hat die Menschheit seit vielen Jahrzehnten bewegt. Aber erst vor wenigen Jahren hat man darauf eine Antwort erhalten. Um die Frage nach der Gesamtzahl der Galaxien in unserem Universum beantworten zu können, wurden mit dem Hubble Weltraumteleskop im Zeitraum von 2003 bis 2009, sehr viele Aufnahmen eines sehr kleinen Bereiches des Himmels gemacht, nämlich genau dort, wo unsere Milchstraße ein gutes Beobachtungsfenster bietet, wo sich also kaum Sterne unserer eigenen Milchstraße befinden.

Um dabei möglichst viele der sehr lichtschwachen Objekte aufnehmen zu können, wurde eine sehr lange Messzeit gewählt, insgesamt über 1 Millionen Sekunden (das entspricht einer Gesamtmesszeit von ungefähr 17 Tagen!). Die Bildgröße betrug etwa ein Zehntel der Breite des Vollmondes. Dieser Ausschnitt entspricht etwa dem 20 Millionsten Teil des Gesamthimmels. Wollte man den gesamten Himmel auf diese Weise aufnehmen, bräuchte man eine Messzeit von fast einer Million Jahren, was natürlich nicht möglich ist. Doch schon das Ergebnis dieser einzelnen Aufnahme war atemberaubend und hat die wissenschaftliche Welt zum Staunen gebracht. Seit dieser Aufnahme ist unser Verständnis des Universums nicht mehr so wie vorher. Die Schöpfung Gottes breitete sich nun in ihrer ganzen Pracht vor den Augen der Kosmologen aus. Nur die eine Aufnahme von diesem winzig kleinen Himmelsausschnitt enthält bereits 10.000 Galaxien (siehe Abbildung 11). Jeder Lichtpunkt auf der Aufnahme zeigt eine eigene Galaxie.

Abbildung 11   © NASA, ESA, R. Ellis (Caltech), and the HUDF 2012 Team

Dieses Bild zeigt einen Ausschnitt aus der berühmten Hubble Ultra Deep Field Aufnahme. Es ist eine sehr langbelichtete Aufnahme eines sehr kleinen Ausschnitts am. Diese Aufnahme hat unseren Blick auf das Universum für immer verändert. Denn bei fast allen sichtbaren Objekten im Bild handelt es sich nicht um Sterne, sondern um riesige Galaxien. Selbst die kleinsten Punkte im Bild sind Galaxien. Insgesamt sind auf der Aufnahme mehr als 10.000 Galaxien sichtbar. Aus der Anzahl der Galaxien in diesem kleinen Himmelsabschnitt kann man schließen, dass es im Universum weit mehr als 200 Milliarden Galaxien gibt.

Da man davon ausgehen kann, dass sich die Galaxien im Universum gleichmäßig verteilen, kann man von dieser einen Aufnahme auf den Rest des Universums schließen. Auf diese Weise lässt sich eine untere Grenze festlegen, was die Anzahl an Galaxien in unserem Universum betrifft. Multipliziert man nun die Anzahl der im Bildausschnitt sichtbaren Galaxien (10.000) mit dem Relationsfaktor des Bildausschnitts zum gesamten Himmel (20 Millionen), so errechnet sich die Gesamtzahl der Galaxien mit dieser einfachen Formel: $10.000 \cdot 20.000.000 = 200.000.000.000$ ($\hat{=}$ 200 Milliarden). Die tatsächliche Zahl dürfte jedoch noch um ein Vielfaches höher liegen, da sehr lichtschwache oder kleine Galaxien auf den Bildern wegen ihrer geringen Helligkeit nicht sichtbar sind. Heute geht man von weit über 1.000 Milliarden Galaxien in unserem Universum aus.

Da im Durchschnitt jede Galaxie über mehr als 200 Milliarden Sterne verfügt, ist die Gesamtzahl der Sterne in unserem Universum gigantisch groß, nämlich weit mehr als 40.000 Milliarden Milliarden. Und es gibt deutliche Hinweise darauf, dass die Anzahl der Planeten, die der Sterne noch weit übertreffen. Das ist eine Zahl, die weit jenseits unserer Auffassungsgabe liegt und der Aussage „Welten ohne Zahl" absolut gerecht wird. Wenn der Herr im Buch Mose über „Welten ohne Zahl" spricht, so darf dies durchaus wörtlich verstanden werden. Sie lässt die Macht und die Größe Gottes zumindest im Ansatz erahnen. Mit folgendem Vers im Buch Mose, hat Gott selbst die Dimension seiner Schöpfung den Menschen offenbart:

„Und wäre es möglich, dass der Mensch die Teilchen der Erde zählen könnte, ja, Millionen Erden gleich dieser, so wäre das noch nicht einmal der Anfang der Zahl deiner Schöpfungen." (KP: Mose 7:30)

Welten ohne Zahl hat Gott also für seine unzählbaren Geistkinder erschaffen, und das nur aus dem einen Grund: Damit sie die Möglichkeit haben, die Erfahrungen der Sterblichkeit mit einem physischen Körper zu machen, um danach aus der Gefangenschaft des Vergänglichen wieder errettet zu werden und den Weg zurück in ihre himmlische Heimat beschreiten zu können.

Wir erkennen, dass der Vater im Himmel ganz gezielt sein Werk steuert und ebenso gezielt entscheidet, wann der Mensch an Erkenntnis zunehmen darf und soll. Auch entscheidet er, auf welchen Wegen der Mensch zu Erkenntnissen gelangt - ob durch die Wissenschaft oder durch Offenbarung – oder auf beide Weisen. Wenn auf beiden Weisen, dann bestimmt er auch, in welcher Reihenfolge dies geschehen soll. In diesem Fall können wir erkennen, dass Gott die ersten Hinweise hinsichtlich der Unendlichkeit und der Größe des Universums seinem Propheten gegeben hat, bevor er die Wissenschaft zu den Entdeckungen auf astrophysikalischer Ebene inspiriert hat. Dadurch ist uns heute ein Blick bis in die weiteste Vergangenheit unseres Universums gewährt. Dies lässt uns eine höchst präzise Ordnung erkennen, nämlich eine, die sowohl die Entstehung des Universums wie auch dessen Funktionalität betrifft.

Dieser tiefe Blick in die Vergangenheit verschafft uns eine Ahnung, ja geradezu eine Vorstellung, wie die vor uns liegende Ewigkeit sich abzeichnen mag. Wenn wir angesichts all dieser Geschehnisse die Hand Gottes betrachten, wie sie die physikalischen Rahmenbedingungen für unsere irdische Existenz lenkt, so können wir nur mit demutsvoller Ergriffenheit davorstehen. Für uns sterbliche und in ihrem Verständnis stark eingeschränkte Menschen, offenbart sich mit all diesem Geschehen ein wahrhaft großes Wunder. Ein Wunder deshalb, weil es dem Menschen ohne die Hilfe Gottes nicht möglich wäre, das Wissen um das Zusammenspiel von Erde und Kosmos zu ergründen. Auf diese Weise wird uns die Intelligenz Gottes zumindest ansatzweise offenbar.

Denn wir müssen anerkennen, dass die Entwicklung des Universums nicht nur geprägt ist durch intelligente Anfangsbedingungen und physikalische Gesetze, sondern, dass wir in allem Gottes Hand sehen können. Er hat das Universum nicht nur geschaffen, sondern er bewahrt es auch jederzeit durch das Gesetz:

> „Und weiter, wahrlich, ich sage euch: Was durch das Gesetz regiert wird, das wird auch durch das Gesetz bewahrt und durch dasselbe vollkommen gemacht und geheiligt." (L&B 88:34)

Und unsere Reise zu den Anfängen des Universums mit seinen ersten Sternen und Galaxien geht weiter. Gott hat den Menschen befähigt die Natur mit ihren Kräften und Bestandteilen noch tiefer zu entschlüsseln und ihre innewohnende Wahrheit zu erkennen. Er hat uns dafür nicht nur mit der Erkenntnisfähigkeit, sondern auch mit den technischen Möglichkeiten ausgestattet, den Beginn der zeitlichen Schöpfung des Universums und seine Entwicklung zu entschlüsseln.

Im Dezember 2021 wurde das neue Weltraumteleskop „James Webb Space Telescope (JWST)" gestartet und im Orbit stationiert (im Kapitel 9 wird das JWST detailliert beschrieben und auf die ersten spektakulären Bilder verwiesen). Es ist so konzipiert, dass es besonders gut Bilder aus der Anfangszeit des Universums aufnehmen kann, da diese Signale wegen der Expansion des Universums stark in den roten Teil des Spektrums verschoben sind. Vereinfacht ausgedrückt kann man sagen, dass das JWST wie eine überaus große und außerordentlich empfindliche und hochauflösende Wärmebildkamera funktioniert. Es sieht die Wärmestrahlung der Sterne und kann deswegen auch durch Staubwolken hindurch Aufnahmen machen, die im sichtbaren Bereich verborgen sind. In diesem infraroten Bereich ist es fast 100-mal so sensitiv wie das großartige Hubble Weltraumteleskop. Deswegen wird es uns ein neues Fenster zur Beobachtung der allerersten Strukturen in unserem Universum öffnen. Mit dem JWST stehen wir kurz davor, eine vollständige Geschichte unseres Universums schreiben zu können. Hat uns das Hubble Teleskop Bilder vom Kinderzimmer des Universums geliefert, so wird uns das JWST-Bilder aus der Säuglingszeit des Universums liefern. Der Beginn der Entstehung der ersten Sterne und Galaxien in unserem Universum wird sich vor unseren Augen entfalten und damit den Anfang von der Entstehung von Welten ohne Zahl offenlegen. Wir werden sehen können, wie das Licht der ersten aufgehenden Sterne die Dunkelheit des Universums erleuchtet.

Mit dem JWST wird die Wissenschaft die Grenzen unserer Erkenntnisse weiter verschieben und uns dem Ursprung unseres Universums näherbringen. Dadurch werden sich auch Religion und Wissenschaft weiter einander annähern und ergänzen. Denn nur wenn wir beide Blickrichtungen gemeinsam auf die Schöpfung richten, werden wir die Größe von Gottes Werken erkennen können.

Letztlich ist die gesamte astronomische Forschung eine einzige Beweisführung für die Existenz Gottes. Hierfür ist wohl die Entdeckung ausschlaggebend, dass unser Universum - und damit verbunden auch Raum und Zeit - einen Anfang hat. Dies bedeutet, dass es vor der Schaffung unseres Universums weder den Raum gab, wie wir ihn kennen, noch die Zeit. Diese von der Wissenschaft gewonnene

Erkenntnis, führt auch zu der logischen Schlussfolgerung, dass es eine intelligente Macht – wir nennen sie Gott - geben muss, die außerhalb des Universums steht und von dort die Entstehung des Universums gezielt eingeleitet hat. Gott kann demnach nicht Bestandteil unseres Universums sein, denn dann hätte er es nicht erschaffen können. Er lebt außerhalb der Zeit und außerhalb unseres Universums, alles andere würde den Forschungsergebnissen widersprechen. Weil Gott nun aber außerhalb des Universums stehen muss, ist es verständlicherweise auch nicht möglich, ihn mit den Methoden der Naturwissenschaften zu beweisen. Die uns bekannten physikalischen Gesetze verlieren außerhalb unseres Universums ihre Gültigkeit und der Blick über die Grenzen des Universums hinaus ist unseren sterblichen Augen verwehrt. Hätte unser Universum schon immer bestanden, also keinen Anfang gehabt, bräuchte es auch keinen Schöpfer, der die Initiative zur Bildung von Strukturen hätte ergreifen müssen, die am Ende eines bestimmten Prozesses zu jenen Gegebenheiten führten, die einen Planeten mit den für menschliches Leben erforderlichen Bedingungen hervorbringen würden.

Allein diese wissenschaftlichen Entdeckungen sind ein deutliches Indiz dafür, dass das menschliche Leben und seine Lebensumgebung kein Zufallsprodukt eines willkürlichen Entstehungsprozesses sein kann, sondern eine konkrete Ausprägungsform eines gezielt herbeigeführten Schöpfungsprozesses. Glücklich kann sich jedoch der schätzen, der mit Hilfe seines Glaubens auch Zugang zu den reichhaltigen Offenbarungen über den Plan eines liebenden Gottes, unseres Vaters im Himmel, erlangt hat. Auch wenn uns die Wissenschaft heute sehr wertvolle Hinweise gibt, die auf die Schöpfungskraft einer intelligenten Macht schließen lassen, so besteht der eigentliche Segen für den Menschen wohl darin, sich seinem Vater im Himmel zuzuwenden und auf alle essenziellen Lebens- und Glaubensfragen von ihm direkt eine Antwort erhalten zu können.

6.4. WELTEN OHNE ZAHL

Vor mehr als 3.300 Jahren erschien Gott dem Propheten Mose um ihm das Werk seiner Hände zu zeigen. Durch diese Begegnung mit Gott erlangte Mose ein Wissen, das weit über das hinausging, was der damaligen Bevölkerung bekannt war. Und es sollten einige Jahrtausende vergehen, bis dieses Wissen Einzug in die Wissenschaften halten und unseren Blick auf die Schöpfung für immer verändern sollte. Gott entrückte Mose auf einen überaus hohen Berg und ließ ihn eine der herrlichsten Erfahrungen machen, die ein Mensch in seiner Sterblichkeit erleben kann.

> *„Die Worte Gottes, die er zu Mose sprach zu einer Zeit, als Mose auf einen überaus hohen Berg entrückt wurde."* (KP: Mose 1:1)

Er zeigte ihm das Werk seiner Hände, aber nicht alles, denn seine Werke sind wahrlich ohne Ende und für den Menschen in ihrer Fülle unbegreifbar.

> *„Und siehe, du bist mein Sohn; darum schaue, und ich werde dir das Werk meiner Hände zeigen; aber nicht alles, denn meine Werke sind ohne Ende wie auch meine Worte, denn sie hören nie auf."* (KP: Mose 1:4)

Und Mose sah die Welt und ihre Enden sowie alle Menschenkinder, die es gibt, die es je gab und die jemals auf dieser Erde leben werden und darüber staunte er und wunderte sich sehr (KP: Mose 1:8). Und Mose fing an, die Grenzenlosigkeit und Ewigkeit von Gottes Schöpfung zu erahnen.

Gott zeigte Mose nur einen sehr kleinen Teil seiner Schöpfung, aber schon dadurch erlangte Mose einen tiefen und unlöschbaren Eindruck über das Wesen der Unendlichkeit. Gott offenbarte Mose damals, dass er für seine Kinder Welten ohne Zahl erschaffen hat und dass viele davon bereits wieder vergangen sind, viele jetzt existieren und viele neu entstehen werden. Diese Offenbarung erhielt Mose sehr lange bevor die Menschheit im 20. und 21. Jahrhundert, durch wissenschaftliche Beobachtungen, Kenntnis von der unvorstellbar großen Anzahl von Sternen und Planeten und deren Vergänglichkeit erlangte:

„Und Welten ohne Zahl habe ich erschaffen." „Aber ich gebe dir nur von dieser Erde und ihren Einwohnern Bericht. Denn siehe, es gibt viele Welten, die durch das Wort meiner Macht vergangen sind. Und es gibt viele, die jetzt bestehen, und für die Menschen sind sie unzählbar."

„Und nun, Mose, mein Sohn, will ich zu dir über die Erde sprechen, auf der du stehst; und du sollst das, was ich sprechen werde, niederschreiben."
(KP: Mose 1: 33, 35, 40)

Aus diesen Schriftstellen geht noch etwas Wichtiges hervor, was unser Verständnis der Offenbarungen Gottes erweitert: Die Welten, von denen Gott hier spricht, sind Planeten wie unsere Erde in unserem Universum, erschaffen für die Kinder Gottes für die Phase ihrer Sterblichkeit. Nachdem er Mose die Fülle der Werke seiner Hände gezeigt hat, sprach Gott mit Mose nur noch über unsere Erde, der Welt auf der Mose lebte.

Mose hörte Gottes Worte und schrieb die Geschichte unserer Erde nieder. Teile dieser von Mose aufgeschriebenen Offenbarungen Gottes bilden den Anfang des Alten Testaments, wie wir sie heute sowohl in der Bibel als auch in einer vollständigeren Version in der Köstlichen Perle, im Buch Mose und im Buch Abraham, lesen können. Wir kennen diese Offenbarungen als Genesis, die von der Schöpfungsgeschichte bzw. von der Entstehung der Erde mit all ihren Pflanzen, Lebewesen und Menschen berichtet. Geschrieben in Worten und Bildern, die die Menschen vor 3300 Jahren verstehen konnten, lange bevor es den Begriff der Naturwissenschaften überhaupt gab und die Wissenschaftler anfingen viele Geheimnisse der Natur entschlüsselten. Es sind faszinierende Entdeckungen, deren komplexe Zusammenhänge und Verknüpfungen einen demütig und ehrfürchtig werden und die Größe Gottes nur im Ansatz erahnen lassen. Aber Gott hat die Menschen mit Fähigkeiten ausgestattet, die es ihnen erlauben das Wunder der Natur, ihrer Erschaffung und Entwicklung selbst zu enträtseln.

Die Worte, die Gott zu Mose sprach finden wir heute in ihrer Vollständigkeit in der Köstlichen Perle im Buch Mose. Der Prophet Joseph Smith erhielt diese Offenbarung über die Schöpfung Gottes in den 1830er Jahren. Zu einer Zeit also, als das Universum für die Wissenschaft noch ein sehr überschaubarer Ort war. Man kannte gerade 7 Planeten mit einigen ihrer Monde, einige tausend Sterne in unmittelbarer Nachbarschaft unseres Sonnensystems, man kannte einige Kometen und wenige nebelartige Objekte, deren wahre Natur man nicht annähernd bekannt waren. Es war nichts bekannt über die Größe und Struktur des Universums, man wusste nichts über die Dynamik des Weltalls und man hielt das Universum mit seinen Bestandteilen für statisch und ewig. Unsere Milchstraße galt nicht nur als das Zentrum des Universums, sondern als das Universum schlechthin. Die Frage nach Leben auf anderen Planeten war eher philosophischer Natur als wissenschaftlich begründet.

Zu dieser Zeit gab Gott dem Propheten Joseph Smith eine Offenbarung in der er ihm offenbarte, dass es Welten ohne Zahl gibt, dass es mehr Planeten gibt als Sand auf der Erde und das Welten entstehen und vergehen.

Diese Offenbarung ging weit über das hinaus, was der Wissenschaft Mitte des 19. Jahrhunderts bekannt war und es sollten noch über 100 Jahre dauern, bis die Wissenschaft anfing davon Kenntnis zu erlangen.

Heute weiß man dank der Aufnahmen der Weltraum-Teleskope Hubble, James-Webb und Gaia, dass die Offenbarungen Gottes an Joseph Smith, die er vor fast 200 Jahren erhalten hat, Wirklichkeit sind. Man weiss heute, dass eine einzelne große Galaxie mehr als 200 Mrd. Sterne und Planeten enthält und das es weit mehr als 1.000 Mrd. Galaxien in unserem Universum gibt. Das sind wahrlich mehr Welten als es Sandkörnchen auf der Erde gibt. Heute kennt man den Lebensweg von Sternen und Planeten recht genau und weiss, dass Sterne und Planeten in einem großartigen Kreislauf entstehen und vergehen. Genauso, wie Gott es dem Propheten Mose und später dem Propheten Joseph Smith offenbart hat.

7.0. DIE SYSTEMATIK DER ELEMENTARTEILCHEN: DIE TEILCHEN UND DAS GESETZ

Bereits in der Antike ahnte man etwas von einem atomaren Aufbau der Materie. Schon Demokrit aus Abdera (ca. 460 – 375 v.Chr.)[57] entwickelte einen Atomismus, der selbst aus heutiger Sicht schon unglaublich fortschrittlich erscheint:

> *„Die Objekte unserer sinnlichen Wahrnehmung werden von unsichtbaren kleinen Atomen gebildet. Außer diesen Atomen existiert nur das Leere. Die Seele wird aus besonders empfindlich reagierenden Atomen gebildet. Die Atome selbst, nicht aber die Verbindungen der Atome, sind unvergänglich. Der ansonsten leere Raum, indem sich die Atome bewegen und verbinden, kennt kein natürliches oben und unten. Es gibt mehrere Welten, nicht nur die, in der wir leben. Wahrnehmungsqualitäten wie Farbe oder Süße sind keine Eigenschaften der Natur, sondern nur das Ergebnis unserer Art der Wahrnehmung der Natur."*[58]

Schon etwa 100 Jahre vor Demokrit entwickelten griechische Philosophen Ideen, wonach die gesamte Materie aus Grundbausteinen zusammengesetzt ist. Am bekanntesten wurde die Vier-Elemente-Lehre von Empedokles[59], die später von Platon[60] und Aristoteles[61] weiter ausgearbeitet wurde. Nach dieser Lehre bestand alle Materie aus den vier Grundbausteinen Erde, Wasser, Feuer und Luft, wobei sich alles Materielle aus bestimmten Mischungsverhältnissen dieser vier Grundbausteine zusammensetzte.

Die tatsächliche Existenz von Atomen[62], im Sinne von kleinsten unteilbaren Teilchen, war allerdings bis zum Ende des 19. Jahrhunderts in wissenschaftlichen

---

[57] Demokrit, griechischer Philosoph und Mitbegründer der ersten Atomtheorie
[58] Hermann Diels: Die Fragmente der Vorsokratiker, Zweiter Band, Berlin 1912, S. 85
[59] Geboren um 495 v. Chr. in Akragas
[60] Platon (ca. 428-347 v. Chr.), *Timaios*
[61] (384–322 v. Chr.)
[62] Griechisch átomos - unteilbar

Kreisen umstritten. Erst Anfang des 20. Jahrhunderts fand man experimentelle Belege für deren Existenz.

Die bereits in der Antike entstandene Vorstellung von den Grundbausteinen der Natur hat sich stetig bis in das späte Mittelalter weiterentwickelt. Aus naturwissenschaftlicher Erkenntnis heraus ist dieser Begriff - Atom - erstmals gegen 1800 mit dem heutigen Inhalt gefüllt worden, als sich nach John Daltons[63] Werk in der Chemie die Einsicht durchzusetzen begann, dass jedes chemische Element aus untereinander gleichen Teilchen besteht. Sie wurden als Atome bezeichnet; dieser Begriff hat sich gehalten. Die vielfältigen Erscheinungsformen der bekannten Stoffe und ihre Verwandlungsmöglichkeiten konnten in der Weise erklärt werden, dass sich die Atome nach einfachen Regeln in verschiedener Weise zu Molekülen verbinden. Die Atome selbst galten als unveränderlich, insbesondere als unzerstörbar. Dieses Bild führte ab 1860 in der kinetischen Gastheorie zu einer mechanischen Erklärung der Gasgesetze, durch die ungeordnete Wärmebewegung vieler unsichtbar kleiner Teilchen. Daraus konnte erstmalig die tatsächliche Größe der Moleküle bestimmt werden. Sie sind wahrhaftig um viele Größenordnungen zu klein, um in einem optischen Mikroskop direkt sichtbar zu sein.

Dennoch wurde dieses Bild im 19. Jahrhundert als bloße „Atom-*Hypothese*" bezeichnet und aus prinzipiellen Gründen kritisiert. Die Realität der Atome fand erst Anfang des 20. Jahrhunderts im Rahmen der modernen Physik eine allgemeine Zustimmung. Auch auf diesem Forschungsgebiet bewirkte Albert Einstein einen Durchbruch. 1905 leitete er theoretisch ab, dass die unsichtbar kleinen Atome oder Moleküle aufgrund ihrer Wärmebewegungen sehr unregelmäßig mit größeren, schon unter dem Mikroskop sichtbaren Teilchen zusammenstoßen, so dass auch diese in ständiger Bewegung sind. Er konnte die Art der Bewegung dieser größeren Teilchen quantitativ vorhersagen, was ab 1907 durch die Arbeiten von Jean-Baptiste Perrin bei mikroskopischen Beobachtungen an der sogenannten Brown'schen Bewegung[64] bestätigt wurde. Dies gilt als erster physikalischer Nachweis der Existenz der Moleküle und Atome.

---

[63] *A New System of Chemical Philosophy*, Band 1, Teil 1, Manchester, London 1808, Band 1, Teil 2, 1810, Band 2, Teil 1, 1827
[64] Robert Brown: *A brief account of microscopical observations made in the months of June, July and August 1827, on the particles contained in the pollen of*

Ein Meilenstein in der Reihe der Entdeckungen der mikroskopischen Struktur der Materie, war die Entdeckung der Radioaktivität durch Henri Becquerel. Dabei wandelt sich ein instabiler Atomkern, unter Aussendung von Teilchen oder Strahlung, in einen anderen Atomkern um. Diesen Prozess bezeichnet man auch als radioaktiven Zerfall, der auch bei der Altersbestimmung der Erde einen entscheidenden Beitrag liefern sollte. Im Zuge der damaligen physikalischen Experimente wurde auch deutlich, dass Atome nicht aus einer homogenen Materie bestehen konnten, sondern aus einem sehr kleinen positiv geladenen Atomkern, der von einer Atomhülle aus negativ geladenen Elektronen umgeben war. Der Atomkern selbst besteht aus positiv geladenen Protonen und aus elektrisch neutralen Neutronen. Die verschiedenen chemischen Elemente unterscheiden sich primär in der Anzahl der Protonen im Atomkern.

Das einfachste Element, der Wasserstoff, besitzt im Kern nur ein einzelnes Proton, wohingegen das schwerste in der Natur vorkommende Element, das Uran, über 92 Protonen im Kern verfügt. Alle chemischen Elemente bestehen, trotz ihrer enormen Vielfalt im Hinblick auf ihre Eigenschaften und ihr Verhalten, im Wesentlichen aus nur drei verschiedenen Teilchen: den positiv geladenen Protonen, den neutralen Neutronen und den negativ geladenen Elektronen. Selbst so unterschiedliche chemische Elemente wie das Edelgas Helium und das schwere Eisen, unterscheiden sich tatsächlich nur durch ihre jeweilige Anzahl von Protonen und Neutronen. Auch die fast unüberschaubare Welt der komplexen Moleküle basiert ausschließlich auf Protonen, Neutronen und Elektronen. Diese drei Elementarteilchen bilden die materielle Basis der belebten und unbelebten Natur in all ihrer komplexen Vielfalt.

Aufbauend auf der Entdeckung der Radioaktivität erkannte man sehr schnell, dass Atome entgegen früheren Lehrmeinungen weder unveränderlich noch unteilbar sind. Und damit begann die eigentliche Suche nach den kleinsten Strukturen der Materie, eine Suche, die auch heute noch nicht vollständig abgeschlossen ist, die aber die Wissenschaft in bisher ungeahnte Bereiche des Mikrokosmos geführt hat. Protonen, Neutronen und Elektronen galten schon bald als erste Elementarteilchen, obwohl sie, bis auf das Elektron, noch weitere unentdeckte Geheimnisse

---

plants; and on the general existence of active molecules in organic and inorganic bodies. In: *Phil. Mag. a. Ann. of Phil. IV.* September 1828, S. 16

in sich verbargen. In den folgenden Jahren entdeckte man in der experimentellen Untersuchung der kosmischen Höhenstrahlung, sehr viele weitere verschiedene Teilchen, die aufgrund ihrer großen Zahl, ihrer unübersichtlichen Eigenschaften und Beziehungen zueinander, unter dem etwas respektlosen Namen „Teilchenzoo" zusammengefasst wurden. Es bestand deshalb der berechtigte Zweifel, ob diese Teilchen wirklich elementar im Sinne von ‚nicht zusammengesetzt' sein konnten.

Die Anzahl dieser Teilchen war so groß, dass fast das gesamte griechische Alphabet als Namensgeber herhalten musste. Die Teilchennamen reichten von α bis ω und von β bis π. Damit war der Zweifel bestätigt, denn von „elementar" konnte nun nicht mehr die Rede sein. In einer derart unübersichtlichen Situation versuchen die Wissenschaftler, Ordnungen und Strukturen zu finden, nach denen sich die vielen verschiedenen Teilchen im Hinblick auf ihre Gemeinsamkeiten einordnen lassen. Aus diesen Ordnungsstrukturen heraus sollte es in der Folge möglich sein, Hinweise auf gemeinsame Komponenten abzuleiten. Dies ist tatsächlich gelungen und noch dazu in einer absolut eindrucksvollen Weise. Mitte der 1970er Jahre war es dann so weit. Die grundsätzlichsten Strukturen des Allerkleinsten konnten endgültig entschlüsselt werden.

Welche Erkenntnis lässt sich aus den Erläuterungen in diesem Kapitel ableiten? Wir fassen es kurz zusammen: Die gesamte materielle Natur, so wie Gott sie geschaffen hat, lässt sich aus ganz wenigen fundamentalen Bausteinen und den zwischen ihnen wirkenden Kräften, vollständig aufbauen. Noch bevor die Menschheit jedoch Zugang zu dieser Erkenntnis hatte, gab Gott bereits seinem Propheten die ersten konkreten Hinweise über die Tatsache, dass die Elemente ewig sind und eine zentrale Bedeutung haben im Gefüge der ewigen Entwicklung des Menschen. In Lehre und Bündnisse, Abschnitt 93, Vers 33 lesen wir dazu folgendes:

> *„Denn der Mensch ist Geist. Die Elemente sind ewig, und Geist und Element, untrennbar verbunden, empfangen eine Fülle der Freude."*

Die Aufgabe der Physiker war es, diese Grundbausteine des Universums zu entschlüsseln. Dabei sind sie bisher auch außerordentlich erfolgreich gewesen.

Das Standardmodell der Elementarteilchen

Die Wissenschaft des Allerkleinsten versucht zu ergründen, welches die wirklich fundamentalen Teilchen sind aus denen alles aufgebaut ist und welche Kräfte zwischen ihnen wirken, so dass Gott daraus die hochkomplexe Welt entstehen lassen konnte, auf der wir jetzt leben. In diesem Bestreben ist die Physik heute sehr weit fortgeschritten und dabei mussten die Wissenschaftler erkennen, dass sich diese Welt des Allerkleinsten vollständig von unserer makroskopischen Welt unterscheidet und sich auch unserem Verständnis und damit auch unserer Sprache komplett entzieht. Die Wissenschaften, die sich mit diesem Thema beschäftigen, werden als die Quanten- und die Elementarteilchenphysik bezeichnet. Darstellen lassen sich die Inhalte dieser Forschungsfelder allerdings nur noch mit abstrakten physikalischen Formeln, deren experimentelle Überprüfungen jedoch mit einer außerordentlich hohen Genauigkeit möglich ist. Wir können die Phänomene der Quantenwelt präzise beschreiben, wir können sie zur Entwicklung fortgeschrittenster Technologien einsetzen, verstehen können wir sie aber kaum. Zu sehr grenzen sie sich von den Effekten in unserer Lebensumgebung ab.

Obwohl die Welt aus einer unübersehbar großen Vielfalt an verschiedenen Strukturen und Materialien besteht, so scheint es doch ein Grundprinzip der Natur zu sein, dass sich alle materiellen Objekte im Universum auf außergewöhnlich wenige verschiedene fundamentale Teilchen und auf die zwischen ihnen wirkenden Kräfte zu reduzieren. Diese Kräfte, die zwischen den verschiedenen Teilchen wirken um stabile größere Strukturen wie Atome, Moleküle oder materielle Objekte zu bilden, werden durch einen ganz eigenen Teilchentypus repräsentiert. Das Faszinierende dabei ist: Die Welt der Elementarteilchen und damit der gesamten belebten und unbelebten Natur begründet sich auf nur zwei verschiedene Arten von Teilchen mit signifikant unterschiedlichen Eigenschaften. Man nennt diese beiden Teilchentypen Fermionen und Bosonen. Die Fermionen sind jene Teilchen, aus denen alle Materie aufgebaut ist. Wohingegen die Bosonen jene Teilchen sind, die die Wechselwirkungen, d.h. die Kräfte zwischen den Fermionen vermitteln. Dadurch, dass die Bosonen mit ihren Eigenschaften die Kräfte zwischen den Teilchen vermitteln, sind sie das Gesetz, das alle Materie regiert. Letztlich sind aber beide Teilchenarten, Fermionen und Bosonen, erforderlich, um ein Universum mit all den Sternen, Galaxien und Planeten überhaupt entstehen zu lassen.

Die Fermionen sind die Basis aller Materie. Zu den wichtigsten Vertretern dieser Teilchenart gehören die bereits genannten Protonen, Neutronen und Elektronen. Aus diesen drei verschiedenen Teilchen bestehen alle Atome, alle chemischen Elemente und alle Moleküle. Damit bilden sie Basis der gesamten belebten und unbelebten Materie. Letztlich sind sie auch der Motor für die Entstehung und für die Erhaltung allen Lebens.

Die Bosonen hingegen vermitteln die Kräfte, die die Fermionen miteinander verbinden, so dass sich größere Strukturen wie Atome, Moleküle und Festkörper daraus bilden können. Protonen und Neutronen verbinden sich zu Atomkernen. Atomkerne verbinden sich mit Elektronen zu Atomen. Verschiedene Atome verbinden sich zu Molekülen und Festkörpern. Damit dies geschehen kann, bedarf es der verschiedenen Kräfte, die zwischen den Fermionen wirken.

Lassen sie mich die Wechselwirkung an einem einfachen Beispiel erläutern: Sicher ist ihnen bekannt, dass sich gleiche elektrische Ladungen abstoßen und dass sich ungleiche elektrische Ladungen anziehen. Dies ist die Grundlage für alle elektromagnetischen Prozesse, wie wir sie nicht nur in unserer täglichen Umgebung kennen, sondern sie sind auch die Basis für die Existenz von Atomen, Molekülen und Festkörper. Nimmt man beispielsweise zwei Magnete mit ihren jeweiligen Plus- und Minuspolen und versucht die beiden Pluspole der Magnete so zusammenzubringen, dass sie sich berühren. Dies wird kaum gelingen, da zwischen zwei gleichen Polen eine große Abstoßungskraft wirkt. Versuchen sie jetzt den einen Pluspol mit dem Minuspol des anderen Magneten zusammenzuführen, dann wird dies problemlos gelingen, da zwischen den beiden ungleichen Polen eine anziehende Kraft wirkt. Was ist das aber für eine Kraft, die man nicht sehen kann, die aber trotzdem die Magneten anzieht oder voneinander abstößt? Die Magnete spüren sich schon gegenseitig, lange bevor sie sich berühren. Aber woher können die Magnete voneinander wissen, bevor sie sich berühren? Heute weiß man, dass diese spürbare Kraft zwischen den Magneten durch sogenannte Wechselwirkungsteilchen, die man Bosonen nennt, übertragen wird. Diese Wechselwirkungsteilchen werden ständig zwischen den Magneten ausgetauscht, auch wenn sie noch relativ weit voneinander entfernt sind und bewirken dadurch die anziehenden und abstoßenden Kräfte. Wir können diese Wechselwirkungsteilchen aber nicht sehen, sondern nur über ihre Eigenschaften wahrnehmen. Der folgende Satz führt uns jetzt sogar in eine religiöse Sichtweise, bei der auch das Licht im Mittelpunkt steht: Das Wechselwirkungsteilchen der elektromagnetischen Kraft, wie sie auch bei den Magneten vorkommt, ist erstaunlicherweise das Photon, das auch als Lichtteilchen bezeichnet wird, über das wir bisher schon sehr viel gelernt haben.

Man könnte sagen, dass insbesondere die Photonen und damit das Licht, also die Bosonen der elektromagnetischen Wechselwirkung, die Welt in ihrem Innersten zusammenhalten. Sie bewirken, dass sich Atome dadurch bilden können, dass sich die negativ geladenen Elektronen und die positiv geladenen Protonen zusammenfinden können. Auch bewirken sie, dass sich Moleküle bilden können, die ihrerseits die Basis des biologischen Lebens darstellen. Das Photon oder das Licht ist damit die Grundlage für die gesamte Natur und die belebte Welt. Ohne das Licht würde es keine Atome, keine Moleküle und damit auch keine Sterne und keine Planeten geben. Als Wechselwirkungsteilchen definieren die Photonen die Gesetze, denen zufolge die Natur funktioniert und regiert wird. Würde jemand über die Kenntnis all dieser Gesetze verfügen und würde er auch die Eigenschaften aller fundamentalen Teilchen kennen, ließe sich in Verbindung mit der ewigen Energie eine Welt wie unsere erschaffen. Unser Vater im Himmel verfügt über diese Kenntnis und auch über die erforderliche ewige Energie. Deshalb konnte er der Schöpfer unseres Universums und unseres Planeten sein.

Die von uns nun schrittweise vollzogene Kausalkette geht aber noch einen Schritt weiter. Dabei offenbart sich ein weiterer tiefgründiger Zusammenhang zwischen Wissenschaft und offenbarter Religion. Unser Fokus richtet sich deshalb noch einmal auf das Photon, oder mit anderen Worten, auf das Licht. Es regelt alle elektrischen und optischen Vorgänge, einschließlich unserer Fähigkeit, die Welt mit eigenen Augen sehen zu können. Das Photon stellt gewissermaßen das Gesetz dar, das die elektromagnetischen und optischen Kräfte regiert. Anders ausgedrückt ist demnach das Licht, das unsere Augen erleuchtet, jenes Licht, das das Gesetz aller elektromagnetischen Kräfte in sich birgt. Und dieses Licht ist schließlich jene Energie, die allem das Leben gibt. Im Buch Lehre und Bündnisse liest sich das so:

> *„Und das Licht, das leuchtet und euch Licht gibt, ist durch ihn, der euch die Augen erleuchtet, und das ist dasselbe Licht, das euch das Verständnis belebt. Das Licht, das in allem ist, das allem Leben gibt, ist das Gesetz, wodurch alles regiert wird."* (L&B 88:11,13)

Diese Erkenntnis empfing Joseph Smith 1832 in einer Offenbarung und sie beschreibt einen physikalischen Sachverhalt, der erst mehr als 100 Jahre später Eingang in die Wissenschaft gefunden hat. Aus eigener Erkenntnis hätte Joseph Smith diese Zusammenhänge sicherlich niemals beschreiben können.

Für die Mitglieder der Kirche Jesu Christi der Heiligen der Letzten Tage lässt sich dieses Licht aber noch auf eine andere Weise deuten. Wir sehen dieses Licht in seiner ewigen Dimension. So trägt es dazu bei, dass unser Verständnis belebt wird. Es lässt uns die Dinge der Ewigkeit verstehen, Dinge, die das übliche irdische Verständnis nicht erfassen kann.

„Und wenn euer Auge nur auf meine Herrlichkeit gerichtet ist, so wird euer ganzer Leib mit Licht erfüllt werden, und es wird in euch keine Finsternis sein; und jeder Leib, der mit Licht erfüllt ist, erfasst alles." (L&B 88:67)

Heute weiss man, dass die gesamte Natur aus nur 25 verschiedenen Elementarteilchen aufgebaut ist, die im Standardmodell der Elementarteilchen zusammengefasst sind. Details zu diesem Standardmodell finden sich für Interessierte im Anhang 3. Das Standardmodell kann daher als Grundlage für den Bau, die Struktur und die Eigenschaften unserer gesamten Welt betrachtet werden. Es beschreibt den Aufbau und die Entwicklung von Sternen ebenso wie den der Planeten mit all ihrer Komplexität und Vielfalt an belebter und unbelebter Natur.

In der zweiten Hälfte des 20. Jahrhunderts entdeckte man, dass sowohl die Fermionen, also die Teilchenart aus der die Materie besteht, wie das Proton und das Neutron, keine wirklich elementaren Teilchen sind, sondern sich aus noch kleineren Partikeln, den sogenannten Quarks, zusammensetzen, deren Eigenschaften man heute sehr genau kennt. Ich selbst durfte Ende der 1970er Jahre im Zuge meiner Promotion an der Untersuchung der Eigenschaften eines gerade neu entdeckten Quarks, dem Bottom-Quark, am Deutschen Elektronensynchrotron in Hamburg (DESY) mitarbeiten. Heute weiß man, dass die gesamte Materie dieser Welt und damit alle Bausteine des Universums aus nur sechs verschiedenen Quarks und den zugehörigen Elektronen besteht, die alle dem Standardmodell der Elementarteilchen zugerechnet werden.

Trotz der großen Vielfalt an Kreaturen - sowohl in der belebten wie auch in der unbelebten Natur - wie wir sie um uns herum beobachten können und denen wir auch selbst angehören, besteht alles letztlich nur aus einer Handvoll verschiedener fundamentaler Teilchen. Sie sind die wenigen Arten von Bausteinen, aus denen alles in der Natur zusammengesetzt ist.

Alle Elementarteilchen haben nach unserem heutigen Wissensstand keine Ausdehnung. Sie erscheinen uns punktförmig. Die gesamte Materie, die wir anfassen und sehen können, hat deswegen einen geradezu virtuellen Charakter. Wir nehmen sie also nicht so wahr, wie sie wirklich ist. Denn das, was wir spüren, sind nicht die Elementarteilchen selbst, sondern nur die von ihnen erzeugten Felder, die uns den Eindruck von Festkörpern oder Flüssigkeiten vermitteln. Bemerkenswert ist in diesem Zusammenhang, dass der menschliche Körper nur zu etwa einem Prozent aus Materie und zu 99 Prozent aus den Energien der Wechselwirkungsteilchen besteht. Allein dieser Sachverhalt macht deutlich, wie weit die Welt des Allerkleinsten von dem entfernt ist, wie wir die Realität unseres täglichen Lebens erleben und welche Vorstellung wir uns von dieser Realität machen.

Auch wenn wir noch nicht alles über die Welt des Allerkleinsten wissen, so kennen wir aber genug, um eine gute Vorstellung von den Gesetzmäßigkeiten zu haben, denen das Universum unterliegt. So wissen wir, dass alle diese für unsere Welt erforderlichen fundamentalen Teilchen, bereits kurz nach dem Beginn des Universums aus der heißen und energiereichen Strahlung entstanden sind, wie sie die Geburt unseres Universums hervorgebracht hat. Und vor allem wissen wir - und das ist wohl die wichtigste Erkenntnis -, dass hinter alldem eine ordnende Hand eines vollkommenen und liebevollen Vaters im Himmel steht, die in Kenntnis aller Gesetzmäßigkeiten die richtigen Schritte zum richtigen Zeitpunkt setzen bzw. veranlassen konnte. Dann war alles nur mehr der Ablauf einer logischen Kausalkette, denn die Materie gehorchte den vorgegebenen Gesetzen.

Die Kräfte und das Gesetz

Wie schon erwähnt, können wir die 25 fundamentalen Elementarteilchen, aus denen wir selbst sowie unsere Umwelt zusammengesetzt sind, nicht direkt wahrnehmen. Selbst für die leistungsstärksten Mikroskope sind sie zu klein, um gesehen werden zu können. Sie sind nur experimentell in den großen Experimentieranlagen wie dem LHC[65] am CERN nachweisbar. Was wir allerdings sehen, ist die uns umgebende Materie in all ihrer Vielfalt, von den kleinsten Molekülen bis hin zu den Planeten, Sonnen und größten Galaxien. Damit sich diese großen und sichtbaren Strukturen bilden können, braucht es die im Standardmodell beschriebenen, für uns nicht sichtbaren Elementarteilchen. Aber die Teilchen allein reichen nicht aus, um eine Welt entstehen zu lassen. Es braucht dazu auch die Kräfte, die diese Teilchen zusammenhalten, um daraus all die Strukturen entstehen zu lassen aus denen die Welt besteht. Diese Kräfte geben die Regeln und Gesetze vor, die für den Aufbau und für die Eigenschaften der gesamten zusammengesetzten Materie Gültigkeit haben. Diese Kräfte lassen die Erde um die Sonne kreisen, sie bewirken, dass sich Sterne und Planeten bilden können. Durch sie gibt es die vielen verschiedenen chemischen Elemente, Atome und Moleküle, aus denen wir unzählige Dinge formen können. Diese Kräfte bewirken, dass sich Lebewesen wie Pflanzen, Tiere und auch Menschen bilden können, nur der unsterbliche Geist des Menschen unterliegt nicht diesen Gesetzmäßigkeiten der Natur. Alles andere im gesamten Universum unterliegt diesen Kräften, alle Materie und alle Bewegungen.

Übertragen wir diesen Satz auf die Terminologie der Wissenschaft, so steht das Wort Licht symbolisch für alle Wechselwirkungsteilchen, den sogenannten Bosonen, auch wenn diese nur virtuell[66] auftreten und daher niemals direkt, sondern nur in ihrer Wirkung beobachtet werden können. Es existieren nur vier verschiedene Kräfte mit ihren Wechselwirkungsteilchen und den Gesetzen, denen sie unterliegen. Sie spielen die zentrale Rolle in der Entstehung und Entwicklung des Universums. Diese vier Kräfte halten nicht nur alles im Innersten zusammen,

---

[65] Der *Large Hadron Collider* (*LHC*, deutsche Bezeichnung Großer Hadronen-Speicherring) ist ein Teilchenbeschleuniger am Europäischen Kernforschungszentrum CERN

[66] Virtuelle Teilchen zeichnen sich dadurch aus, dass sie niemals direkt beobachtet werden können, sondern nur in ihrer Wirkung sichtbar sind

sondern sie gestalten auch diese Welt in all ihrer Vielfalt. Sie ergänzen sich perfekt in Ihrer Wirkung, denn nur so konnte alles entstehen, was wir heute in unserem Universum vorfinden. Jede Kraft wirkt in dem Bereich, der ihr zugewiesen ist. Aber auch diese vier Kräfte sind wahrscheinlich nur unterschiedliche Ausprägungen einer einzelnen vereinheitlichen Grundkraft, die jedoch nur bei extrem hohen Energien, wie sie z. B. am Anfang des Universums vorherrschte, zur Entfaltung kam. Es scheint ein universelles Grundprinzip der Natur zu sein, dass alles auf wenige verschiedene Grundbausteine aufgebaut ist, sowohl die verschiedenen elementaren Teilchen als auch die zwischen ihnen wirkenden Kräfte.

Diese vier Kräfte bzw. deren Wechselwirkungen, sind für alle physikalischen, chemischen und biologischen Effekte verantwortlich, die das Wechselspiel der Materie in unserem Universum hervorbringt. Sie sind die Gesetze, nach denen sich alles richtet.

Von diesen vier Kräften, können wir zwei in unserer unmittelbaren Lebensumgebung wahrnehmen. Eine davon ist die Gravitation, die auch Schwerkraft genannt wird. Sie ist die einzige Kraft, die wir unmittelbar fühlen und erleben können. Sie lässt alles nach „unten" fallen und sie hält uns auf der Erdoberfläche fest. Sie ist auch dafür verantwortlich, dass sich Planeten und Sterne bilden können und dass der Mond um die Erde und die Erde um die Sonne kreist. Die Gravitation hält die Sterne in riesigen Sterneninseln, den Galaxien, zusammen und vereinigt Galaxien zu gigantischen Galaxienhaufen.

Die zweite Kraft, die wir aber nur indirekt spüren können, ist der Elektromagnetismus. Er ist das Fundament für alle uns bekannten elektrischen und magnetischen Vorgänge. Die elektromagnetische Kraft lässt Atome und chemische Elemente entstehen, sie ist dafür verantwortlich, dass sich Moleküle und Festkörper bilden können. Die elektromagnetische Kraft ist auch die Basis für alle elektrischen und elektronischen Geräte, die uns das Leben einfacher machen. Was uns aber vielleicht weniger bewusst ist: Der Elektromagnetismus ist auch für alle optischen Phänomene verantwortlich. Er ermöglicht es uns, dass wir etwas sehen und dadurch unsere Umwelt überhaupt optisch wahrnehmen können. Selbst die Sinne des menschlichen Körpers funktionieren letztlich auf Basis elektromagnetischer Phänomene. Jetzt offenbart uns die Natur etwas Bedeutendes, etwas das im Buch Lehre und Bündnisse schon vor fast 200 Jahren niedergeschrieben wurde. Gemeint ist das Licht, das unsere Augen erleuchtet. Es ist dasselbe Licht, wodurch alles in der Natur regiert wird, und dass auch das Gesetz ist, wie es hier zum Ausdruck kommt:

> „Und das Licht, das leuchtet und euch Licht gibt, ist durch ihn, der euch die Augen erleuchtet", „… das Licht, das in allem ist, das allem Leben gibt, dass das Gesetz ist, wodurch alles regiert wird." (L&B 88: 11,13)

Die anderen beiden Kräfte der insgesamt vier Grundkräfte, spielen sich nur im engsten Umfeld der Atomkerne ab und sind deswegen für uns nicht direkt erkennbar, aber deshalb nicht weniger wichtig. Die folgenden Beschreibungen sollen ein grobes Verständnis darüber vermitteln, wie sich diese vier Kräfte charakterisieren, welche Aufgaben sie haben und wie sie wirken:

- **Die Gravitation**

Die Gravitation ist eine Kraft, die zwischen Massen anziehend wirkt. Sie ist für die Struktur, die Verteilung und die Bewegung aller Materie im gesamten Universum verantwortlich. Dies bezieht sich natürlich auch auf uns Menschen, die wir durch die Schwerkraft an unsere Erde gebunden sind. Die Stärke der Gravitationskraft ist vom Abstand der Objekte zueinander abhängig. Je weiter zwei Objekte voneinander entfernt sind, desto geringer ist die Gravitationskraft, die zwischen ihnen wirkt. Wegen der großen Massen der Sterne, ist diese Kraft dermaßen gewaltig groß, dass sie Galaxien, die sich im Abstand von Millionen Lichtjahren zueinander befinden noch gravitativ aneinander binden und auf diese Weise große Galaxienhaufen bilden kann.

Die Kraft der Gravitation lässt sich grundsätzlich nicht abschirmen. Mit anderen Worten: Es gibt keine Masse, die sich der Gravitationswirkung entziehen könnte. Die Gravitation ist dafür verantwortlich, dass wir auf der Erde leben können und dass sich die Erde um die Sonne und unsere Sonne sich um den Mittelpunkt unserer Milchstraße dreht. Und sie ist auch das Fundament dafür, dass sich Sterne bilden können, um uns Licht und Wärme zu geben. Ohne Gravitation gäbe es keine Sterne (Sonnen), keine Erde und kein Leben.

Seit Albert Einstein wissen wir, welche Ursache für das Entstehen von Gravitation tatsächlich verantwortlich ist. Es ist der Umstand, dass Materie die vierdimensionale Raumzeit verbiegt. Aber bitte versuchen sie nicht sich dies vorzustellen. Niemand kann es, denn die menschliche Auffassungsgabe ist beschränkt auf die drei Dimensionen unserer direkten Lebensumgebung. Wie bereits in Kapitel 6.5 beschrieben, krümmt jede Materie die vierdimensionale Raumzeit und verändert damit den Lauf der Zeit und die Struktur des Raumes. Der gekrümmte Raum legt die Bewegung im Schwerefeld der Materie fest. Denn die Natur arbeitet nach dem Prinzip des kleinsten Aufwandes und deswegen bewegen sich alle Teilchen auf den kürzesten Wegen im Schwerefeld der Planeten, Sterne und Galaxien.

Die größten Gravitationskräfte und damit die stärksten Raumkrümmungen in unserem Universum findet man in der Nähe massereicher Schwarzer Löcher (siehe Anhang 2). Dort sind die Kräfte so außerordentlich groß, dass selbst Licht nicht mehr entweichen kann. Die Gravitationskräfte Schwarzer Löcher wurden nur einmal übertroffen, und zwar von der gigantischen Energiedichte, die unmittelbar nach dem Beginn von Raum und Zeit entstand.

Obwohl wir mit den uns zur Verfügung stehenden Gesetzen, die Bewegung der Himmelskörper sehr präzise bestimmen können, was uns sogar Satelliten punktgenau auf einem anderen Planeten landen lässt, so ist uns jedoch das eigentliche Wesen der Gravitation nicht bekannt. Wir können zwar den Einfluss der Gravitation messen, aber ihre wahre Bedeutung verstehen wir nicht. Wir wissen nicht, was Kräfte wirklich sind, wie sie Räume krümmen und wie sie über weite Distanzen wirken können. Aber sie sind da und sie bestimmen unser Sein. Diese Kräfte bilden die maßgeblichen Gesetze der Materie.

• Die elektro-magnetische Wechselwirkung

Die elektromagnetische Wechselwirkung ist uns neben der Gravitation am bekanntesten. Sie ist Teil unseres täglichen Lebens und deshalb daraus nicht mehr wegzudenken. Das Licht, das unsere Augen erleuchtet, durch das wir unsere Umgebung wahrnehmen können, entsteht durch elektromagnetische Wechselwirkung. Alle elektrischen Vorgänge stützen sich darauf. Angefangen vom elektrischen Licht bis zur kompletten Kommunikations- und Computertechnologie. All dies basiert auf elektrischen Ladungen und ihren Bewegungen, und ist damit die Basis für alle elektrischen Vorgänge wie Fernsehen, Telefon, elektrisches Licht und vieles mehr. Selbst der menschliche Körper funktioniert auf Grundlage dieser elektrischen Phänomene, auch die darin ablaufenden chemischen Reaktionen. Unser Herz wird durch elektrische Impulse angetrieben und unser Gehirn funktioniert aufgrund der elektrischen Ströme in den Nervenleitungen. Aber nicht nur die beschriebenen technischen und biologischen Phänomene haben ihren Ursprung in der elektro-magnetischen Wechselwirkung. Auch die Atome und Moleküle können nur deshalb existieren, weil sich die positiv geladenen Atomkerne und die negativ geladenen Elektronen gegenseitig anziehen und auf diese Weise Atome entstehen lassen. Selbst die Bildung von einfachen bis hin zu sehr komplexen biologischen Molekülen funktioniert nur über die elektrische Anziehung. Der Elektromagnetismus ist damit eine Grundlage der Materie. Ohne diese Kraft gäbe es weder Sterne noch unsere Erde noch uns selbst.

Eines der schon angesprochenen allerkleinsten Teilchen ist das Photon - auch Lichtteilchen genannt. Dieses Teilchen ist für ein Phänomen verantwortlich, das als elektro-magnetische Wechselwirkung bezeichnet wird. Seine Eigenschaften, insbesondere jene der Kopplung an die Ladungsträger, machen es zu dem, was man als „Wechselwirkungsteilchen der elektro-magnetischen Wechselwirkung" bezeichnet.

• Die schwache Wechselwirkung

Die schwache Wechselwirkung ist eine Kraft, die wir in unserem direkten Lebensumfeld nicht spüren können. Sie ist dennoch unentbehrlich für das Wirken der Natur und insbesondere für das Leben der Sterne. Denn ohne diese Wechselwirkung würde kein Stern existieren und uns sein Licht geben können. Das Universum bliebe für alle Zeit öd und dunkel.

Die schwache Wechselwirkung ist verantwortlich für alle radioaktiven Prozesse. Und damit auch für die Umwandlung von instabilen Atomen und Teilchen. Beispielsweise zerfällt ein freies Neutron, d.h. ein Neutron, das nicht in einem Atomkern eingebunden ist, mit einer Halbwertszeit[67] von ca. 10 Minuten in ein Proton, ein Elektron und ein Elementarteilchen, wofür die Wissenschaft den Begriff „Anti-Elektron-Neutrino" geprägt hat.

Eine entscheidende Bedeutung für das Leben auf der Erde hat die schwache Wechselwirkung durch ihre Rolle bei der Fusion von Wasserstoff zu Helium in der Sonne, da nur durch sie die Umwandlung von Protonen in Neutronen möglich ist. So entsteht aus vier Protonen (den Wasserstoffkernen) über mehrere Zwischenschritte ein stabiler Heliumkern bestehend aus zwei Protonen und zwei Neutronen. Durch diesen Prozess setzt die Sonne ihre gewaltige Energie frei und ermöglicht

---

[67] Die Halbwertszeit beschreibt die Zeit nach der die Hälfte eines radioaktiven Stoffes zerfallen ist.

zusätzlich die Erzeugung aller schweren chemischen Elemente in ihrem nuklearen Feuer, was ohne die schwache Wechselwirkung nicht möglich wäre.

Im Gegensatz zur Gravitation und der elektromagnetischen Kraft hat die schwache Wechselwirkung nur eine sehr kurze Reichweite. Die Wirkung dieser Kraft ist tatsächlich nur auf die Größe eines Atomkerns beschränkt und damit noch sehr viel kleiner als die Ausdehnung eines winzigen Atoms. Eine größere Reichweite braucht sie auch nicht, da ihr Wirkungskreis nur innerhalb eines Atomkerns liegen darf. Denn hätte diese Kraft eine deutlich größere Reichweite, dann würde sie zwischen nebeneinander liegenden verschiedenen Atomkernen wirken und dadurch eine stabile Welt unmöglich machen.

Trotzdem, oder gerade deswegen, ist sie von entscheidender Bedeutung für die Entstehung und Erhaltung des Lebens auf der Erde. Ohne diese Kraft gäbe es keine Sonne und deshalb auch kein Licht und keine Wärme um sterbliches Leben zu ermöglichen.

• **Die starke Wechselwirkung**

Wie bereits in der Anfangszeit der Kernphysik bekannt war, bestehen Atome aus positiv geladenen Atomkernen und negativ geladenen Elektronen. Da sich ungleiche Ladungen anziehen, werden die Elektronen durch die elektrische Wechselwirkung an den positiven geladenen Atomkern gebunden. Man wusste aber bereits sehr frühzeitig, dass die verschiedenen Atomkerne nicht nur aus einem, sondern je nach chemischem Element, auch aus mehreren positiv geladenen Protonen besteht. So enthält der Wasserstoff-Atomkern nur ein einzelnes Proton, der Atomkern des Eisens aber 26.

Eines der ganz großen Geheimnisse der Atome betraf früher die Frage, warum sich die vielen positiv geladenen Protonen auf engstem Raum im Atomkern aufhalten können, wo sich gleichartige Ladungen doch eigentlich abstoßen müssten. Würde es nur die elektromagnetische Kraft geben, gäbe es keine stabilen Atomkerne mit mehr als einem Proton. Das Weltall wäre in diesem Fall für immer erfüllt mit nichts als Wasserstoff. Es lag deshalb auf der Hand, dass es eine weitere, bisher unbekannte Kraft geben musste, die weit stärker ist als jene Kraft, die bei gleicher elektrischer Ladung Teilchen voneinander abstößt. Auch die Tatsache, dass sich elektrisch neutrale Neutronen im Atomkern gegenseitig anziehen, war für die Wissenschaft ein Rätsel. Solche Fragestellungen führen oftmals zu einem tieferen Verständnis der Natur. Dies war auch in diesem Fall so.

In den frühen 1960er Jahren gab es erste Hinweise auf eine völlig neuartige und bisher unbekannte Kraft, die die Protonen und Neutronen im Atomkern zusammenhalten sollte, obwohl die Protonen und Neutronen entweder elektrisch neutral oder gleichartig positiv geladen sind und sich deshalb eigentlich abstoßen müssten. Diese Hinweise führten schließlich zur Enträtselung, der bisher als mysteriös erscheinenden Anziehungskraft zwischen den positiv geladenen Protonen. So entdeckte man in den 1970er Jahren an den großen Beschleunigeranlagen am CERN[68] in Genf, die sogenannten Gluonen (engl. *to glue* = kleben). Wie der Name Gluon ausdrückt, werden dabei tatsächlich die Protonen und Neutronen in einem Atomkern gewissermaßen zusammengeklebt. Diese Gluonen sind die Wechselwirkungsteilchen der starken Wechselwirkung, sie sind für die Anziehung von Protonen und Neutronen innerhalb eines Atomkerns verantwortlich. Diese anziehende starke Wechselwirkung ist um ein Vielfaches stärker als die abstoßende elektromagnetische Kraft, zwischen den positiv geladenen Protonen. In ihnen manifestieren sich die Gesetze der stärksten Kraft, die wir in unserem Universum kennen. Die Reichweite der starken Wechselwirkungskraft liegt bei außerordentlich kurzen 2.5 fm (1fm = 1 Femtometer = 10^{-15} m) und damit nur innerhalb des Atomkerns. Deswegen wird man die Kraft der starken Wechselwirkung auch niemals außerhalb der Atomkerne spüren können. Das ist auch gar nicht erforderlich, denn ihre Aufgabe ist ausschließlich darauf ausgerichtet, stabile Atomkerne zu ermöglichen, um daraus die Vielzahl der chemischen Elemente entstehen zu lassen – die Grundbausteine aller Materie und des Lebens.

Nur wenn sich Protonen und/oder Neutronen sehr nahekommen (Abstand < 2.5fm), werden sie von der starken Wechselwirkungskraft eingefangen. Doch dies geschieht selten und nur unter den extremen Bedingungen wie sie am Anfang des Universums geherrscht haben, oder im Innern der Sterne und bei Sternexplosionen vorkommen. Nur dadurch ist es möglich, dass sich neue chemische Elemente bilden können. Die Sterne (Sonnen) und Sternexplosionen, sind deshalb die Brutstätte aller chemischen Elemente, die wir heute in der freien Natur finden und die wir für unser Dasein auf der Erde brauchen.

Aber die starke Wechselwirkungskraft hält nicht nur Protonen und Neutronen in einem Atomkern zusammen, sondern sie setzt noch viel früher ein. Sie ermöglicht, dass die aus unterschiedlichen elementaren Quarks bestehenden Protonen

---

[68] Europäische Organisation für Kernforschung

und Neutronen überhaupt existieren können. Beispielsweise besteht aus drei Quarks, die durch die Gluonen, die Wechselwirkungsteilchen der starken Wechselwirkungskraft, zusammengehalten werden. Letztendlich sind es daher die Gluonen, die die Welt im Innersten zusammenhält.

In den vorangegangen Kapiteln wurde gezeigt, dass die Materie unserer physischen Welt einem Baukasten gleicht, aus dem mit nur einer sehr kleinen Anzahl von unterschiedlichen Bauteilen, die Welt in all ihrer großartigen Vielfalt zusammengesetzt ist. Ein ähnlicher Baukasten wird auch in der Welt der Kräfte vermutet. Die Wissenschaft vermutet, dass diese Welt sehr wahrscheinlich auch nur durch eine einzige Kraft, die wir Urkraft nennen können, beherrscht wird. Die Gravitation, die elektromagnetische-, die schwache-, und die starke Wechselwirkungskraft sind demzufolge nur verschiedene Ausprägungen einer einzigen fundamentalen Kraft. Das Universum besteht daher nicht aus einer großen Vielfalt an fundamentalen Bausteinen und Kräften, sondern alles lässt sich zurückführen auf wenige grundlegende Teilchen und eine einzige Kraft.

Dieses sehr fein aufeinander abgestimmte Wechselspiel weniger unterschiedlicher Kräfte und Elementarteilchen ist wie eine vollkommene Symphonie, die nur aus wenigen verschiedenen Tönen besteht und doch eine grandiose Klangfülle erzeugt. Es ist wie ein Wunder, dass die Kräfte des Universums so extrem fein aufeinander abgestimmt sind, sodass sich überhaupt Materie und damit Leben bilden konnte. Wenn nur eine dieser Kräfte etwas kleiner oder etwas stärker ausgeprägt wäre, dann hätte es sterbliche Menschen niemals geben können. Diese Ausgewogenheit der Kräfte ist ein wunderschönes Beispiel für die Weisheit Gottes.

Unser gesamtes Universum wird also sehr wahrscheinlich durch diese eine Urkraft regiert (L&B 88:13), die zwischen den wenigen verschiedenen Urstoffen wirkt. Aus diesen wenigen Urstoffen setzt sich die gesamte Materie unseres Universums in all ihrer Vielfalt zusammen. Aus ihnen bestehen die Protonen und Neutronen, die die Basis aller Atomkerne sind. Die Atomkerne bilden gemeinsam mit den Elektronen die 118 verschiedenen chemischen Elemente, die ihrerseits die Basis von Millionen verschiedener, teils sehr komplexer, Moleküle sind, aus denen auch die sterblichen Körper der Menschen gemacht sind. Nur der Geist des Menschen ist ewig und nicht gemacht aus den vergänglichen Teilchen dieser Erde, sondern aus ewigen Bestandteilen aus dem Reich Gottes. In der Struktur der Grundbausteine der Natur und der zwischen ihnen wirkenden Kräfte, erkennen wir heute die Schönheit und Einfachheit der grundlegenden Prinzipien, nach denen Gott die Welt erschaffen hat. Es ist faszinierend zu erkennen, nach welchem Bauplan Gott das Universum erschaffen hat. Alles folgt sehr einfachen Prinzipien und Ordnungen.

8.0. DIE FEINABSTIMMUNG DER NATURKONSTANTEN

Vergleicht man die neuesten wissenschaftlichen Erkenntnisse von der Entstehung des Universums, von den Zusammenhängen zwischen Raum und Zeit, zwischen Energie, Materie und Licht, dann erkennt man viele Gemeinsamkeiten mit den Aussagen in den Heiligen Schriften. Aus all dem ist deutlich geworden, dass die Entstehung des Universums nicht auf Zufall beruhen kann, sondern von unserem Schöpfer im Himmel ganz konkret und zielgerichtet geplant wurde. Die atemberaubende Entwicklungsgeschichte des Universums ist ein Zeugnis für die Existenz Gottes. Jeder einzelne Schritt in diesem Ablauf deutet auf das ultimative Ziel dieser Entwicklung hin: Die Erschaffung von „Welten ohne Zahl" für die Kinder Gottes in der sterblichen und vergänglichen Phase ihrer ewigen Existenz.

Wir kennen heute weitestgehend die Gesetzmäßigkeiten, die die Entwicklung des Universums ermöglicht haben. Schritt für Schritt sind alle wichtigen Komponenten in der richtigen Reihenfolge entstanden, die notwendig waren, um bewohnbare Planeten wie die Erde, entstehen zu lassen. Kein Schritt war überflüssig, keiner kam zum falschen Zeitpunkt. Aber die Gesetzmäßigkeiten der Natur reichen allein nicht aus, um Sonnen und Erden entstehen zu lassen.

Eine der bemerkenswertesten Eigenschaften in der Natur ist die äußerst präzise Abstimmung der Größe der Naturkonstanten in den physikalischen Theorien, die notwendig ist, um den tatsächlichen Zustand des beobachtbaren Universums zu erklären. Denn Berechnungen haben ergeben, dass Leben in unserem Universum nur deshalb existieren kann, weil die Naturkonstanten sehr genau aufeinander abgestimmt sind. Dies präzise Abstimmung bezeichnet man als Feinabstimmung der Naturkonstanten.

Der Ursprung der Feinabstimmung der Naturkonstanten und Naturgesetze ist eine der zentralen Fragestellungen der modernen Physik und Kosmologie. Sie bezieht sich auf die erstaunliche Tatsache, dass die fundamentalen physikalischen Naturkonstanten wie die Gravitationskonstante, die Feinstrukturkonstante oder die Masse der Elementarteilchen exakt jene Werte besitzen, die die Entstehung und Stabilität des Universums und die Entwicklung von Leben ermöglichen. Wären diese Konstanten auch nur minimal anders, wäre ein Universum, wie wir es kennen, nicht möglich.

Naturkonstanten sind feste Größen, die in den Gesetzen der Physik vorkommen und unabhängig von Ort und Zeit zu existieren scheinen. Beispiele dafür sind die Lichtgeschwindigkeit c, die Gravitationskonstante G oder die Planck'sche Konstante h. Diese Konstanten legen die Eigenschaften unseres Universums fest, von dem Aufbau und den Eigenschaften der Atome und Moleküle bis zur Größe der kosmischen Strukturen und darüber hinaus bis zur Beschaffenheit der Raumzeit des Universums. Es zeigt sich, dass bereits geringfügige Abweichungen dieser Konstanten drastische Konsequenzen hätten: Sterne könnten nicht leuchten, chemische Elemente würden nicht stabil existieren und komplexe Strukturen, die Leben ermöglichen, wären undenkbar.

Ein besonders markantes Beispiel ist die Feinstrukturkonstante, die die Stärke der elektromagnetischen Wechselwirkung beschreibt. Wäre dieser Wert nur leicht anders, würde die Chemie, wie wir sie kennen, zusammenbrechen. Ebenso würde eine Veränderung der Gravitationskonstanten dazu führen, dass Sterne entweder zu schnell oder zu langsam kollabieren und somit keine Energiequelle für das Leben zur Verfügung stünde. Leben kann nur deshalb existieren, weil die Naturkonstanten genau so sind wie sie sind.

Das zentrale Problem besteht darin, den Grund dafür zu finden, warum die Naturkonstanten exakt jene Werte besitzen, die ein lebensfreundliches Universum ermöglichen. Diese Frage ist deshalb so brisant, weil es keine natürliche Notwendigkeit dafür zu geben scheint, dass die Konstanten genauso eingestellt sind. Stattdessen wirken sie für uns zufällig und willkürlich. Physiker sprechen hier von der "Feinabstimmung", da die Konstanten präzise aufeinander abgestimmt zu sein scheinen, wie Zahnräder in einer komplexen Maschine.

Die Frage nach dem Ursprung der Feinabstimmung gehört wahrscheinlich zu jenen Fragen, die die Wissenschaft im Rahmen ihrer eigenen Grenzen nicht beantworten kann. Denn die Wissenschaft beschreibt die Welt, erklären kann sie sie nicht. Sie versucht das Verhalten der Natur in Gesetze zu gießen. Sie lebt vom Determinismus der Materie, also der Wiederholbarkeit und Berechenbarkeit und sie geht aus einem guten Grund davon aus, dass diese Gesetzmäßigkeiten sich nicht mit der Zeit oder mit dem Ort ändern, sondern überall in unserem Universum identisch sind. Die Lösungsvorschläge zum Ursprung der Feinabstimmung entsprechen daher nicht den eigenen Grundsätzen wissenschaftlicher Arbeit, sondern basieren auf mehr oder weniger plausiblen Annahmen. Die Wissenschaften scheinen keine Lösungen für diese Fragestellung anbieten zu können. Aber die Existenz der Feinabstimmung der Naturkonstanten ist wohl eines der stärksten Argumente aus der Welt der Wissenschaften, das für die Wirklichkeit eines Schöpfers spricht.

8.1. EINFÜHRUNG IN DIE FEINABSTIMMUNG

„Wenn wir in das Universum hinausblicken und erkennen, wie viele Zufälle in Physik und Astronomie zu unserem Wohle zusammengearbeitet haben, dann scheint es fast, als habe das Universum gewusst, dass wir kommen"[69]

Diese Aussage des amerikanischen Physikers Freeman J. Dyson (1923-2020) beschreibt sehr eindringlich den Zwiespalt seiner eigenen Gefühle bei der Betrachtung und Bewertung der aktuellen Erkenntnisse, die die Wissenschaften von der Natur des Universums bisher gewonnen haben. Auf der einen Seite scheint es für ihn so zu sein, dass das Universum sehr lebensfreundlich gestaltet ist und auf der anderen Seite sieht er als Ursache dafür die vielen Zufälle, die zweifellos eine wichtige Rolle in der Entwicklung des Universums spielen. Die Aussage über die Lebensfreundlichkeit des Universums mag auf den ersten Blick verwundern, da Sterne todbringende Strahlungen in ihre Umgebungen abgeben, explodierende Sterne verheerende und tödliche Druckwellen aussenden, schwarze Löcher alles verschlingen was in ihre Nähe kommt oder Kollisionen mit anderen Himmelskörpern an der Tagesordnung stehen. Aber die Aussage über die Lebensfreundlichkeit des Universums bezieht sich natürlich nicht auf das gesamte Universum, aber es bezieht sich darauf, dass das Universum grundsätzlich so gestaltet ist, dass es

---

[69] Zitiert in John D. Barrow, und Frank J. Tipler: The anthropic cosmological principle; Clarendon Press, Oxford 1986, S. 318

Leben nicht nur hervorbringen, sondern dass es auch optimale Lebensumgebungen geschaffen hat, die als Heimat für die Menschen dienen können. Dabei ist es sogar eine Notwendigkeit, dass es an den allermeisten Orten in unserem Universum extrem lebensfeindlich sein muss, damit es überhaupt Inseln der Ordnung und der Lebensfreundlichkeit hervorbringen kann. Deshalb scheint das Universum als Ganzes maßgeschneidert für Leben zu sein.

Das gesamte Universum wird von Naturgesetzen geleitet, die wahrscheinlich inhärent in den fundamentalen Bausteinen der Natur, den Elementarteilchen, eingeprägt sind. Diese Naturgesetze sind untrennbar mit dem Kausalitätsprinzip, also dem Prinzip von Ursache und Wirkung, verbunden. Trotzdem gibt es in der Natur des Universums wichtige Abläufe, die durch den Zufall geprägt sind und sich grundsätzlich nicht vorhersagen lassen. Für uns Menschen erscheint die Zukunft immer ungewiss. Das Wetter ist unbeständig und nur grob vorhersagbar. Selbst Wirtschaftszyklen sind unberechenbar. Katastrophen, Unfälle und Krankheiten können das Leben schnell verändern. Betrachten wir beispielsweise ein kleines Holzschiffchen in einem reißenden Gebirgsfluss. Niemand kann die tatsächliche Bahn des Schiffchens auf seinem Weg ins Tal vorherbestimmen. Wie Blätter in einem Sturm umhergewirbelt werden entzieht sich jeglicher Berechenbarkeit. Nicht weil die Programme zu schlecht oder die Computer zu klein sind, sondern weil es prinzipiell nicht geht. Immer wenn Wärme im Spiel ist oder das gemeinsame Verhalten einer riesigen Anzahl von Teilchen, ist Zufall im Spiel. Aber glücklicherweise ist es so, dass man das gemeinsame Verhalten einer großen Menge von Teilchen wieder gut berechnen und bestimmen kann. Auch wenn wir die Bahn des Schiffchens auf dem Gebirgsfluss nicht im Detail beschreiben können, so wissen wir doch, dass es immer flussabwärts schwimmen wird. Denken sie beispielsweise auch an die Messung der Temperatur oder des Druckes einer Flüssigkeit oder eines Gases, wie der Luft. Das sind Größen, die einer Berechnung glücklicherweise zugänglich sind, nicht aber das Verhalten einzelner Teilchen.

Die Naturgesetze beschreiben das Verhalten der Materie mit einer außerordentlich eindrucksvollen Genauigkeit und Reproduzierbarkeit. Beispielsweise finden wir bei der Bestimmung der Eigenschaften des Elektrons eine geradezu atemberaubende Übereinstimmung zwischen Theorie und Experiment mit einer

Genauigkeit von 11 Dezimalstellen[70]. Auch wenn die Naturgesetze die Natur sehr gut abbilden, sind sie doch immer nur ein Abbild der Wirklichkeit. Niemals die Wirklichkeit selbst. Aber an einer Stelle klopfen diese Gesetze an der Tür der Wirklichkeit. In all den Naturgesetzen gibt es Naturkonstanten, von denen wir ausgehen, dass sie im gesamten Universum und zu jedem Zeitpunkt gelten. Sie sind unabänderlich. Wären sie es nicht, dann würde sich das Universum unberechenbar und chaotisch entwickeln, fernab jeglicher zielgerichteter Entwicklung. Erstaunlicherweise ändern sich die Naturkonstanten auch nicht, wenn sich die Theorien weiterentwickeln. Denken sie an den Übergang zwischen den Newtonschen Gravitationsgesetzen aus dem 17. Jahrhundert und den Einstein'schen Feldgleichungen, die beide auf sehr unterschiedliche Art und Weise und in einem unterschiedlichen Geltungsbereich die Wirkung der Gravitation beschreiben. Aber in beiden Theorien finden wir die gleiche Naturkonstante, die Gravitationskonstante G.

Die Naturgesetze formen und regieren dieses Universum. Sie legen den Aufbau der Sterne und der Planeten fest. Sie regeln die Bahnen die Gestirne und bestimmen die Strukturen und das Verhalten der Galaxien. Sie sind verantwortlich für das Verhalten des Universums, seine Entstehung und seine Entwicklung. Das ganze Universum erscheint uns wie eine stabile Symbiose aus Gesetzen und Materie und doch wissen wir, dass das Leben hervorbringende Universum einen außergewöhnlich fragilen Hintergrund hat. Denn allen Naturkonstanten sind extrem enge Grenzen gesetzt, in denen sie sich bewegen können um dieses lebensfreundliche Universum entstehen lassen zu können. Das Universum scheint auf dem ersten Blick geradezu maßgeschneidert für Leben zu sein. Wären nämlich die Eigenschaften der Elementarteilchen, aus denen jede Materie besteht oder die Stärke und Art der Kräfte, die dieses Universum beherrschen nur ein wenig anders, als sie es sind, gäbe es keine Sterne, keine Planeten und damit auch kein Leben. Wären auch die Naturkonstanten nur einen Hauch anders, dann würde es uns Menschen in diesem Universum nicht geben. Aber es gibt uns und deshalb scheint alles in unserem Universum perfekt aufeinander abgestimmt zu sein, wie das geniale Zusammenspiel verschiedener Musikinstrumente in einem Orchester.

---

[70] Bestimmung des magnetischen Moments eines gebundenen Elektrons

Aber warum sind diese Naturkonstanten und Gesetze genauso wie sie sind, so dass sie Leben hervorbringen? Die Wissenschaften kennen die Antwort auf diese Frage nicht. Die gegenwärtige Physik kann die Frage nach der Herkunft und der präzisen Einstellung der Naturkonstanten nicht beantworten. Wir wissen nur, dass die Naturgesetze und die Naturkonstanten seit Anbeginn der Zeit vorhanden waren und dem Universum damit seine Struktur und seine Eigenschaften aufgeprägt haben. Auf der anderen Seite gibt es uns Menschen auf einer lebensfreundlichen Erde und deshalb gibt es zumindest ein Universum in dem alle diese Randbedingungen gegeben sind – das unsrige.

Das Problem der präzisen Einstellung der Naturkonstanten ist auch unter dem Begriff Feinabstimmung[71] bekannt. Es bezieht sich in der Kosmologie auf die bemerkenswerte Genauigkeit der Werte physikalischer Konstanten und Anfangsbedingungen, die notwendig sind, um die beobachtete Struktur und die Eigenschaften des Universums zu erklären und um letztlich zu klären, warum es darin Leben gibt. Diese Problematik hat nicht nur wissenschaftliche und philosophische, sondern ganz besonders auch eine religiöse Relevanz. Denn sie wirft Fragen über die Natur des Universums, unserer Lebensumgebung, sowie über die Natur der Gesetze der Physik auf. Es scheint so zu sein, dass die Feinabstimmung der Naturkonstanten ein Hinweis auf eine tiefere Struktur der Realität ist. Auf jeden Fall ist sie ein Schlüsselkonzept, das die Suche nach dem Verständnis unserer Existenz und der grundlegenden Natur unseres Universums prägt. Denn bereits geringfügige Veränderungen an den Werten der bekannten Naturkonstanten würde zu einer völlig anderen Geschichte des Universums führen und dabei kein biologischen Leben entstehen lassen. Sie ist damit eine der schönsten und rätselhaftesten Herausforderungen der modernen Wissenschaften und könnte ein direkter Hinweise darauf sein, dass das Universum von einem Schöpfer in die Existenz gerufen wurde, um einen bestimmten Zweck zu erfüllen, nämlich die Unsterblichkeit und das ewige Leben des Menschen zustande zu bringen.

---

[71] Englisch: finetuning

„Denn siehe, dies ist mein Werk und meine Herrlichkeit: die Unsterblich-keit und das ewige Leben des Menschen zustande zu bringen" (Köstliche Perle: Mose 1:39)

Dann aber entstand das Universum weder zufällig noch ungeplant, sondern es wurde erschaffen nach den Gesetzmäßigkeiten der ewigen Materie.

Eine Aussage des Propheten der Kirche Jesu Christi der Heiligen der Letzten Tage, Russel M. Nelson, macht uns Mut, dass diese Geheimnisse in nicht allzu ferner Zeit entschlüsselt werden könnten:

„Für diejenigen, die Augen haben zu sehen und Ohren zum Hören, ist es klar, dass der Vater und der Sohn die Geheimnisse des Universums preis-geben werden." (Russel M. Nelson, Ansprache Generalkonferenz April 2018)

Wir stehen am Anfang einer fantastischen Zeit, in der Gott seinen Kindern die Geheimnisse seiner Natur in immer größerem Umfang offenbaren wird. Er wird Wissenschaftler in Ihren Laboren, bei ihren Beobachtungen und bei ihren Experi-menten inspirieren um der Wirklichkeit der Natur und damit der Schöpfung Gottes immer näher zu kommen. Aus den Heiligen Schriften können wir aber jetzt schon eine Ahnung davon entwickeln, welchen Ursprung die Naturkonstanten haben könnten.

„Und weiter, wahrlich, ich sage euch: Er hat allen Dingen ein Gesetz ge-geben, durch das sie sich in ihren Zeiten und Jahreszeiten bewegen; und ihre Bahnen sind festgelegt, nämlich die Bahnen der Himmel und der Erde, wodurch die Erde und alle Planeten erfasst sind" (Lehre und Bünd-nisse 88: 42,43)

Wenn unser Schöpfer die Bahnen aller Planeten um die Sonne festgelegt hat, dann genau durch die Festlegung der Naturgesetze und Naturkonstanten (in die-sem Fall die der Gravitationskonstanten). In dieser Schriftstelle finden wir schon eine erste Antwort, warum alle Naturkonstanten genauso sind wie sind, damit Le-ben auf vielen Planeten in unserem Universum entstehen kann. Unsere Erde ist kein unwahrscheinlicher Einzelfall eines bewohnbaren Planeten in unserem Universum, denn „Welten ohne Zahl"[72] hat unser Schöpfer erschaffen um seinen Kindern für die sterbliche Phase ihrer Existenz Raum zum Leben zu geben.

Die Fragen, die uns durch diesen Artikel begleiten werden, sind die nach dem Ursprung der Feinabstimmung der Naturkonstanten und ob die Wissenschaft darauf eine Antwort geben kann oder an die Grenzen ihrer Erkenntnisfähigkeiten stößt.

---

[72] Köstliche Perle: Buch Mose 1:33

8.2. WAS SIND DIE NATURKONSTANTEN?

Die Naturgesetze und Naturkonstanten sind die Eckpfeiler der modernen Wissenschaft. Sie ermöglichen es, die Natur zu beschreiben und technische Anwendungen zu entwickeln. Ihre universelle und unveränderliche Natur macht sie zu fundamentalen Bausteinen des Universums. Die Naturkonstanten sind Teil der physikalischen Gesetze, die die Struktur und die Dynamik aller Materie im Universum und des Universums selbst festlegen. Ihre Zahlenwerte sind aber nicht aus den physikalischen Gesetzmäßigkeit ableitbar, sondern sie erschließen sich nur in wissenschaftlichen Experimenten, Messungen und Beobachtungen. Sie scheinen unabhängig von den Gesetzen und der Materie zu existieren und deuten deshalb auf eine tieferliegende Struktur der Natur hin. Einer Natur, die uns bisher vollkommen verborgen geblieben ist, vielleicht auch deshalb, weil sie sich grundsätzlich der physikalischen oder wissenschaftlichen Sichtweise entzieht.

Da wir es bei den Konstanten und später bei der Feinabstimmung mit sehr großen, bzw. sehr kleinen Zahlen zu tun haben, erscheint es zweckmäßig hier eine kurze Wiederholung über die Schreibweise sehr großer oder sehr kleinen Zahlen mit Hilfe der Exponentialschreibweise einzufügen.

Beispielsweise schreibt man die Zahl eine Million (= 1.000.000) in Exponentialschreibweise als 10^6, wobei die 6 gleich der Anzahl der Nullen nach der 1 ist. Demzufolge hat die unvorstellbar große Zahl 10^{20} (= hundert Milliarden Milliarden) zwanzig Nullen nach der 1 (= 100.000.000.000.000.000.000). Ähnlich verhält es sich mit sehr kleinen Zahlen. Beispielsweise schreibt man die Zahl 0,000000000001 als 10^{-12} (gekennzeichnet durch das Minus-Zeichen vor der hochgestellten 12). Obwohl die Zahlen dadurch nicht besser vorstellbar sind, erlaubt diese Schreibweise doch eine deutlich verbesserte Übersichtlichkeit in der Größenordnung (ohne alle Nullen nachzählen zu müssen).

Einige dieser Naturkonstanten sind nachfolgend aufgezählt:

$e = 1{,}60217733 \cdot 10^{-19}$ C $\qquad$ elektrische Elementarladung

$m_e = 9{,}1093897 \cdot 10^{-31}$ kg $\qquad$ Ruhemasse des Elektrons

$m_p = 1{,}6726231 \cdot 10^{-27}$ kg $\qquad$ Ruhemasse des Protons

$c = 299792458$ m/s $\qquad$ Lichtgeschwindigkeit

$G = 6{,}67259 \cdot 10^{-11}$ Nm^2/(kg^2) $\qquad$ Gravitationskonstante

$h = 6{,}6260755 \cdot 10^{-34}$ Js $\qquad$ Planck'sches Wirkungsquantum

$\varepsilon_0 = 8{,}854187817 \cdot 10^{-12}$ F/m $\qquad$ elektrische Feldkonstante

$k_B = 1{,}380649 \cdot 10^{-23}$ J/K $\qquad$ Boltzmann Konstante

Diese Naturkonstanten sind von überragender Bedeutung für die Struktur und die Wirkungsweise der Natur. Beispielsweise ist die Lichtgeschwindigkeit c zentral für die Relativitätstheorie und sie bestimmt die maximal mögliche Geschwindigkeit für Informationsübertragungen. Während die Planck-Konstante h essenziell für die Quantenmechanik ist und die Quantisierung von Energie und das Verhalten der kleinsten Teilchen beschreibt.

Diese Naturkonstanten haben nicht nur eine fundamentale Bedeutung für die Struktur aller Materie im Universum, sondern auch für das Gefüge von Raum und Zeit. Alle diese Konstanten sind experimentell aus Messungen ermittelt worden. Die Bedeutung dieser Konstanten wird noch klarer, wenn man aus ihnen die folgenden dimensionslosen Größen[73] ableitet, die die relative Stärke der vier

---

[73] Eine dimensionslose Größe ist eine physikalische Größe, die durch eine reine Zahl ohne Maßeinheit angegeben werden kann. Sie hängt also nicht von einem speziellen Einheitensystem ab. Sie ist also universell gültig

fundamentalen Wechselwirkungskräfte[74] der Natur festlegt, die alles im Universum regieren.

$$\alpha_S = 0{,}08 \ .... \ 14 \qquad \text{Feinstrukturkonstante starke Wechselwirkung}$$

$$\alpha = \frac{1}{4\pi\varepsilon_0}\frac{e^2}{\hbar c} = \frac{1}{137{,}036} \qquad \text{Feinstrukturkonstante elektro-magnetische Wechselwirkung}$$

$$\alpha_W = \frac{m_e^2}{\hbar^3}\, c G_F = 3{,}05 \ 10^{-12} \qquad \text{Feinstrukturkonstante schwache Wechselwirkung}$$

$$\alpha_G = \frac{G m_p^2}{\hbar c} = 0{,}591 \ 10^{-40} \qquad \text{Feinstrukturkonstante Gravitation}$$

$$\frac{m_p}{m_e} = 1836{,}153 \qquad \text{Massenverhältnis Proton / Elektron}$$

Die Größen dieser 5 dimensionslosen Parameter legen das Verhalten der gesamten Materie und die Struktur des Universums fest. Sie entscheiden über die Eigenschaften der Atome und Moleküle und bestimmen damit das Bild und die Eigenschaften unserer Welt. Sie legen fest, wie der Mensch und seine umgebende Natur beschaffen ist und wie die Biologie und die Chemie funktioniert. Letztlich legen sie auch das Bild und die Erscheinung des Menschen fest, als Abbild Gottes. Nur eine winzige Änderung einer dieser 5 Parameter würde das Bild der Welt vollkommen verändern.

Aber die Bedeutung der Konstanten geht weit über einen simplen Zahlenwert hinaus. So verbinden einige dieser Konstanten unterschiedlich erscheinende Bereiche der Physik miteinander und deuten damit auf eine tieferliegende Struktur der Wirklichkeit hin. Beispielsweise verbindet die Feinstrukturkonstante α den Elektromagnetismus, die Quantenmechanik und die Relativität miteinander. Während die Boltzmann-Konstante k_B eine Brücke zwischen makroskopischen

---

[74] Es handelt sich hierbei um die starke Wechselwirkung, die schwache Wechselwirkung, die elektromagnetische Wechselwirkung und die Gravitation

thermodynamischen Phänomenen und den mikroskopischen statistischen Eigenschaften der Materie herstellt.

Betrachten wir aber noch eine dritte Gruppe von Konstanten, die sich aus den bereits beschriebenen Naturkonstanten ableiten lassen und zudem eine fundamentale Rolle im Geflecht unseres Universums spielen. Diese Parameter wurde erstmalig vom deutschen Physiker Max Planck (1858-1947) beschrieben und tragen daher zu Recht seinen Namen. Zwei der nach ihm benannten Größen und ihre Bedeutungen möchte ich hier nicht unerwähnt lassen.

$$l_P = \sqrt{\frac{\hbar G}{c^3}} = 1{,}616 \cdot 10^{-35} m \qquad \text{Planck-Länge}$$

$$t_P = \sqrt{\frac{\hbar G}{c^5}} = 5{,}391 \cdot 10^{-44} s \qquad \text{Planck-Zeit}$$

Die Planck-Einheiten für die Länge und die Zeit geben die untere Grenze an, bis zu der wir Ursache und Wirkung unterscheiden können. Das heißt, unterhalb dieser Größen sind die bisher bekannten physikalischen Gesetze nicht mehr anwendbar. Es existiert dort eine andere Realität, die für die Menschen grundsätzlich nicht mehr erfassbar ist, weder experimentell noch theoretisch, die aber doch das Gefüge unserer erlebbaren Wirklichkeit festlegt. Wie wir auch daraus entnehmen können, läuft die Zeit, wie wir sie kennen, nicht kontinuierlich ab, sondern in kleinen Sprüngen, die aber so klein sind, dass sie weit unterhalb unserer Erfahrungswelt existieren.

An einem Beispiel werde ich die Natur dieser Konstanten und ihrer Wirkungsweise erklären. Betrachten wir die einzige der vier Grundkräfte[6], die wir als Menschen direkt spüren können: die Gravitationskraft. Sie wirkt immer zwischen mindestens zwei Massen und ist immer anziehend. Sie legt die Struktur und die Dynamik des Universums fest und ist maßgeblich verantwortlich für die Entstehung und Bewegung von Galaxien, Sternen und Planetensystemen. Intuitiv verstehen wir die Gravitation in unserem Leben. Beispielsweise lässt sie alles auf der Erde nach „unten" fallen und hält uns am Boden fest. Wir beschränken uns bei der Beschreibung der Gravitationskräfte auf die klassische Newtonsche Mechanik und

vernachlässigen die Effekte, die von der Einstein'schen Allgemeinen Relativitätstheorie herrühren.

Die Gravitationskraft F zwischen zwei Massen m_1 und m_2 lässt sich wie folgt
beschreiben:

$$F = G \cdot \frac{m_1 \cdot m_2}{r^2}$$

Die Gravitationskraft F ist proportional den daran beteiligten Massen m_1 und m_2
und umgekehrt proportional dem Quadrat des Abstandes r der Massen voneinander. Je weiter die Massen voneinander entfernt sind, desto kleiner wird die zwischen ihnen wirkende Kraft und umgekehrt. Der für uns entscheidende Punkt ist
aber die relative Stärke der Gravitationskraft F, die durch die Gravitationskonstante
G bestimmt wird. Der Wert von G lässt sich grundsätzlich nicht aus den bekannten
Gesetzen der Physik ableiten. Wir wissen nicht woher dieser Wert kommt, was die
Ursache seiner Größenordnung ist. Wir wissen nur, dass diese Konstante das Gefüge der Welt bestimmt.

Der Zahlenwert beträgt gerundet:

$G = 6{,}672\ 59 \cdot 10^{-11}\,\mathrm{N} \cdot \mathrm{m}^2\,/\,\mathrm{kg}^2$

Er wurde erstmals 1798 von Henry Cavandish (1731-1810), einem englischen
Chemiker und Physiker gemessen. Dadurch, dass sich dieser Wert nicht aus höheren Prinzipien ableiten lässt, stellt sich zwangsläufig die Frage nach dessen Ursprung. Denn die Gravitationskonstante ist weit mehr als nur eine Zahl, sie ist ein
Schlüsselfaktor im Verständnis der Naturgesetze, die das Universum regieren. Eine
Veränderung ihres Wertes hat weitreichende Auswirkungen auf das Universum
und alle darin enthaltenen Strukturen.

Warum hat er aber genau diesen Wert und was würde passieren, wenn der
Wert der Gravitation größer oder kleiner wäre? Hier sind einige Überlegungen zu
den möglichen Konsequenzen, wenn G sowohl größer als auch kleiner wäre.

Wenn die Gravitationskonstante größer als der heutige Wert wäre, dann wäre die Anziehungskraft zwischen den beteiligten Massen größer, mit folgenden Konsequenzen:

- Der stärkere gravitative Zusammenhalt würde dazu führen, dass Planetensystem instabiler wären
- Eine höhere Gravitationskraft würde dazu führen, dass sich Sterne in ihrer Entstehungsphase schneller und intensiver zusammenziehen würden und erst bei höheren Kerntemperaturen zu einem Gleichgewicht kommen, was zu einer verringerten Lebensdauer der Sterne führen würde.
- Nach dem Ende der Sterne würde die herausgeschleuderte Masse mit den neu gebrüteten chemischen Elementen viel weniger weit in das stellare Umfeld geschleudert werden, was zu einer signifikant kleiner Sternentstehungsrate führen würde
- Es würden sich weit mehr schwarze Löcher bilden als heute, besonders in der Anfangszeit des Universums, mit signifikanten Auswirkungen auf die Existenz und das Verhalten von Galaxien.
- Eine höhere Gravitationskraft hätte auch dazu führen können, dass unser Universum in der Anfangszeit seiner Entstehung unter dem Einfluss der Gravitation gleich wieder zusammengefallen wären. Dann hätten es weder Sterne noch Planeten jemals geben können.

Eine kleinere Gravitationskonstante würde die Stärke der gravitativen Anziehung mit folgenden Konsequenzen verringern:

- Es wäre schwieriger, dass sich stabile Planetensystem entwickeln.
- Die Entstehung von Sternen würde sich verlangsamen, da sich das interstellare Material in den Sternentstehungsgebieten langsamer oder gar nicht zusammenziehen würde
- Schwarze Löcher würden sich seltener entwickeln, mit Konsequenzen für die Entstehung und Entwicklung von Galaxien.
- Die Entwicklung von Sternen würde sich extrem verlangsamen und die Sterne hätten eine weit geringe Kerntemperatur mit Auswirkung auf die Entstehung von chemischen Elementen.

- Ein zu kleine Gravitation hätte in der Anfangszeit des Universums dazu führen können, dass sich das Universum zu schnell ausdehnt und es nicht zur Entwicklung von Sternen kommen könnte. Das Universum wäre dann ein Gebilde aus Gas, ohne Materie, ohne Sterne und ohne Leben.

Die Gravitationskonstante G ist also nicht nur eine mathematische Größe, sondern auch ein entscheidender Faktor, der das Verhalten und die Struktur des gesamten Universums beeinflusst. Sowohl eine Erhöhung als auch eine Verringerung von G hätte dramatische Auswirkungen auf astrophysikalische Prozesse, das Gleichgewicht der Kräfte in unserem Universum und letztlich auf die Existenz von Leben.

Die Gravitationskraft ist im Verhältnis zu den anderen Grundkräften eine sehr, sehr schwache Kraft. Vergleichen wir sie doch einmal mit der Elektromagnetischen Kraft. Wäre die Gravitationskraft im Vergleich zur Elektromagnetischen Kraft nur geringfügig stärker (im Verhältnis 1 zu 10^{30}), dann hätte ein typischer Stern wie unsere Sonne nur eine Lebenszeit von 10.000 Jahren (im Vergleich zur Lebenszeit unserer Sonne von etwa 9 Milliarden Jahre) bis sein Brennmaterial ausgeschöpft wäre. Diese extrem kurze Zeitspanne hätte bei weitem nicht ausgereicht um komplexes Leben auf der Erde entstehen zu lassen. Die Gravitationskraft hat in unserem Universum ein exakt ausbalanciertes Maß. Wiche sie davon nur in sehr, sehr geringem Maße ab, wäre die Entstehung von Leben nicht möglich gewesen. Das Maß der Feinabstimmung kann man in diesem Fall vorsichtig mit $1:10^{36}$ abschätzen. Wenn die Gravitationskraft um diesen Faktor zu- oder abnähme, wäre Leben im Universum nicht möglich.

Betrachten wir als weiteres Beispiel die Größenverhältnisse der Teilchen innerhalb eines Atoms und die Kräfte, die sie zusammenhalten. Sie erscheinen perfekt aufeinander abgestimmt zu sein. Sie sind genauso stark, dass das Atom stabil ist und trotzdem mit anderen Atomen interagieren und chemische Verbindungen bilden kann. Wären sie nur geringfügig größer oder kleiner, wären solche Reaktionen viel zu langsam oder die Kerne der Atome wären so instabil, dass sie sofort zerfielen. Änderungen in diesen Größen- oder Massenverhältnissen hätte umfassende Konsequenzen für die Struktur und Stabilität der Materie, die Chemie und letztendlich für das Leben im Universum. Selbst eine relativ kleine Änderung in diesem Verhältnis könnte die chemischen Eigenschaften der Elemente und die vorhandenen materiellen Strukturen erheblich beeinflussen. Die Folgen wären dramatisch: Im Universum gäbe es keines der Elemente, aus den Planeten und andere feste Himmelskörper, geschweige denn Lebewesen zusammengesetzt sind. In einem solchen Szenario mit drastisch veränderten Massen und Kräften könnte das gesamte physikalische und chemische Universum, das wir kennen, nicht existieren.

Das Problem der Feinabstimmung bezieht sich auf die bemerkenswerte Genauigkeit der Werte der physikalischen Naturkonstanten, die notwendig sind, um die Struktur und die Eigenschaften des Universums zu erklären und damit auch die Existenz von Leben auf Planeten wie der Erde. Kleinste Abweichung von diesem Zahlenwert würde dazu führen, dass Leben nicht entstehen könnte. Diese Konstanten sind Teil der physikalischen Gesetze, aber sie lassen sich nicht aus physikalischen Gesetzmäßigkeit ableiten. Sie scheinen unabhängig von den Gesetzen zu existieren und deuten deshalb auf eine tieferliegende Struktur der Natur hin. Eine Natur, die uns bisher verborgen geblieben ist.

8.3. DIE NATURGESETZE UND IHRE KONSTANTEN

Die Feinabstimmung in der Natur findet sich nicht nur in den physikalischen Naturgesetzen, sondern auch an vielfältigen anderen Stellen. Sie zieht sich quasi durch fast alle Bereiche der Physik, die mit dem Lebensraum der Menschen zu tun hat. Das Universum entstand so, dass Leben in seiner vielfältigsten Art in ihm möglich ist. Aber dafür mussten viele fundamentale physikalische Konstanten und Gesetze in außergewöhnlich engen Grenzen gehalten werden. Grenzen, die erst Leben möglich machten. Wir finden diese Grenzen in den Gesetzen der Natur, in den Werten der physikalischen Konstanten, in den Anfangsbedingungen des Universums, im Beginn von Raum und Zeit, in der kosmologischen Konstante, die die Expansion des Universums beschreibt. Wir finden sie in den subatomaren Teilchen, den Atomen und der Gravitationskraft. Wir finden sie in der Nukleosynthese des Kohlenstoffs, in unserer Milchstraße, in der Sonne, der Erde und dem Mond, den Eigenschaften des Wassers und der gesamten Biochemie. All diese Dinge müssen auf eine außergewöhnliche Art zusammenspielen damit Leben entstehen kann. Wenn nur eines dieser sinngemäßen Zahnräder nicht richtig funktioniert oder eingestellt wäre, dann würde es uns heute nicht geben.

Auch bei dieser Aufzählung finden wir in den Heiligen Schriften einen Ursprung der Existenz. Selbst die Entstehung der Erde, des Mondes und der Sonne unterliegt der außergewöhnlichen Feinabstimmung. Auf der anderen Seite wissen wir, dass die Erde, der Mond und die Sonne und damit auch alle anderen Himmelskörper durch die Kraft und Macht des göttlichen Lichts entstanden sind und erhalten werden.

> *„Dies ist das Licht Christi. So ist er auch in der Sonne und das Licht der Sonne und die Macht davon, wodurch sie gemacht worden ist. So ist er auch im Mond und das Licht des Modes und die Macht davon, wodurch dieser gemacht worden ist, so auch das Licht der Sterne und die Macht davon, wodurch sie gemacht worden sind, und auch der Erde und die Macht davon, nämlich der Erde, worauf ihr steht."* (Lehre und Bündnisse 88:7-10)

Diese Schriftstelle gibt machtvoll Zeugnis davon, dass Jesus Christus der Schöpfer aller Erden, Planeten, Monden und Sterne ist und dafür hat er alle Voraussetzungen geschaffen, so dass Leben hier existieren kann. Also liegt auch die Macht der Auswahl der Naturkonstanten in seinen Händen. Aber seine Möglichkeit sind weit größer als gerade erwähnt. Durch die Auswahl der Parameter hat er die Möglichkeit, das Universum genauso zu formen und zu gestalten, wie er es benötigt um für die Kinder Gottes genau die richtige Welt zu erschaffen. Zweifellos wird es auch so sein, dass nicht nur ein Universum geschaffen wurde, sondern beliebig viele, denn Gottes Nachkommenschaft ist unzählbar.

8.4. DIE FEINABSTIMMUNG UND IHRE KONSEQUENZEN?

Bisher haben wir die Feinabstimmung der Naturkonstanten nur qualitativ besprochen um einen Überblick über die Abhängigkeiten und Zusammenhänge zu erläutern. Die wahre Problematik und Größe der Feinabstimmung tritt allerdings erst dann zutage, wenn sie in Zahlen ausgedrückt wird, also quantitativer Natur ist. Die Größenordnung der Zahlenwerte über die wir sprechen werden entzieht sich jeder Vorstellung. Deshalb ist es wichtig wenigstens zu versuchen ein Gefühl für diese Größenordnungen zu bekommen.

Stellen sie sich allen Sand der Erde vor. Natürlich hat niemand alle Sandkörner der Erde zählen können. Aber man kann sie wenigsten ganz grob abschätzen. Eine Schätzung lautet, dass es auf der Erde ca. 10^{18} Sandkörner gibt. Die Zahl 10^{18} ist eine 1 mit 18 Nullen:

$10^{18} = 1.000.000.000.000.000.000$ (das ist 1 Milliarde Milliarde, oder tausend Billiarden)

Jetzt nehmen sie ein einzelnes Sandkörnchen in ihre Hand. Dieses einzelne Sandkörnchen ist der $1/10^{18}$ -te Teil aller Sandkörnchen auf der Erde. Ein überaus winziger Teil der Gesamtzahl.

$1/10^{18} = 0{,}000.000.000.000.000.001$

Diese Zahl ist unvorstellbar klein und dennoch riesig groß im Vergleich zu den Zahlen die noch kommen werden. Bleiben wir aber noch bei dem Gedankenexperiment der Sandkörnchen auf der Erde. Stellen sie sich bitte vor, sie müssten eine Erde erschaffen und die Anzahl der dabei zu verwendenden Sandkörnchen müsste exakt tausend Billiarden betragen ($=10^{18}$). Wenn sie nun beim Zählen der Sandkörnchen nur einen winzigen Fehler machen würden und ein einziges Sandkörnchen zu viel oder zu wenig verwenden würden, dann würde bildhaft gesehen keine Erde daraus entstehen können. Das wäre dann die Feinabstimmung der Sandkörnchen. So ähnlich ist es dann auch mit der Genauigkeit der Feinabstimmung der Naturkonstanten, nur dass im Vergleich dazu nicht der Sand einer Erde, sondern der vieler Milliarden Erden in seiner Menge so abgestimmt sein müsste, dass insgesamt nicht ein Sandkörnchen zu viel oder zu wenig verwendet werden darf.

Noch extremer ist ein Beispiel mit den Luftmolekülen in der Atmosphäre. In der Erdatmosphäre gibt es grob abgeschätzt etwa 10^{44} Luftmoleküle. Mit der Genauigkeit der Einstellung der Naturkonstanten ist es etwa so, wie wenn sie eine Erde erschaffen müssten, wobei die Anzahl der Luftmoleküle exakt dieser Zahl entsprechen muss. Wenn sie nur ein einzelnes Luftmolekül zu viel oder zu wenig verwenden würden, dann würde daraus keine Erde mit Leben darauf entstehen können.

Doch woher kommt diese atemberaubende, auf das Leben zugeschnittene Feinabstimmung? Exemplarisch werde ich nur einige wenige Naturkonstanten mit ihren unglaublichen Begrenzungen aufführen, die sie erfüllen müssen, damit es Leben in unserem Universum geben kann. Schon die Abweichung einer einzigen dieser Konstanten von der ihr innewohnenden Begrenzung würde dazu führen, dass es kein Leben geben könnte:

- Gravitationskonstante G: 1 zu 10^{60}
- Hubble Konstante H (sie beschreibt die Expansionsgeschwindigkeit des Universums) H: 1 zu 10^{60}
- Kosmologische Konstante Λ: 1 zu 10^{120}
- Dichte der dunklen Materie Ω: 1 zu 10^{62}
- Verhältnis der Massen von Elektron zu Proton: 1 zu 10^{37}
- Verhältnis der elektromagnetischen Kraft zur Gravitationskraft: 1 zu 10^{40}

Feinabstimmung der Kräfte, damit Leben entstehen kann:

- Gravitationskonstante G: 1 zu 10^{21}
- Starke Wechselwirkung: 1 zu 10^{12}
- Schwache Wechselwirkung: 1 zu 1.000
- Elektromagnetische Wechselwirkung: 1 zu 1.000
- Massen der up- und down Quarks: 1 zu 1021
- Synthese des Kohlenstoffs: 1 zu 100

Es sind nur einige wenige der Naturkonstanten mit ihren für das Leben akzeptierbaren Grenzen aufgeführt. Jede einzelne dieser winzigen Abweichungen von diesen Grenzen hätte dazu geführt, dass es diese Erde mit Leben darauf nicht geben würde. Und diese Grenzen sind viele Größenordnungen kleiner als ein Sandkörnchen im Vergleich zum gesamten Sand auf der Erde, ja Milliarden Erden gleich unserer.

Aber es muss ja nicht nur die Genauigkeitsgrenze einer einzelnen Naturkonstante eingehalten werden, sondern die aller Konstanten zusammen. Und es gibt nicht nur die aufgeführten 12 Konstanten mit ihren quantifizierten Grenzen, sondern weit über 100, deren Grenzen teilweise noch sehr viel enger eingehalten werden müssen. Allein aus diesen Zahlen ist erkennbar, dass diese geforderten Genauigkeit niemals das Werk des Zufalls sein kann, sondern dass ein Schöpfer dahinter stehen muss. Die Grenzen der Naturkonstanten sind so eng gesteckt, dass selbst der Begriff „Feinabstimmung" diesen Sachverhalt nur äußerst ungenügend Rechnung trägt.

Aber es gibt uns Menschen auf unserer kleinen Erde und deshalb muss es zumindest ein Universum geben, in dem alle diese Voraussetzung erfüllt sind, sonst könnten wir die Frage danach überhaupt nicht stellen. Deshalb müssen wir die Frage nach dem Ursprung unseres Universums stellen und es gilt darauf eine Antwort zu finden. Und diese Antwort findet sich nicht im Rahmen der Kenntnisfähigkeit der Naturwissenschaften.

8.5. WAS IST DIE URSACHE DER FEINABSTIMMUNG DER NATURKON-STANTEN?

Aus den Bereichen der Naturwissenschaften und der Philosophie gibt es verschiedene Lösungsansätze, wie die extreme Feinabstimmung der Naturkonstanten und Anfangsbedingungen gedeutet und auf grundlegendere Prinzipien reduziert werden könnten. Diese Lösungsansätze lassen sich in die folgenden fünf Kategorien einordnen:

- Die Feinabstimmung wird auf das sogenannte anthropische[75] Prinzip zurückgeführt
- Die Feinabstimmung ist ein Produkt des Zufalls
- Der Feinabstimmung wird als Hinweis auf noch unbekannte Gesetzmäßigkeiten angesehen
- Die Feinabstimmung ist eine Konsequenz unendlich vieler Universen (Multiversumstheorie)
- Die Ursache der Feinabstimmung ist der Schöpfer des Universums

Diese in Kategorien eingeteilten Lösungsansätze zur Erklärung der Ursachen und der Zusammenhänge der Feinabstimmung der Naturkonstanten werden im Einzelnen nachfolgend betrachtet und bewertet.

Das anthropische Prinzip

Das anthropische Prinzip ist ein kosmologisches Konzept, das versucht zu erklären, warum das Universum in einer Weise beschaffen ist, das Leben und insbesondere das menschliche Leben möglich ist. Der Begriff „anthropisch" leitet sich vom griechischen Wort anthropos ab, was „Mensch" bedeutet. In dem Konzept wird die Frage gestellt, ob das Universum so fein abgestimmt ist, damit es für die Entstehung und Entwicklung von Leben geeignet ist. Dadurch wird die Frage der

---

[75] Das Adjektiv anthropisch beschreibt die Fähigkeit des Kosmos, sich im und durch den Menschen selbst zu erkennen.

Feinabstimmung direkt mit der Entstehung und Sinnhaftigkeit von Leben verknüpft.

Das anthropische Prinzip legt nahe, dass die beobachteten Werte physikalischer Konstanten und die Naturgesetze nicht zufällig sind, sondern es postuliert, dass das Universum so beschaffen sein muss, dass intelligentes Leben, wie wir es kennen, tatsächlich existieren kann. Mit anderen Worten: Wir beobachten das Universum und die Naturgesetze genauso, wie sie sind, weil nur in einem solchen Universum Leben, das in der Lage ist diese Fragen zu stellen, existieren kann. Dies führt zwangsläufig zu der Auffassung, dass die Feinabstimmung eine notwendige Voraussetzung für das Leben ist. Es besagt deshalb, dass das beobachtbare Universum nur deshalb beobachtbar ist, weil es alle Eigenschaften hat, die dem Beobachter ein Leben ermöglichen. Wäre es nicht für die Entwicklung bewusstseinsfähigen Lebens geeignet, so wäre auch niemand da, der es beschreiben könnte.

Die Feinabstimmung als Voraussetzung für die Entstehung von Leben kann auf das anthropische Prinzip zurückgeführt werden. Dieses Prinzip wird unterschiedlich weitreichend formuliert. In seiner schwachen Form lautet es (schwaches anthropisches Prinzip):

> *„Das physikalische Universum, das wir beobachten, hat eine Struktur, welche die Existenz von uns als Beobachter zulässt."*

Eine ähnlich Formulierung wählte der amerikanische Physiker R. H. Dicke[76] 1961:

> *„Weil es in diesem Universum Beobachter gibt, muss das Universum Eigenschaften besitzen, die die Existenz von Beobachtern zulassen."*

In einer etwas stärkeren Formulierung lautet es (starkes anthropisches Prinzip):

---

[76] R. Breuer: Das anthropische Prinzip. Der Mensch im Fadenkreuz der Naturgesetze. Frankfurt/M, Berlin, Wien: Ullstein 1984, S. 24

„Das Universum muss in seinen Gesetzen und in seinem Aufbau so beschaffen sein, dass es irgendwann unweigerlich einen Beobachter hervorbringt."

Die Entstehung von Leben wird hier als notwendige Eigenschaft des Universums erklärt. Der Zweck des Universums ist es also Leben hervorzubringen. Eine solche Aussage bezeichnet man auch als teleologisch[77], d.h. die Feinabstimmung der Naturkonstanten ist so zielgerichtet geschaffen worden, dass Leben entstehen kann.

Das anthropische Prinzip liefert daher in keiner Weise eine physikalische Ursache der Feinabstimmung der Naturkonstanten, sondern es enthält nur die Forderung, dass der Beobachter, d.h. der Mensch, Teil des gesamten Systems sein muss. Aber diese Forderung scheint trivial zu sein, denn wenn es keine Beobachter gibt, dann könnte niemand diese Fragen stellen. Letztlich sagt das anthropische Prinzip etwas vereinfacht nur: *"alles ist so wie es ist, weil ich bin"* (in Anlehnung an die Aussage von René Descartes *„Ich denke, also bin ich"*). Dennoch regt das anthropische Prinzip zu einer tieferen Reflexion über unsere Existenz und unsere Rolle im Kosmos an und fordert uns auf, die Natur des Universums aus einer neuen, religiösen, Perspektive zu betrachten.

Die Feinabstimmung als Produkt des Zufalls

Natürlich kann man die Feinabstimmung der Naturkonstanten bei der Annahme einer nicht teleologischen, d.h. zielfreien, Entstehung des Universums auch als rein zufällig und daher nicht als erklärungsbedürftig ansehen. Denn auch das beliebig Unwahrscheinliche geschieht manchmal, wenn man nur lange genug wartet und im übertragenen Sinne oft genug würfelt. Aber mit dem Hinweis auf den Zufall ist ja keine Erklärung gegeben. Selbst die in der Natur häufig auftretenden Zufälle (wie z.B. die Bewegung eines Luftmoleküls im Innern eines Tornados oder der Weg eines herabfallenden Blattes in einem Herbststurm) haben eine konkrete physikalische Ursache. Der Zufall ist hier keine Begründung für die

---

[77] Teleologie ist die Lehre, der zufolge Handlungen und Dinge oder überhaupt die Prozesse ihrer Entstehung und Entwicklung durchgängig zielorientiert ablaufen.

Nichtberechenbarkeit oder Nichtverstehbarkeit des Prozesses. Wenn ich daher die Feinabstimmung der Naturkonstanten als einen planlosen und damit zufälligen Akt ansehe, dann verlasse ich den naturwissenschaftlichen Bereich und begebe mich in die unwissenschaftliche Sphäre der Deutung.

Die Feinabstimmung als Hinweis auf unbekannte Gesetzmäßigkeiten

Die Aussage, dass die Naturkonstanten nicht aus den bekannten physikalischen Gesetzmäßigkeiten ableitbar sind, bezieht sich natürlich nur auf den gegenwärtigen Erkenntnishorizont der Naturwissenschaften. Es mag aber durchaus so sein, dass die Unkenntnis über die Entstehung der Naturkonstanten auf eine tiefere Struktur der Wirklichkeit hindeuten, die sich bisher der wissenschaftlichen Forschung entzogen hat. Beispielsweise versuchen aktuelle Forschungen eine „Theorie von allem" zu erstellen, die alle physikalischen Phänomene mittels einer einzigen Formel zu beschreiben imstande sind. Diese Theorie versucht beispielsweise die Gesetze der Gravitation (d.h. der Allgemeinen Relativitätstheorie) mit denen der Quantenphysik zu vereinigen. Für eine solche Theorie gibt es vereinzelt Ansätze, die aber noch weit davon entfernt sind die Herausforderungen der Vereinigung zu lösen. Es kann durchaus auch so sein, dass eine solche Vereinigung grundsätzlich nicht mit den uns zur Verfügung stehenden Verfahren möglich ist. Aber auch wenn es möglich sein wird, eine solche „Theorie von allem" zu entwickeln, so muss sie nicht zwangsläufig tiefere Erkenntnisse über die Natur der Konstanten und Gesetze enthalten.

Die Hoffnung, dass die genauen Zahlenwerte der Naturkonstanten aus bisher unbekannten Naturgesetzen zukünftig ableitbar sein könnten speist sich aus dem Glauben an eine allumfassende Beschreibbarkeit aller Naturphänomene. Aber die Wissenschaftler müssen wohl erkennen, dass es Fragestellungen gibt, die auf tiefere Strukturen und Zusammenhänge hindeuten, die sich der wissenschaftlichen Betrachtung entziehen. Aus der gegenwärtigen Erkenntnislage erscheint es daher sehr unwahrscheinlich zu sein, dass die genauen Werte der Naturkonstanten aus zukünftigen Theorien ableitbar oder berechenbar sein werden. Hinweise darauf gibt es heute nicht.

Die Feinabstimmung als Konsequenz unendlich vieler Universen

Der Begriff „unendlich" kommt häufig dann ins Spiel, wenn es darum geht beliebig unwahrscheinliche und zufällige auftretende Ereignisse trotzdem Realität werden zu lassen. Denn der Unendlichkeit wohnt ein Zauber inne, der uns in der Theorie zu Lösungen verleitet, die es in der Natur nicht gibt. Es erscheint sehr fragwürdig, ob das in der Mathematik sehr erfolgreiche Konzept der Unendlichkeit auf die physikalische Realität unserer Welt übertragen werden kann. Ein unendlich ausgedehntes Universum oder das Innere eines schwarzen Loches mit unendlicher Dichte und Raumkrümmung beruhen eher auf einem Mangel an theoretischer Erkenntnis, denn an physikalischer Wirklichkeit.

Selbst wenn die zufällige Entstehung eines Universums mit exakt den Naturkonstanten, die für die Entstehung von Leben notwendig sind, hochgradig unwahrscheinlich ist, so ist sie dennoch nicht null, sondern eben nur winzig klein. Daraus ergibt sich zwangsläufig eine einfach Vorgehensweise, man muss nur unendlich viele Universen mit zufällig gewählten Werten der Naturkonstanten entstehen lassen, dann wird schon eines dabei sein, dass dem unsrigen entspricht. Genau dieser Ansatz wird gewählt um die Theorie des Multiversums ins Spiel zu bringen. Um diesen Ansatz verstehen zu können, muss man zurückgehen zu den Anfängen des Universums. Sehr kurz nach dem Beginn von Raum und Zeit (etwa 10^{-34} Sekunden nach dem Beginn) expandierte das Universum in einem atemberaubenden Tempo. Innerhalb kürzester Zeit vergrößerte sich das damals winzig kleine Universum um 50 Größenordnungen. Im Rahmen dieser „Inflation" genannten Expansion entstanden einer Theorie zufolge durch eine extrem empfindliche Balance zwischen der abstoßenden Kraft der Expansion und der anziehenden Schwerkraft unendlich viele Universen, Multiversen genannt, mit unterschiedlichen Anfangsbedingungen, verschiedenen willkürlichen Naturkonstanten und vielleicht auch geänderten Naturgesetzen. Allerdings hat sich herausgestellt, dass auch dieses erweiterte Modell der „Inflation" feinabgestimmte Konstanten benötigt. Das Problem der Feinabstimmung wird daher nicht gelöst, sondern auf eine andere Ebene verschoben.

Falls es nun doch unendlich viele Universen gibt, in denen alle möglichen Gesetze, Konstanten und Rand- und Anfangsbedingungen realisiert sind, dann muss auch unser Universum mit genau unseren Bedingungen mit absoluter Notwendigkeit vorkommen. Denn es ist mathematisch bewiesen, dass in einer unendlichen zufälligen Datenmenge zwangsläufig alle endlichen Zahlenkombination enthalten sind[78]. Man muss aber daraufhin weisen, dass diese Multiversumstheorie einen äußerst spekulativen Charakter hat und keinesfalls durch Experimente oder Beobachtungen verifiziert werden kann. Spielt sich doch alles außerhalb unseres Universums ab und ist daher grundsätzlich nicht beobachtbar. Schließlich muss man auch daraufhin weisen, dass es keinerlei physikalischen Gründe für die Annahme gibt, dass alle unterschiedlichen Universen mit völlig verschiedenen, voneinander unabhängigen und zufälligen Rahmenbedingungen entstehen müssen.

Für die Erklärung der Feinabstimmung der Naturkonstanten durch die Multiversumstheorie müssen also unendlich viele verschiedene Universen bemüht werden, was eher einem Glauben, denn einer wissenschaftlich haltbaren Theorie entspringt. Der deutsche Philosoph und Wissenschaftstheoretiker Prof. Kanitscheider (1939-2017) hat deswegen etwas ironisch gefragt: „Geht es nicht etwas sparsamer?"[79]

Man muss bei diesem Ansatz auch etwas Grundsätzliches im Auge behalten, denn immer dann, wenn die Unendlichkeit ins Spiel gebracht wird um etwas endliches, aber sehr unwahrscheinliches zu erklären versucht, findet man oft keine plausiblen Lösungen, sondern erschafft sich nur Scheinlösungen. Ich möchte dies an einem Beispiel erörtern. Gehen wir zurück zu der mathematisch bewiesenen Aussage, dass in jeder zufälligen **unendlich** langen Zahlenreihe jede beliebige **endlich** lange Zahlenreihe enthalten ist. Betrachten wir einmal eine solche unendlich lange zufällige Zahlenreihe. Wir finden sie in der uns allen bekannten Kreiszahl π (=3,14159265⋯⋯). π ist buchstäblich eine Zahl, die nie ein Ende findet, die für sich genommen die Unendlichkeit symbolisiert. Wir messen präzise den endlichen Umfang und den endlich Durchmesser eines gewöhnlichen Kreises, bilden davon den Quotienten und erhalten etwas, dass uns transzendent erscheint, etwas das wir nie exakt bestimmen können. Eine Zahl die unendlich viele

---

[78] Das Borel-Cantelli-Lemma
[79] B. Kanitscheider: Physikalische Kosmologie und Anthropisches Prinzip. Naturwissenschaften 72 (1985) S. 613-618

Nachkommastellen hat, die nie ein Ende findet und die der darunter liegenden Unendlichkeit eine Basis bereitet.

Diese Kreiszahl π besitzt unendlich viele Nachkommastellen, die sehr wahrscheinlich auch völlig zufällig verteilt sind, damit erfüllt die Zahl π die gewünschten Voraussetzungen für eine unendlich lange und zufällig verteilte Zahlenreihe. Was bedeutet es jetzt, dass in dieser unendlich langen Kreiszahl π alle endlich langen Zahlenreihen vorhanden sind? Betrachten wir einmal ein beliebiges Buch, das in digitaler Form im Computer vorliegt. Dieses Buch besteht aus einer äußerst langen, aber eben endlichen Zahlenreihe. Entsprechend der mathematischen Aussage finden wir exakt diese endliche Zahlenreihe des Buches in der Kreiszahl π wieder. Genau genommen findet sich jedes je geschriebene oder noch nicht geschriebene Buch in der Zahl π. Selbst jedes digitalisierte Bild oder jeder Film befindet sich in dieser Zahl. Auch Bilder, die noch nicht aufgenommen wurden befinden sich darinnen. Bilder, die erst in den nächsten Jahren von mir gemacht werden. Dies klingt sehr sonderbar, zeigt in Wirklichkeit aber nur die Mächtigkeit der Unendlichkeit. Wenn wir in der Kreiszahl π jedes Buch theoretisch finden können, dann natürlich auch die Bibel. Auch wenn wir sie praktisch niemals in π finden werden, da alle Computer dieser Welt nicht ausreichen, um die Position der Bibel im Gefüge der Unendlichkeit von π zu finden. Das zeigt die für uns völlige Unvorstellbarkeit der Unendlichkeit. Aber jetzt zurück zu unserem eigentlichen Problem der unendlich vielen Universen zur Erklärung der Feinabstimmung. Niemand würde jemals auf die Idee kommen, dass die Bibel aus den Nachkommastellen von π abgeschrieben wurde, obwohl es zumindest theoretisch denkbar ist. Die Bibel enthält Gottes Offenbarungen an die Menschheit und wurde durch Offenbarung geschrieben. Genauso wird niemand unendlich viele Universen in Anspruch nehmen können, um Gottes Schöpfung zu erklären. Der viel einfachere Weg wäre es die Feinabstimmung der Naturkonstanten Gott, unserem Schöpfer zuzuschreiben.

Ich denke auch, dass es sehr viele (vielleicht sogar unendlich viele) Universen geben könnte, nämlich für Gottes unzählbare Nachkommenschaft. Aber da alle Kinder Gottes nach seinem Ebenbild erschaffen wurden und noch werden und unsere irdische Heimat der ewigen Heimat im Reich Gottes nachgebildet ist, sollten auch alle Universen mit all den Welten ohne Zahl ähnlichen Bedingungen ausgesetzt sein, die nicht dem Zufall unterliegen, sondern der exakten Planung eines liebenden Gottes. Aber diese Aussage hat für uns nur eine symbolische Bedeutung, da unser wissenschaftlicher Erkenntnishorizont uns diese Sicht der Dinge grundsätzlich versperrt.

Die Feinabstimmung als Hinweis auf einen Schöpfer

Die Frage der Feinabstimmung hat weitreichende religiöse Implikationen. Sie wirft grundlegende Fragen nach dem Platz des Menschen im Universum auf. Sie fordert unser Verständnis von Zufälligkeit und Notwendigkeit heraus und stellt zwangsläufig die Frage nach der Rolle von Leben im Universum. Das Streben nach Antworten auf diese Fragen rührt an das grundlegende Bedürfnis, das Universum und unsere Existenz darin zu verstehen. Selbst einige der bisher genannten wissenschaftlichen Lösungsvorschläge orientieren sich an dem teleologischen Prinzip, nach dem das Geschehen in unserem Universum zielgerichtet ist. Die Wissenschaften müssen nach Antworten suchen, es ist ihr ureigenste Aufgabe. Es scheint aber so zu sein, dass die Feinabstimmung ein Hinweis auf eine tiefere Struktur der Wirklichkeit ist, die sich der wissenschaftlichen Betrachtung entzieht. Das Leben auf dieser Erde und in diesem Universum ist kein von Zufall geprägtes Ereignis, sondern es ist geplant. Genau deswegen ist die tiefere Struktur der Wirklichkeit ein Hinweis auf das Wirken Gottes, der alles so eingerichtet hat, das Leben existieren kann. Aber Gott bedient sich der Gesetze der Natur, vielleicht erschafft er sie sogar. Denn das Wirken der Natur erscheint wie ein großes präzises Zusammenwirken unzähliger einzelner, voneinander unabhängig erscheinender, Komponenten im Gefüge des Universums. Die Wissenschaft versucht diese Geheimnisse zu ergründen. Vielleicht wird es sogar möglich sein, diese tieferen Strukturen wissenschaftlich zu entschlüsseln, so dass die Werte der Naturkonstanten aus fundamentalen Prinzipien ableitbar sind, vielleicht stellen sie aber auch unveränderliche, grundlegende Parameter des Universums dar. Auch wenn es wissenschaftlich nicht nachweisbar ist, so ist doch die Annahme, dass die Feinabstimmung der Naturkonstanten auf das Wirken Gottes zurückgeführt wird, die weitaus plausibelste Antwort. Sie kann es aber nur deshalb sein, weil das Leben in unserem Universum kein Zufallsprodukt der Natur ist, sondern ein notwendiger Teil der ewigen Existenz des Menschen.

Das Problem der Feinabstimmung in der Kosmologie bezieht sich auf die bemerkenswerte Genauigkeit der Werte physikalischer Konstanten und Anfangsbedingungen, die notwendig sind, um die beobachtete Struktur und die Eigenschaften des Universums zu erklären. Sie zeigt dabei gleichzeitig die Fragilität und das Wunder unseres Universums auf. Ob durch das anthropische Prinzip, die Multiversum-Theorie oder andere Erklärungsansätze: Das Rätsel bleibt eine der großen Herausforderungen der modernen Naturwissenschaft. Es zwingt uns, die Grenzen unseres Wissens zu hinterfragen und neue Wege zu suchen, die tiefsten Fragen nach der Struktur und dem Ursprung des Universums zu beantworten. Es deutet sich aber an, dass sich die Frage nach der Feinabstimmung der Naturkonstanten nicht im Rahmen der Wissenschaften beantworten lässt, da wir die Antwort wohl nur jenseits der für uns geltenden Naturgesetze finden werden.

Die Feinabstimmung der Naturkonstanten wirft nicht nur physikalische, sondern auch theologische Fragen auf. Sie fordert unser Verständnis von Zufälligkeit und Notwendigkeit heraus und stellt zwangsläufig die Frage nach der Rolle von Leben im Universum. Die Existenz des Lebens ist kein Zufallsprodukt der Natur, sondern ein notwendiger Teil der ewigen Existenz des Menschen. Die Feinabstimmung der Naturkonstanten ist deshalb nur ein Punkt unter vielen, der auf die Existenz eines Schöpfers verweist. Vielleicht ist sie sogar eines der stärksten Argumente aus der Welt der Wissenschaften, das für die Wirklichkeit eines Schöpfers spricht. Die Feinabstimmung ist aber kein zwingender Beweis für einen Schöpfer, aber sie kann als eines der deutlichsten wissenschaftlichen Hinweise darauf interpretiert werden. Wenn man die Feinabstimmung der Naturkonstanten nicht als Einzelerscheinung in der Beschreibung der Wirklichkeit ansieht, sondern eingebettet in die Rolle des Lebens im Universum, dann erkennt man, dass die Feinabstimmung nur ein Puzzlestein im Geflecht des Universums darstellt.

Aus wissenschaftlicher Sicht bleibt die Frage offen, ob es eines Tages möglich sein wird, die Werte der Naturkonstanten aus fundamentalen, bisher unbekannten Prinzipien abzuleiten oder ob sie unveränderliche, grundlegende Parameter des Universums darstellen, die sich nicht aus Modellen der Natur ableiten lassen. Vieles deutet daraufhin, dass sich aus der bewussten Wahl der Naturkonstanten unterschiedliche Universen mit unterschiedlichen Strukturen herleiten lassen, je nach Zweck ihrer Erschaffung. Ehrfurchtsvoll müssen wir aber auch erkennen, dass die Wissenschaft oft Fragen aufwirft, die sie grundsätzlich nicht beantworten kann, da sie außerhalb ihres Erkenntnishorizontes liegen. Die Frage nach dem Ursprung der Naturgesetze gehört sicher dazu.

Letztlich deutet alles darauf hin, dass wir auch in den Naturgesetzen und besonders in der Feinabstimmung der Naturkonstanten Gottes Wirken deutlich erkennen können, denn alles zeugt von Ihm.

Auflistung einiger signifikanter Zusammenhänge:

1. Wäre die elektromagnetische Kraft schwächer als sie ist, könnten sich chemische Elemente nicht richtig verbinden und es gäbe nicht genug Kohlenstoff und Sauerstoff, um Leben zu ermöglichen.

2. Damit Atome stabil sind, muss die elektromagnetische Kraft viel schwächer sein als die starke Kernkraft.

3. Der von der Sonne erzeugte elektromagnetische Strahlungsbereich muss genau auf die Energien der verschiedenen chemischen Bindungen auf der Erde abgestimmt sein.

4. Das Verhältnis von elektromagnetischen und Gravitationskräften muss im Bereich von 10^{40} stimmen.

5. Im Universum muss eine genaue Anzahl von Elektronen vorhanden sein. Wenn die Anzahl der Elektronen nicht mindestens auf ein Teil von 10^{37} genau der Anzahl der Protonen entspricht, müssten die elektromagnetischen Kräfte im Universum die Gravitationskräfte überwinden, damit sich Galaxien, Sterne und Planeten niemals bilden könnten.

6. Elektromagnetische Abstoßung zwischen Protonen verhindert, dass die meisten ihrer Kollisionen zu einer Proton-Proton-Fusion führen, was erklärt, wie Sterne so langsam brennen können.

7. Um die Strahlung der Sonne an die chemische Bindungsenergie anzupassen, muss die Größe von sechs Konstanten ausgewählt und fein eingestellt werden, um sicherzustellen, dass die Photonen ausreichend, aber nicht zu energiereich sind.

8. Die meisten UV-Wellenlängen werden von Sauerstoff und Ozon in der Erdatmosphäre absorbiert. Die Absorption von Licht durch die Erdatmosphäre oder durch Wasser, wo die notwendigen chemischen Reaktionen stattfinden, könnte Leben auf der Erde unmöglich machen.

9. Seltsamerweise ist die elektromagnetische Strahlung der Sonne auf einen winzigen Bereich des gesamten elektromagnetischen Spektrums beschränkt, der einer Karte in einem Kartenspiel mit 10^{25} Karten entspricht, und genau dieser unendlich kleine Bereich ist genau das, was für Leben erforderlich ist.

10. Es gibt eine einzigartige, dimensionslose Atomkonstante in der Physik, die als „α" oder „elektromagnetische Feinstruktur-Strukturkonstante" bekannt ist und die der gesamten Natur, der Form und Struktur des gesamten Universums zugrunde liegt. Sie ist besser bekannt als ihr Kehrwert, der im Wesentlichen 1/137 entspricht.

11. Das Gleichgewicht zwischen starken und elektromagnetischen Kräften muss genau richtig sein.

12. Sterne müssen Kohlenstoff und Sauerstoff in vergleichbaren Mengen produzieren.

9.0. DIE ERDE

Nun wenden wir uns der Schöpfungsgeschichte unserer Erde zu, wie sie uns im Buch Genesis des Alten Testaments vorliegt. Wenngleich uns diese Schöpfungsgeschichte mit ihren vielen allgemein verständlichen Sinnbildern den Ablauf der Schöpfung auf eindrucksvolle Weise vor Augen führt, bildet sie jedoch die reale Erschaffung der Welt nicht im Entferntesten ab. Für die religiöse Welt scheinen die Darlegungen in der Schöpfungsgeschichte jedenfalls eine große Herausforderung zu sein, ist man doch dazu geneigt, Schilderungen, die symbolisch gemeint sind, buchstäblich aufzufassen. Dennoch liefert sie uns ein klares Verständnis von grundlegenden Informationen, die uns die Schöpfung aus wissenschaftlicher Perspektive richtig interpretieren lässt. So sagt sie uns klar und deutlich: Der Herr, unser Gott, hat alle Voraussetzungen geschaffen, damit unsere Erde entstehen konnte. Er hat auf diese Weise dafür gesorgt, dass alle erforderlichen Elemente vorhanden waren, damit sich unter anderem das feste Land, das Wasser, eine Atmosphäre und schließlich auch Leben bilden konnte. Zu diesen Voraussetzungen zählen, neben vielen anderen Dingen, auch die Temperatur der Sonne und ihr Strahlungsspektrum, aber auch der Abstand der Erde zur Sonne, sodass die Temperaturen geeignet waren, um Leben hervorzubringen. Er hat dafür gesorgt, dass die Erde durch ein starkes Magnetfeld vor den schädlichen Strahlungen der Sonne geschützt ist und dass ein großer Mond die Erdachse stabilisiert, sodass gleichmäßige Jahreszeiten entstehen können, die ein geordnetes Wachstum der Vegetation erst möglich machen.

Die Komplexität dieser Voraussetzungen sprengt den Rahmen menschlichen Verständnisses, sodass es uns geradezu wundersam erscheint, dass sich Leben entwickeln konnte. Doch ein Wunder war es gewiss nicht. Es war vielmehr das Ergebnis des gezielten Handelns eines Gottes, dessen Macht und Wissen allumfassend ist. Für den Menschen muss verständlicherweise alles als Wunder erscheinen, was menschliches Verstehen übersteigt und nur durch die Macht Gottes vollbracht werden kann. Doch beruht alles auf der realen Anwendung der ewig existierenden Gesetze. Dazu bedurfte es eines Gottes, der die Macht und das Wissen hat, durch geplantes und zielgerichtetes Handeln, alles auf Grundlage der ewigen Gesetze so entstehen zu lassen, damit der Mensch hier auf diesem Planeten seine sterbliche Phase absolvieren kann.

Die moderne Geologie[80] verfügt über eine außerordentlich detaillierte Vorstellung von der Entstehungsgeschichte und Entwicklung der Erde, von den ersten Anfängen kurz nach der Entstehung unserer Sonne, bis zum Beginn des Lebens. Die Forscher lesen in den geologischen Strukturen der Erde wie in einem offenen Buch. Und durch die Radioaktivität der Gesteine ist das Buch gewissermaßen noch zusätzlich mit Jahreszahlen versehen worden. So kann man heute die Geschichte der Entstehung und Entwicklung der Erde in weiten Teilen präzise entschlüsseln und mit diesem Wissen lässt sich Gottes Wirken auch besser verstehen.

Auch wenn auf der einen Seite die Wissenschaften heute die Entstehungsgeschichte der Erde und des Universums bereits sehr gut verstehen und dies auch entsprechend erklären können, so ist es auf der anderen Seite aber auch eine besondere Erfahrung, in der Schrift lesen zu können, auf welche Weise der Vater im Himmel seinen Kindern die Erschaffung der Erde dargelegt hatte.

Altes Testament: Das Buch Genesis „Die Schöpfungsgeschichte"
Die Erschaffung der Welt: 1,1-2,3

Im Anfang schuf Gott Himmel und Erde; die Erde war wüst und wirr, Finsternis lag über der Urflut und Gottes Geist schwebte über dem Wasser.

Gott sprach: Es werde Licht. Und es wurde Licht. Gott sah, dass das Licht gut war. Gott schied das Licht von der Finsternis, und Gott nannte das Licht Tag, und die Finsternis nannte er Nacht. Es wurde Abend, und es wurde Morgen: erster Tag.

Dann sprach Gott: Ein Gewölbe entstehe mitten im Wasser und scheide Wasser von Wasser. Gott machte also das Gewölbe und schied das Wasser unterhalb des Gewölbes vom Wasser oberhalb des Gewölbes. So geschah es, und Gott nannte das Gewölbe Himmel. Es wurde Abend und es wurde Morgen: zweiter Tag.

Dann sprach Gott: Das Wasser unterhalb des Himmels sammle sich an einem Ort, damit das Trockene sichtbar werde. So geschah es. Das Trockene nannte Gott Land, und das angesammelte Wasser nannte er Meer. Gott sah, dass es gut war. Dann sprach Gott: Das Land lasse junges Grün wachsen, alle Arten von Pflanzen, die Samen tragen, und von Bäumen, die auf

---

[80] Geologie: Die Geologie ist die Wissenschaft vom Aufbau der Erde und ihrer Entwicklungsgeschichte

der Erde Früchte bringen mit ihrem Samen darin. So geschah es. Das Land brachte junges Grün hervor, alle Arten von Pflanzen, die Samen tragen, alle Arten von Bäumen, die Früchte bringen mit ihrem Samen darin. Gott sah, dass es gut war. Es wurde Abend, und es wurde Morgen: dritter Tag. Dann sprach Gott: Lichter sollen am Himmelsgewölbe sein, um Tag und Nacht zu scheiden. Sie sollen Zeichen sein und zur Bestimmung von Festzeiten, von Tagen und Jahren dienen; sie sollen Lichter am Himmelsgewölbe sein, die über die Erde hin leuchten. So geschah es. Gott machte die beiden großen Lichter, das größere, das über den Tag herrscht, das kleinere, das über die Nacht herrscht, auch die Sterne. Gott setzte die Lichter an das Himmelsgewölbe, damit sie über die Erde hin leuchten, über Tag und Nacht herrschen und das Licht von der Finsternis scheiden. Gott sah, dass es gut war. Es wurde Abend, und es wurde Morgen: vierter Tag. Dann sprach Gott: Das Wasser wimmle von lebendigem Wesen, und Vögel sollen über dem Land am Himmelsgewölbe dahinfliegen. Gott schuf alle Arten von großen Seetieren und anderen Lebewesen, von denen das Wasser wimmelt, und alle Arten von gefiederten Vögeln. Gott sah, dass es gut war. Gott segnete sie und sprach: Seid fruchtbar, und vermehrt euch, und bevölkert das Wasser im Meer, und die Vögel sollen sich auf dem Land vermehren. Es wurde Abend, und es wurde Morgen: fünfter Tag. Dann sprach Gott: Das Land bringe alle Arten von lebendigen Wesen hervor, von Vieh, von Kriechtieren und von Tieren des Feldes. So geschah es. Gott machte alle Arten von Tieren des Feldes, alle Arten von Vieh und alle Arten von Kriechtieren auf dem Erdboden. Gott sah, dass es gut war. Dann sprach Gott: Lasst uns Menschen machen als unser Abbild, uns ähnlich. Sie sollen herrschen über die Fische des Meeres, über die Vögel des Himmels, über das Vieh, über die ganze Erde und über alle Kriechtiere auf dem Land. Gott schuf also den Menschen als sein Abbild; als Abbild Gottes erschuf er ihn. Als Mann und Frau erschuf er sie." (AT: Genesis 1:1 – 1:27)
„So wurden Himmel und Erde vollendet und ihr ganzes Gefüge." (AT: Genesis 2:1)

Dass die Schöpfungsgeschichte im Buch Genesis im Alten Testament keine wissenschaftliche Beschreibung der Entstehung der Erde darstellt, sondern eher als Bild zu verstehen ist, wird heute weitestgehend anerkannt. Kardinal Ratzinger, von 1981 bis 2005 Präfekt der Kongregation für die Glaubenslehre der katholischen Kirche und späterer Papst Benedikt XVI beschreibt die Sicht der katholischen Kirche auf die Schöpfungsgeschichte und grenzt dabei die Bibel von wissenschaftlichen Lehrbüchern ab.

„Die Bibel ist kein Lehrbuch der Naturwissenschaft, sie will es auch nicht sein. Sie ist ein religiöses Buch, und deshalb kann man aus ihr keine naturwissenschaftlichen Auskünfte erhalten, nicht erfahren, wie die Weltentstehung naturwissenschaftlich verlaufen ist, sondern nur religiöse Erkenntnisse aus ihr gewinnen. Alles andere ist Bild, eine Weise, den Menschen das Tiefere, das Eigentliche fassbar zu machen."[81]

„Man müsse unterscheiden zwischen Darstellungsform und dargestelltem Inhalt. Die Form sei aus dem Verstehbaren jener Zeit heraus gewählt, aus den Bildern, in denen die Menschen von damals lebten, in denen sie sprachen und dachten, in denen sie das Größere, das Eigentliche verstehen konnten. So wolle die Schrift uns nicht erzählen, wie Sonne und Mond und die Sterne sich herausbildeten, sondern letzten Endes nur eines sagen: Gott hat die Welt erschaffen."[82]

Für Kardinal Ratzinger ist die Schöpfungsgeschichte daher ein Bild, damit die Menschen das Eigentliche dahinter verstehen können, dass Gott die Welt erschaffen hat.

Wenn in den Heiligen Schriften an anderen Stellen von der Erschaffung vieler Welten die Rede ist, dann wissen wir heute, dass es dabei um die Erschaffung von Planeten in unserem Universum geht und nicht um die Schöpfung vieler weiterer Universen. Es gibt keinen Zweifel daran, dass die Erde zu den erschaffenen Welten gehört, von denen Gott Vater gesprochen hat. Dies wird auch durch die Vision deutlich, die der Herr dem Propheten Mose gegeben hat:

---

[81] Kardinal Ratzinger; „Im Anfang schuf Gott – Konsequenzen des Schöpfungsglaubens", Johannes Verlag Einsiedeln, 1996, Seite 17
[82] Kardinal Ratzinger; „Im Anfang schuf Gott – Konsequenzen des Schöpfungsglaubens", Johannes Verlag Einsiedeln, 1996, Seite 17

"Mose schaute und sah die Welt, auf der er geschaffen worden war. Und Welten ohne Zahl habe ich erschaffen. Aber nur von dieser Erde und ihren Bewohnern gebe ich dir Bericht." (KP: Mose 1:8, 33, 35).

Gott der Herr hat es Mose deutlich vermittelt: die Erde ist eine der Welten, die er für seine Nachkommen geschaffen hat, damit sie den Zweck ihrer Erschaffung erfüllen können. Und nachdem die Erde bereit war, hat er den sterblichen Menschen, Mann und Frau, erschaffen und auf diese Erde gesetzt.

„Und ich Gott, erschuf den Menschen als mein eigenes Abbild, als Abbild meines Einziggezeugten erschuf ich ihn; männlich und weiblich erschuf ich sie." (KP: Mose 2:27)

Als der Herr seinem Lieblingsjünger Johannes die in der Bibel niedergeschriebenen Offenbarungen des Johannes gab, hat er noch einmal deutlich formuliert, dass er nicht nur die Erde, sondern auch den Himmel erschaffen hat. Er hat dabei bewusst diese Formulierung gewählt, um zu verdeutlichen, dass es einen fundamentalen Unterschied zwischen dem Himmel und der Erde gibt.

„Er schwor bei dem, der in alle Ewigkeit lebt, der den Himmel erschaffen hat und was darin ist und die Erde und was darauf ist, und das Meer und was darin ist." (NT: Offenbarung 10:6)

Über die Entstehung der Erde ranken sich viele Mythen, die sich im Laufe der vergangenen Jahrtausende gebildet haben. Seit jeher haben Menschen über die Erde und ihre Erschaffung nachgedacht. Aber erst in den letzten hundert Jahren entwickelten sich die physikalischen Methoden und technischen Hilfsmittel, die eine präzise Bestimmung des Alters der Erde möglich machten. Alle heutigen wissenschaftlichen Erkenntnisse weisen darauf hin, dass das Alter der Erde etwa 4,5 Milliarden Jahre beträgt. Verschiedene und voneinander unabhängige Methoden zur Altersbestimmung haben dieses Alter bestätigt, so dass kaum mehr ein Zweifel daran besteht. Es sind keine einfachen Schätzungen mehr, die zu diesem Ergebnis geführt haben, sondern fundierte und nachprüfbare wissenschaftliche Methoden.

Ein so langer Zeitraum mag für unser begrenztes Zeitverständnis schwer nachvollziehbar sein, auch mag es den Vorstellungen widersprechen, die uns die religiösen Erzählungen bisher vermittelt haben. Doch lässt es das gut geplante und vorausschauende Wirken Gottes erkennen, durch das er die Bedingungen geschaffen hat, die die Entstehung der Wohnstätten seiner Kinder möglich machten. Es besteht kein Zweifel daran, dass eine solch lange Zeit erforderlich war, damit sich alles so entwickeln konnte, dass die Erde als Wohnort für die Kinder Gottes geeignet war und sie hier die Zeit ihrer Sterblichkeit erleben können.

Im Jahre 1650 unternahm der Erzbischof James Ussher von der Church of Ireland als Erster den Versuch, das Alter der Erde zu bestimmen. Da er kein Geologe, sondern Theologe war, forschte er nicht in den Gesteinsschichten der Erde, sondern in der Bibel und anderen historischen Aufzeichnungen nach einer Antwort. Nach sorgfältiger Textanalyse der biblischen Chronologien kam er zu der Überzeugung, dass die Schöpfung am Sonntag, den 23. Oktober 4004 v. Chr. stattgefunden haben muss. Seiner Berechnung zur Folge wäre die Erde heute etwa 6.000 Jahre alt. Für die damalige Zeit war die Berechnung des Erzbischofs James Ussher eine fortschrittliche Methode, hat er sich doch auf die ihm zur Verfügung stehenden chronologischen Informationen aus der Bibel gestützt und daraus die Zeit abgeleitet. Wie wir heute wissen, kann sich die von ihm berechnete Zeitdauer aber nicht auf das Alter der Erde beziehen, sondern auf den ungefähren Zeitraum der zeitlichen Existenz der Kinder Gottes, wie er in den Chronologien und dem Buch der Offenbarung im Neuen Testament der Bibel niedergeschrieben ist. Wie lang dieser Zeitraum tatsächlich gewesen ist, entzieht sich unserer Erkenntnis. Aus den heiligen Schriften wissen wir nur, dass der Prophet Helaman etwa 20 v.Chr. von vielen Tausenden von Jahren gesprochen hat:

> *„Ja, siehe, ich sage euch, dass nicht nur Abraham davon wusste, sondern es gab schon vor den Tagen Abrahams viele, die nach der Ordnung Gottes berufen waren, ja, nämlich nach der Ordnung seines Sohnes, und dies, um den Menschen schon viele Tausende von Jahren vor seinem Kommen zu zeigen, dass ihnen wahrhaftig Erlösung zuteilwerden wird."* (BM Helaman 8:18)

Was die eigentliche Schöpfungsgeschichte betrifft, wie sie in Genesis 1 im Alten Testament aufgeschrieben ist, so konnte er damals noch nicht wissen, dass es sich dabei vornehmlich um symbolische Zeiten und nicht um klar definierte wissenschaftliche Zeiträume handelt.

Dieses Datum fand trotzdem Eingang in die Kommentartexte zahlreicher Bibeln. Es galt weit bis ins 19. Jahrhundert hinein als ungefähres Datum der Entstehung der Erde und hat sich bis heute trotz überwältigender Hinweise für einen deutlich älteren Entstehungszeitpunkt der Erde in vielen christlichen Glaubensgemeinschaften aufrechterhalten. Das bewusste Ignorieren wissenschaftlich eindeutig nachgewiesener Fakten zeigt, dass das reale Wirken Gottes oft nicht verstanden wird. Die Bibel ist in erster Linie ein Glaubensdokument und erhebt keinen Anspruch auf naturwissenschaftliche oder historische Fehlerlosigkeit. Sie soll nicht erklären, wie die Erde wissenschaftlich entstanden ist. Die Bibel gibt uns aber machtvoll Zeugnis davon, dass Gott die Welt erschaffen hat. So wie es im Johannes Evangelium 1:1 beschrieben ist:

> *„Im Anfang war das Wort und das Wort war bei Gott und das Wort war Gott".*

Die Bibel beschreibt das Wirken Gottes und die Erschaffung der Welt, sie klärt aber nicht darüber auf, wie er dies gemacht hat. Schon um das Jahr 1900 war führenden Mitgliedern der Kirche Jesu Christi der Heiligen der Letzten Tage klar, dass das Alter der Erde weitaus größer sein muss als die aus der Bibel abgeleiteten

6.000 Jahre. John A. Widtsoe schrieb 1903 in seinem Buch „Joseph Smith - Der Wissenschaft voraus":

> „Aber alle menschlichen Erkenntnisse, die auf dem gegenwärtigen Erscheinungsbild der Erde und den Gesetzen, die die bekannten Phänomene beherrschen, beruhen, stimmen darin überein, dass die Erde sehr alt ist, höchstwahrscheinlich Millionen von Jahre. Es muss Hundertausende von Jahren her sein, dass das erste Leben auf der Erde erschien." (John A. Widtsoe, ‚Joseph Smith - Der Wissenschaft voraus', 1990, LDS Books/BOOKS, S. 55)

Auch ein Apostel der Kirche Jesu Christi der Heiligen der Letzten Tage, Bruce R. McConkie, schrieb 1982 über die Bedeutung und die Verwendung des Begriffes „Tag" in der Schöpfungsgeschichte:

> „Aber zuerst, was ist ein Tag? Es ist ein bestimmter Zeitraum; es ist ein Zeitalter, ein Äon, eine Teilung der Ewigkeit; es ist die Zeit zwischen zwei identifizierbaren Ereignissen. Und jeder Tag, egal wie lang, hat die für seine Zwecke erforderliche Dauer.'[83]

Bruce R. McConkie bezeichnet einen Tag in der Schöpfungsgeschichte als Teilung der Ewigkeit. Welch ein wunderbarer Ausdruck, der uneingeschränkt die Bedeutung der Zeit in der Ewigkeit vermittelt. Selbst ein Alter der Erde von 4,5 Milliarden Jahre ist weniger als ein Wimpernschlag im Gefüge der Ewigkeit.

Sehr ähnlich drückte es auch der gegenwärtige Präsident Russel M. Nelson der Kirche Jesu Christi der Heiligen der Letzten Tage während seiner Ansprache bei der Generalkonferenz im April 2000 aus, als er sehr eindrucksvoll über die Schöpfung sprach:

> „Die physische Erschaffung der Erde wurde in Zeitabschnitten durchgeführt. In Genesis und im Buch Mose werden diese Abschnitte Tage genannt. Doch im Buch Abraham werden sie als Zeit bezeichnet. Ob sie nun Tage, Zeiten oder Zeitalter genannt werden, jede Phase war ein

---

[83] Bruce R. McConkie „Christ and the Creation": Ensign, Juni 1982

Zeitabschnitt zwischen zwei bestimmten Ereignissen – eine Einteilung der Ewigkeit."[84]

Der in der Schöpfungsgeschichte verwendete Begriff Tag beschreibt daher nicht die tatsächliche Dauer eines Tages der durch die Erdrotation vorgegeben ist, sondern er wird dort als ein Synonym für die unbestimmte zeitliche Dauer der verschiedenen Abschnitte in der Entstehungsgeschichte der Erde verwendet.

Noch Anfang des 19. Jahrhunderts gab es intensive Auseinandersetzungen über die Entstehung der Erde und die damit im Zusammenhang stehenden Zeiträume. Viele gläubige Christen beharrten auf einer wörtlichen Interpretation des Schöpfungsberichtes in der Bibel, obwohl die Geologen schon damals konkrete Hinweise für wesentlich längere Zeiträume hatten und dies in vielen Büchern veröffentlichten. Der Aufbau der Erde wurde systematisch entschlüsselt und diesen Erkenntnissen wurden nach und nach weitere Kapitel hinzugefügt. Auf diese Weise entstanden die ersten maßgeblichen Zeugnisse darüber, wie die Natur unseres Planeten und die des gesamten Universums entstand.

Der Abschnitt „Geologische Zeitrechnung" in Widtsoe's Buch „Joseph Smith - Der Wissenschaft voraus" hat nichts von seiner prinzipiellen Gültigkeit verloren. Natürlich haben sich Nuancen weiterentwickelt und die Jahreszahlen verfeinert. Aber das prinzipielle Wesen von der Entstehung der Erde waren schon Joseph Smith und John A. Widtsoe bekannt.

Damals entwickelte sich auch in der Wissenschaft langsam das Bewusstsein von sehr langen geologischen Zeiträumen, die zur Entwicklung der Erde nötig waren. Die Entstehung der Gesteinsformationen, so wie wir sie heute sehen können, benötigten hunderte Millionen Jahre zu ihrer Entwicklung. So hat bereits der britische Geologe Charles Lyell 1830 aus der Untersuchung der Prozesse in geologischen Strukturen, auf ein Erdalter von vielen Millionen Jahren geschlossen.

Mit zunehmendem Erkenntnisgewinn in Physik, Geologie, Mineralogie und anderen Wissenschaften entstanden fortschrittliche wissenschaftliche Methoden, mit denen Altersbestimmungen nicht mehr nur geschätzt, sondern auf dem Fundament wissenschaftlicher Erkenntnisse gemessen und berechnet werden können. Diese Messungen erreichen heute ein hohes Maß an Genauigkeit und Konsistenz, so dass an den Ergebnissen keine Zweifel mehr bestehen.

---

[84] Russel M. Nelson, Generalkonferenz April 2000

Das Ergebnis dieser Berechnungen lässt sich wissenschaftlich so zusammenfassen: Vor ca. 4,5 Milliarden Jahren entwickelte sich unsere Sonne aus einer riesigen Gaswolke, bestehend aus etwa 74% Wasserstoff und etwa 24% Helium, durchsetzt mit 1,4% an chemischen Elementen höherer Ordnungszahlen, von Lithium bis Uran, und vermischt mit Staubpartikeln, entstanden aus vergangenen Sternen. Die in der Gaswolke vorhandenen chemischen Elemente, Moleküle und Staubpartikel sind in Generationen von vergangenen Sternen entstanden und am Lebensende der Sterne in Sternexplosionen oder Supernova-Ausbrüchen in das All geschleudert worden, die wir in ähnlicher Weise heute als interstellare Nebel beobachten können. Diese damals vorhandene riesige Gaswolke, aus der sich unsere Sonne entwickelte, kollabierte unter dem Einfluss ihrer eigenen Gravitation, bis die Temperatur und der Druck im Innern des neugeborenen Sterns so groß war, dass sich das nukleare Feuer unserer Sonne von selbst entfachte. Das Licht der Sonne erstrahlte und wird dies noch weitere 5 Milliarden Jahre lang tun.

Abbildung 12   *©NASA, ESA/Hubble and the Hubble Heritage Team*

Aufnahmen eines Sternentstehungsgebietes im Adler-Nebel mit dem Namen „Säulen der Schöpfung". Links: Aufnahme im visuellen Licht, rechts: Aufnahme im infraroten Licht. Der Adler-Nebel besteht im Wesentlichen aus Staub, Wasserstoff- und Heliumgas. Die dargestellten säulenartigen Strukturen haben eine Ausdehnung von etwa 4-5 Lichtjahren. Der Staub ist in früheren Sternengenerationen und Supernovae-Explosionen entstanden und bildet die Grundlage für die Entstehung neuer Sonnensysteme.

Die Abbildung 12 zeigt die beeindruckende Aufnahme einer solchen interstellaren Gas- und Staubwolke. Die Aufnahme unter dem Titel „Säulen der Schöpfung" zeigt ein Sternentstehungsgebiet, in dem tausende junger Sterne entstanden, oder gerade im Entstehen begriffen sind. Der Adler-Nebel besteht im Wesentlichen aus Staub, Wasserstoff- und Heliumgas. Die dargestellten Strukturen haben eine Ausdehnung von etwa 4-5 Lichtjahren. Der Staub ist in früheren Sternengenerationen und Supernovae-Explosionen entstanden und bildet auch die Grundlage für die Entstehung von erdähnlichen Planeten.

Abbildung 13   ©ALMA (ESO/NAOJ/NRAO)

Diese Aufnahme zeigt uns erstmals den Blick auf die Entstehung eines neuen Planetensystems. Es wurde mit einem neuen System von Radioteleskopen (genannt ALMA) gemessen. Das im Entstehen begriffene Planetensystem befindet sich in einer Entfernung von nur 140 Lichtjahren von der Erde. In der Mitte befindet sich der sehr junge Stern, genannt HL Tauri, umgeben von einer Staubscheibe, die sich bei der Geburt des Sterns mit entwickelt hat. Aus dieser Staubscheibe heraus entwickeln sich die Planeten

Solche oder ähnliche Nebel sind die Geburtsstätten von Millionen von Sonnensystemen, also von Sternen mit umkreisenden Planeten. In einem solchen Nebel ist wahrscheinlich auch unser Sonnensystem vor etwa 5 Milliarden Jahren entstanden, erschaffen aus vorhandenem Material. Mit den großen Teleskopen beobachten die Astronomen heute, wie sich in den riesigen Gas- und Staubnebeln nicht nur neue Sterne, sondern auch ganze Planetensysteme bilden. Der Mensch ist dabei Zeuge, wie „Welten ohne Zahl" entstehen.

Bei der Entstehung der Sonne sammelte sich der schwerere Staub in einer flachen Staubscheibe, die um die neugeborene Sonne rotierte. Diese flache Staubscheibe war die Wiege der Planeten. Aus ihr entwickelten sich die inneren Gesteinsplaneten Merkur, Venus, Erde und Mars. Weiter entfernt von der Sonne entstanden die riesigen Gas- und Eisplaneten Jupiter, Saturn, Uranus und Neptun. Aber in unserem Sonnensystem war nur die Erde dafür vorgesehen, als Wohnstätte für die Kinder Gottes zu dienen, denn nur die Erde hatte den richtigen Abstand zur Sonne, um Leben zu ermöglichen. Aber neben unserem Sonnensystem gibt es andere Sternsysteme ohne Zahl, die Planeten enthalten auf denen andere Kinder Gottes leben können. Und heute sind wir dazu in der Lage, einige dieser neu entstehenden Sternensysteme in unserer unmittelbaren kosmischen Nachbarschaft direkt zu beobachten.

Durch die beeindruckende technologische Weiterentwicklung von neuen Teleskopen ist es heute möglich, die Entstehung neuer Planetensysteme direkt zu beobachten. 2014 gelang die Aufnahme des bisher schärfsten Bildes eines Planetensystems im Anfangszustand seiner Entwicklung (siehe Abbildung 13). So ähnlich dürfte auch ein Bild unseres Sonnensystems kurz nach seiner Entstehung vor mehr als 4 Milliarden Jahre ausgesehen haben. Diese Aufnahme, die mit einem neuen System von Radioteleskopen (genannt ALMA) gemessen wurde, zeigt erstmals sehr präzise die Entstehung eines neuen Planetensystems, das sich in einer Entfernung von nur 456 Lichtjahren von der Erde befindet. Vor etwa 100.000 Jahren wurde in einer Gas- und Staubwolke ein neuer Stern geboren, von den Astronomen HL Tauri genannt. Die Wolke zog sich unter dem Einfluss der Gravitation zusammen, bis die Kernfusion zündete und der Stern sein erstes Licht abstrahlte. Materie, die am Rand übrig blieb, sammelte sich in einer rotierenden Scheibe um den jungen Stern. Diese rotierende Staub- und Gasscheibe ist die Geburtsstätte neuer Planeten, die den jungen Stern umkreisen werden. Diese neuesten Beobachtungen enthüllen Strukturen innerhalb der Scheibe, die noch niemals zuvor gesehen wurden. Man erkennt deutlich die hellen Ringe, die von dunklen Lücken getrennt sind und die auf mögliche Positionen und Umlaufbahnen von vielen neuen Planeten hindeuten. Diese Beobachtungen sind außerordentlich wertvoll für unser Verständnis von der Entstehung und Entwicklung unserer Erde im Sonnensystem.

Aber woher kennen die Geologen das Alter der Erde so genau, da es ja weder Zeitzeugen noch mitlaufende Uhren gab? Die grundsätzliche Antwort darauf gibt uns die Erde selbst. Der deutsche Physiker Werner Heisenberg (1901 – 1976) hat diese Erkenntnis wie folgt formuliert:

„Jedes Experiment ist eine Frage an die Natur" (Werner Heisenberg, „Schritte über Grenzen", München, Piper Verlag, 1971, S. 223-242)

Eine ähnliche Aussage darüber finden wir bereits im Buch Ijob im Alten Testament:

„... rede zur Erde, sie wird dich lehren ..." (AT, Buch Ijob: 12:8)

Natürlich können wir mit der Erde nicht buchstäblich reden, aber wir kennen die physikalischen Gesetzmäßigkeiten der Natur und können durch unsere Experimente die richtigen Fragen stellen und die Ergebnisse der Experimente werden uns die Wahrheit lehren.

Glücklicherweise kennen wir die richtige Frage um das Alter der Erde bestimmen zu können. Denn in der Natur existiert ein physikalischer Prozess, und damit buchstäblich eine mitlaufende Uhr, mit der Zeiträume bis hin zu Milliarden Jahren vermessen werden können: die Radioaktivität.

Bereits 1913 gelang dem irischen Geologen John Joly in Zusammenarbeit mit dem Physiker Sir Ernest Rutherford, dem Entdecker der Radioaktivität, das Alter von Kalksteinen auf Basis des radioaktiven Zerfalls sehr genau zu bestimmen. Sie kamen damals auf ein Alter des Kalksteins von 400 Millionen Jahren, was dem heute bestimmten Wert von 375 Millionen Jahren schon sehr nahe kam. Aber es sollten noch einmal fast 40 Jahre vergehen, bis man Gestein fand, das aus der Anfangszeit unserer Erde stammte. Es war der Amerikaner Clair Patterson, der sich in den 1950er Jahren die Erkenntnis zunutze machte, wonach die in der Natur vorkommenden radioaktiven Elemente in bekannten Zeiträumen (genannt

Halbwertszeit[85]) zerfallen. Diese Halbwertszeiten der verschiedenen radioaktiven Elemente sind heute sehr präzise bekannt. Der physikalische Prozess des radioaktiven Zerfalls ist seit Anfang des 20. Jahrhunderts als Radioaktivität bekannt. Dieser radioaktive Zerfall von Elementen liefert eine präzise mitlaufende Uhr bei der zeitlichen Entwicklung von Gesteinen, die durch die Analyse der Elementhäufigkeit jederzeit ausgelesen werden kann.

Die Entdeckung des radioaktiven Zerfalls geht auf den englischen Physiker Sir Ernest Rutherford zurück. 1897 erkannte er, dass instabile chemische Elemente (zum Beispiel Uran) durch radioaktiven Zerfall in Elemente mit niedrigerer Ordnungszahl (zum Beispiel Blei) übergehen. Jedes instabile Element zerfällt mit einer spezifischen Halbwertszeit, die genau angibt, nach welchem Zeitintervall die Hälfte der radioaktiven Substanz zerfallen ist. Diese Halbwertszeit ist für jedes instabile Element charakteristisch.

Glücklicherweise finden wir in vielen Gesteinsformen radioaktive Substanzen, die eine Altersbestimmung erlauben. Der Zerfallsprozess einer im Gestein enthaltenen radioaktiven Substanz beginnt, wenn flüssiges Gestein erstarrt, sich also Kristallstrukturen bilden. Da sich im natürlichen Gestein auch radioaktive Substanzen befinden, kann man mit dieser Methode das Alter des Gesteins sehr genau bestimmen. Beispielsweise zerfällt das Uran Isotop U-238 (die Zahl 238 gibt die Summe der Protonen und Neutronen im Atomkern an) mit einer Halbwertszeit von 4,47 Milliarden Jahren, über verschiedene Zwischenstufen, in stabiles Blei-206. Etwas vereinfacht ausgedrückt: Aus dem gemessenen Verhältnis von Uran-238 und Blei-206, lässt sich das Alter der Gesteinsprobe bestimmen. Das Ergebnis war eindeutig: das Alter der ältesten auf der Erde gefundenen Gesteinsproben beträgt ziemlich genau 4,5 Milliarden Jahre.

Diese Zahl wird auch durch verschiedene andere Datierungsmethoden sehr präzise bestätigt. Die gleichen Methoden hat man auch verwendet, um das Alter von Mondgestein[86] und von Meteoriten, die aus verschiedenen Teilen unseres Sonnensystems stammten, zu bestimmen. Die Ergebnisse passten hervorragend zusammen. All diese Strukturen entstanden gemeinsam, kurz nach der Entstehung unseres Sonnensystems vor etwa 4,5 Milliarden Jahren. Unsere Sonne mit unserem

---

[85] Die Halbwertszeit eines radioaktiven Elementes sagt aus, nach welcher Zeit genau die Hälfte der ursprünglich vorhandenen Substanz zerfallen ist

[86] Apollo Raumfahrtmissionen der NASA, USA

Planetensystem konnte auch nicht sehr viel früher entstanden sein, denn erst zu diesem Zeitpunkt standen alle erforderlichen Elemente in ausreichender Menge zur Verfügung, um unsere Erde mit all den chemischen Elementen auszustatten, die nötig waren damit sich Leben bilden konnte. Einige Generationen von Sternen mussten entstehen und vergehen, bis sie genügend schwere Elemente und Staub hervorgebracht haben. Es ist also buchstäblich so, dass die Erde aus Bestandteilen zusammengesetzt wurde, die woanders bereits existierten. Entstanden sind sie in der Hitze der explodierenden Sterne.

Heute finden wir auf allen Kontinenten Gesteine mit einem Alter von über 3,5 Milliarden Jahren. Vereinzelt wurden auch Gesteine mit einem Alter von 4,5 Milliarden Jahren gefunden. Sie stammen buchstäblich aus der „Kinderstube" der Erde.

Die Entstehung des Sonnensystems, inklusive der Erde, erfolgte dabei keinesfalls zufällig. Aus den Gesetzen des Himmels und aus der uns heute bekannten Natur geht eindeutig hervor, dass sich die Dinge genauso bilden mussten, wie sie tatsächlich auch entstanden sind - weil zuvor die physikalischen Rahmenbedingungen dafür geschaffen wurden. Gott hat diese Rahmenbedingungen so geschaffen und erhalten, dass sich viele Welten in unserem Universum bilden konnten. Es erfüllt einen mit Ehrfurcht, wenn man sieht, wie sich alle Teile in der Entwicklung unseres Universums und der Erde so zusammenfügten, dass letztendlich die bewohnbare Erde, als Wohnort für die Kinder Gottes entstehen konnte.

In der Schöpfungsgeschichte im Buch Abraham der Köstlichen Perle wird dies sinnbildlich wie folgt beschrieben:

„Und die Götter formten die Erde, so dass sie (Anm.: die Erde) Gras hervorbrächte. Und die Götter machten die Erde bereit, dass sie (Anm.: die Erde) lebendige Geschöpfe hervorbrächte." (KP Abraham 4:12, 24)

Die Erde wurde befähigt, Tiere und Pflanzen hervorzubringen. Alle dafür notwendigen Moleküle und Elemente, sowie alle Rahmenbedingungen wie Klima und Wasser waren jetzt vorhanden. Es hat Milliarden Jahre gebraucht, bis sich das Leben auf der Erde soweit entwickeln konnte, wie wir es heute sehen. Die Zeugnisse dieser Entwicklung finden wir zweifelsfrei und in der richtigen Reihenfolge aufgelistet, in den Gesteinsschichten dieser Erde. Aber trotz allem kann die Wissenschaft allein bis heute nicht erklären, wie das erste Leben auf diese Erde kam.

Heute kennen wir die zeitlichen Abläufe bei der Entstehung des Universums und auch unserer Erde sehr präzise. Die Uhr des Universums tickt in den Sternen, in den Galaxien und im Licht der kosmischen Hintergrundstrahlung. Sie tickt in der Entstehungsgeschichte der chemischen Elemente und in den Gesteinsformationen der Erde. Alle diese Uhren ticken im Gleichklang mit der Natur und sie erzählen uns zweifelsfrei den zeitlichen Ablauf der großen Entwicklungen unseres Universums, unseres Sonnensystems und unserer Erde.

Nachdem die sterbliche Erde in allen Dingen vorbereitet war, war die Zeit gekommen, dass Gott Adam und Eva in ihren noch unsterblichen Körpern auf die Erde setzte. Ihre Körper bestanden nicht aus dem Material dieser Erde, denn dann wären sie sterblich und vergänglich gewesen. Sie kamen direkt aus dem Reich Gottes, unsterblich und rein. Bereit, den Zweck ihrer Erschaffung zu erfüllen. Dafür mussten sie allerdings zuerst die Unsterblichkeit ablegen und sterblich werden. Erst danach waren sie in der Lage, die Stammeltern der Kinder Gottes hier auf der Erde zu werden.

9.2. DIE ENTSTEHUNG DER CHEMISCHEN ELEMENTE

Die Erde, alle Sterne, aber auch alle Lebewesen bestehen aus vielen verschiedenen chemischen Elementen und unzähligen Molekülverbindungen. Wir finden 94 verschiedene chemische Elemente auf der Erde, vom leichten Wasserstoff bis zum schweren Plutonium. Diese wenigen chemischen Elementen sind die Grundlage für eine fast unbegrenzte Anzahl von teilweise sehr komplexen organischen oder anorganischen Molekülverbindungen die wir auf der Erde finden oder die künstlich hergestellt werden können. Sie bilden in ihren Verbindungen auch die materielle Grundlage aller Lebewesen. Schon 1869 hat der russische Chemiker Mendeljew das Periodensystem der chemischen Elemente aufgestellt und damit die grundlegenden Eigenschaften der Elemente katalogisiert und geordnet. Die Frage nach dem Ursprung der chemischen Elemente konnte aber auch er damals nicht lösen. Die Beantwortung dieser Frage führt aber zu einer der faszinierendsten Wahrheiten in der Geschichte des Lebens und des Universums.

Um die Frage nach dem Ursprung der chemischen Elemente beantworten zu können, kehren wir wieder zurück zu den Anfängen des Universums. Kurz nach dem Beginn von Raum und Zeit entstanden bereits fast alle Protonen, Neutronen und Elektronen, die wir heute in unserem Universum finden und damit auch die Atomkerne der beiden leichtesten Elemente, die des Wasserstoffs und des Heliums. Wobei der Atomkern des Wasserstoffs nur aus einem einzelnen Proton besteht. In der Zeitspanne von ungefähr 0,01 Sekunden bis etwa 3 Minuten nach seinem Anfang, hatte das Universum noch eine unvorstellbar hohe Temperatur von etwa 1 Milliarde Grad. Diese Temperaturen waren auch erforderlich damit sich Protonen und Neutronen zu Atomkernen verbinden konnten. Das gesamte Universum war damit ein riesiger Fusionsreaktor, in dem es heiß genug war, dass Protonen und Neutronen sich miteinander verbinden und dabei große Mengen Helium und Spuren des Elementes Lithium bilden konnten. In diesen ersten drei Minuten nach dem Beginn des Universums entstanden fast alle Wasserstoff- und Heliumkerne, die wir heute im gesamten Universum vorfinden, inklusive des Wasserstoffs, den wir in Wasser gebunden in unseren Körpern vorfinden. Wir tragen daher buchstäblich Überbleibsel aus der Anfangszeit der kosmischen Geschichte in uns.

Abbildung 14   © NASA, ESA, STScl

Diese Aufnahme zeigt den Eta-Carinae-Nebel im Sternbild ‚Kiel des Schiffs'. Der Nebel besteht im Wesentlichen aus selbst leuchtendem Wasserstoffgas und Staub. Der Nebel ist etwa 8.000 Lichtjahre von der Erde entfernt und hat eine Ausdehnung von 200-300 Lichtjahren. Der Staub ist ein Überrest aus früheren Supernovae-Explosionen und bildet damit, wie viele andere Nebel auch, eine Geburtsstätte vieler neuer Sterne und Planeten. In solchen Nebeln ist alles Material vorhanden um diese neuen Sterne und Planeten entstehen zu lassen.

Atomkerne, die schwerer als Helium und Lithium sind, konnten in dieser Anfangszeit des Universums nicht entstehen, obwohl die Temperatur und damit die vorhandene Energie für eine kurze Zeit ausgereicht hätte, um sie durch Kernfusion[87] entstehen zu lassen. Aber die Zeit dafür war einfach nicht lang genug, um die Prozesse zur Atomkernentstehung ablaufen zu lassen. Zu schnell dehnte sich das Universum in seinen Anfangsminuten aus und kühlte sich weiter ab. Bevor sich schwerere Atome bilden konnten, hatte sich das Universums weiter ausgedehnt und damit soweit abgekühlt, so dass die Energie nicht mehr ausreichte diese Atome zu bilden.

Wenn all die chemischen Elemente nicht seit Anbeginn des Universums vorhanden waren, woher stammten sie dann? Woher stammen die für das menschliche Leben so wichtigen schwereren Elemente Kohlenstoff, Sauerstoff, Stickstoff, Calcium und Phosphor? Woher stammt das Eisen, das Aluminium, das Silizium und all die anderen Elemente, aus denen die Erde besteht? Wie wir heute wissen, entsprangen alle diese Elemente einem höchst spannenden und genialen Kreislauf, der seinen Ursprung im Wasserstoff des frühen Universums hat und uns in die Welt der Sterne führt.

Schon 200 Millionen Jahre nach dem Beginn von Raum und Zeit, war das Universum so weit abgekühlt, dass sich aus den vorhandenen unvorstellbar großen Mengen an Wasserstoff- und Heliumatomen riesige zusammenhängende Gaswolken bildeten, die sich unter dem Einfluss der Schwerkraft immer mehr zusammenzogen. Aus diesen Gaswolken entwickelten sich unglaublich viele riesige rotierende Gaskugeln, die sich unter dem Einfluss der Gravitation immer weiter zusammenzogen. Dabei stieg der Druck und die Temperatur im Innern dieser Gaskugeln gewaltig an, bis in ihrem Innern bei Temperaturen von über 10 Millionen Grad das thermonukleare Feuer zündete. Die Kernfusion begann und Wasserstoffatome verschmolzen unter Abgabe von Wärme und Strahlung zu Heliumatomen. Die gewaltige Energie des thermonuklearen Feuers im Innern der neugeborenen Sterne drängte als Strahlungsdruck nach Außen und wirkte der Gravitation entgegen, die weiter versuchte die Wasserstoffatome zum Mittelpunkt der Gaskugeln zu ziehen. Es kam zu einem Gleichgewicht dieser entgegengesetzt gerichteten Kräfte und die Sterne wurden stabil und leuchteten von da an für Jahrmillionen. Die ersten Sterne waren entstanden und das dunkle Universum begann im Licht der neugeborenen

---

[87] Kernfusion: Verschmelzung von Atomkernen zu neuen schwereren Kernen

Sonnen zu erstrahlen. Durch die fortlaufende Kernfusion im Innern großer Sterne, entstanden aus dem Wasserstoff, über sehr lange Zeiträume, alle Elemente vom Lithium bis zum Eisen. Denn schwerere Elemente als Eisen können durch Kernfusion in Sonnen nicht erzeugt werden. Im Innern der Sterne liegen daher die Brutstätten der leichteren chemischen Elemente. Die Sterne sollten jetzt für Milliarden Jahre stabil bleiben und ihr Licht leuchten lassen, bis der Kernbrennstoff verbraucht war.

Die ersten Sterne waren allerdings so groß und heiß, dass sie ihren Kernbrennstoff bereits in wenigen hundert Millionen Jahren verbrauchten. Als deshalb der Strahlungsdruck nach außen versiegte, gewann die Gravitation die Oberhand und die Sterne kollabierten und starben in gewaltigen Supernova-Explosionen. Dabei schleuderten sie auch all die neu erzeugten Elemente in das Weltall hinaus, wo sie sich wieder in riesigen Gaswolken sammelten und die Geburtsstätten neuer Sterne bildeten (siehe Abbildung 14). Diese riesigen Gaswolken, man nennt sie auch Nebel, sind Ansammlungen von Gasen, Staub und neuer chemischer Elemente, die den Kreislauf der Sternentstehung abbilden. Sie sind entstanden aus vergangenen Sternen und bilden die Grundlage für die Entstehung neuer junger Sterne. In den großen Teleskopen erstrahlen die Nebel in farbenprächtiger Schönheit und bilden so ein wahres Sinnbild der Schöpfung. Die Farben dieser Nebel sind wie ein Fingerabdruck der in ihnen enthaltenen Substanzen. Jedes Element oder Molekül in diesem Nebel strahlt in seiner eigenen Farbe.

Bei einer solchen Supernova-Explosion werden gigantische Energiemengen freigesetzt, die eine einzelne Supernova für eine kurze Zeit so hell leuchten lässt, wie eine ganze Galaxie mit 100 Milliarden Sternen. Die Energien, die bei diesen Sternenexplosionen frei werden, sind so gewaltig, dass sie ausreichen, große Mengen an schwereren Elementen, vom Cobalt bis zum Uran, zu erzeugen und viele Lichtjahre weit in das Weltall zu verteilen. Der Tod eines Sterns in einer Supernova-Explosion war auch die Grundlage für die Entstehung unserer Sonne und ihrer Planeten. Eine Supernova zu verstehen, bedeutet deshalb unsere kosmische Geschichte zu begreifen.

Anhand eines Beispiels möchte ich ihnen die gewaltige Intensität einer Supernova-Explosion vor Augen führen. Vor etwa 340 Jahren explodierte in etwa 11.000 Lichtjahren Entfernung im Sternbild Cassiopeia ein Stern in einer Supernova-Explosion. Der Überrest dieser Sternenexplosion ist heute als Nebel mit

einer Ausdehnung von 10 Lichtjahren sehr gut zu erkennen. Man nennt diesen
Überrest Cassiopeia A (siehe Abbildung 15).

Abbildung 15   *©: NASA/CXC/SAO, ©: X-ray: NASA/CXC/RIKEN/T.
Sato et al.; Optical: NASA/STScI*

*Cassiopeia A ist ein riesiger Überrest einer gewaltigen Supernova Explosion, die
um 1680 im Sternbild Cassiopeia stattgefunden hat. Er ist etwa 11.000 Lichtjahre
von der Erde entfernt und hat eine Ausdehnung von ungefähr 10 Lichtjahren. In
dieser Supernova Explosion sind die meisten der schweren chemischen Elemente, die für die Entstehung eines Gesteinsplaneten wie der Erde erforderlich
sind, entstanden. Cassiopeia A ist Überrest eines Sterns, in dem alle chemischen
Elemente, die wir heute auf der Erde finden, in riesigen Mengen erzeugt wurden.
Die Farben dieses Nebels sind wie ein Fingerabdruck der darin enthalten chemischen Elemente: Silizium (rot), Schwefel (gelb), Calcium (grün) und Eisen (lila).
Neben den genannten chemischen Elementen haben die Astronomen viele weitere Elemente und Moleküle in dem Nebel gefunden: Kohlenstoff, Stickstoff, Sauerstoff und Phosphor. Damit wurden alle Element entdeckt, die für die Entwicklung von Leben erforderlich sind. Einschließlich der Elemente zur Bildung der
DNA (dem Grundbaustein des Lebens).*

Der ursprüngliche Stern war so groß und die Explosion so gewaltig, dass sie das Tausendfache der chemischen Elemente, die für die Entstehung eines Planeten wie die Erde gebraucht werden, erzeugte und ins Weltall schleuderte. Unvorstellbar große Mengen an Sauerstoff und Eisen wurden ins All katapultiert. Allein an Eisen wurde das Siebzigtausendfache der Erdmasse freigesetzt. Diese Menge ist ausreichend für die Entstehung tausender Planeten. Aber man findet in den Überresten dieser Supernova-Explosion nicht nur die chemischen Elemente, sondern auch alle Bestandteile, die für die Entstehung der DNA[88], und damit für das Leben, erforderlich sind.

Obwohl die Mengen an schwereren chemischen Elementen, die in einzelnen Sternen entstehen außerordentlich groß sind, dauert der Prozess der Elementbildung im Universum sehr lange. Ich möchte dies anhand einiger Zahlen verdeutlichen. Die ersten Sterne, die etwa 200 Millionen Jahre nach dem Beginn von Raum und Zeit entstanden, enthielten ausschließlich Wasserstoff- und Heliumatome, da zu diesem Zeitpunkt keine weiteren Elemente im Universum vorhanden waren. Es hat dann noch 9 Milliarden Jahre gedauert, bis ausreichend viele chemische Elemente entstanden sind, so dass sich unsere Sonne mit der Erde und den anderen Planeten bilden konnte.

Damit es soweit kommen konnte, hätte es nicht ausgereicht, dass dieser Kreislauf von Sternentstehung und Sternentod nur einmal ablief, denn dann wäre die erzeugte Menge an schweren Elementen und Staub zu gering, um Gesteinsplaneten wie die Erde entstehen zu lassen. Der Kreislauf musste in Jahrmilliarden wenigstens dreimal durchlaufen worden sein, bis die Menge der schweren Elemente so groß war, dass sich Sonnensysteme mit Gesteinsplaneten wie der Erde bilden konnten. Schneller ging es nicht.

Der Grundstoff für unser Planetensystem und für alle chemischen und biologischen Moleküle war jetzt vorhanden. Wir existieren heute, weil es vor etwa 5 Milliarden Jahren einen kosmischen Nebel, wir nennen ihn den Sonnen-Nebel, mit den genau richtigen Bestandteilen gab. Es ist das faszinierende Resultat eines genialen Plans, dass sich aus den einfachsten Wasserstoffatomen, alle chemischen Elemente und hochkomplizierten Moleküle in den Sternen und Sternexplosionen bilden konnten. Die Voraussetzungen für das Leben waren jetzt geschaffen. Das Leben konnte sich von nun an seinen Weg über Jahrmilliarden bahnen.

---

[88] DNA: Desoxyribonucleinsäure, Grundbaustein des Lebens

Diese Aufnahme zeigt ein Sternentstehungsgebiet im Sternbild Orion. Der Nebel besteht hauptsächlich aus Wasserstoff und Staub, den Grundbausteinen für neue Sterne und Planetensysteme. Auf der Aufnahme sind viele junge und massereiche Sterne zu sehen. Der Nebel befindet sich in einer Entfernung von 6.400 Lichtjahren

Die riesigen Gas- und Staubnebel, die wir heute mit den großen Teleskopen, wie dem Hubble Weltraumteleskop, am Nachthimmel sehen können (siehe die Abbildungen 16-18), sind nicht nur die Wiegen neuer junger Sterne, sondern sie offenbaren uns auch buchstäblich den Kreislauf der Sterne. Dieser hat nur einen Zweck: Alle Materialien entstehen zu lassen, die gebraucht werden, um Welten

Im Sternbild Schütze findet sich in einer Entfernung von etwa 4.000 Lichtjahren der Lagunennebel. In seinem Zentrum befindet sich ein gigantischer junger Stern, der gerade einmal 1 Millionen Jahre alt ist. Er ist etwa 200.000-mal heller als unsere Sonne und bläst seine umgebenden riesigen Gas- und Staubwolken, in denen er ursprünglich entstanden ist, mit hoher Geschwindigkeit ins All. Die gewaltigen Gas- und Staubnebel am Rande des Lagunennebels sind ein gewaltiges Sternentstehungsgebiet, eine Sternenwiege großen Ausmaßes für neue Sterne und Planeten.

ohne Zahl zu erschaffen. Sterne entstehen aus riesigen Gasnebeln. In ihrem Innern entstehen in Zeiträumen von Milliarden Jahren durch Fusionsprozesse die schweren Elemente bis zum Eisen. Am Ende eines Sternenlebens explodieren die Sterne in gewaltigen Ausbrüchen und erzeugen dabei die schweren Elemente von Cobalt bis zum Plutonium. Dadurch entstehen wieder neue Gas- und Staubnebel mit einem jetzt etwas höheren Anteil an schweren Elementen. Dieser Kreislauf wiederholt sich für viele Sternengenerationen, bis ausreichend schwere Elemente und Staub vorhanden sind, um Sonnensysteme mit Gesteinsplaneten wie der Erde entstehen zu lassen. Auf diese Weise entstehen Welten ohne Zahl, bereit für die Entwicklung von Leben und bereit, die Kinder Gottes in ihrer Sterblichkeit aufzunehmen.

Neben dem Kreislauf, den die Sterne durchlaufen müssen, um genügend „Nahrung" für die Bildung von Gesteinsplaneten hervorzubringen, gibt es eine weitere Bedingung, damit all die chemischen Elemente entstehen können, die für die Erschaffung von Planeten und die Existenz von Leben notwendig sind. Gemeint sind die riesigen Galaxien, die Sterneninseln. Sie sind nicht nur in ihrer Farbenpracht wunderschön anzuschauen (siehe Abbildung 1), sie haben auch eine wichtige Funktion in der Geschichte und Entwicklung des Lebens. Nur wenn sehr viele Sterne in einem relativ kleinen Raum vereint sind, können sie gemeinsam so viele Gas- und Staubwolken entstehen lassen, die für die Bildung neuer Sterne mit erhöhtem Staub und Elementanteil erforderlich sind. Obwohl das Universum mit rasender Geschwindigkeit expandiert, werden die Galaxien durch die Gravitationskräfte zusammengehalten. Denn wenn alle Sterne einzeln und einsam durch das Universum ziehen würden, wäre die Bildung von neuen Sternen und Planeten nicht möglich und Leben würde nicht existieren.

Sterne sind wahre Wunder, auf der einen Seite versorgen sie uns mit Licht, Wärme und Ordnung, die auf der anderen Seite durch einen physikalischen Prozess entstehen, der neue chemische Elemente hervorbringt, die benötigt werden um neue Sonnen und Planeten entstehen zu lassen. Sprichwörtlich werden dabei zwei Fliegen mit einer Klappe erschlagen.

Abbildung 18   ©NASA, ESA, Hubble Heritage Team (STScI, AURA)

Der Schleier Nebel in einer Entfernung von etwa 1.500 Lichtjahren ist ein
Überrest einer Supernova-Explosion, die vor etwa 8.000 Jahren stattgefunden hat. Der Nebel expandiert auch heute noch mit einer Geschwindigkeit
von etwa 400 km/Sekunde aus (bei dieser Geschwindigkeit bräuchte man für
die Strecke Erde-Mond gerade einmal 15 min). Die farbigen Filamente haben
ihren Ursprung im Wasserstoff (rot), Schwefel (grün) und Sauerstoff (blau).
Alle schweren Elemente wie z.B. Eisen, Kupfer, Quecksilber, Gold und Blei die
wir heute auf der Erde finden, sind in solchen Supernova-Explosionen entstanden.

Die Erde und alle auf ihr lebenden sterblichen Menschen bestehen aus Atomen, die entweder kurz nach dem Beginn des Universums (Wasserstoff und Helium) oder in Sternen und Sternexplosionen entstanden sind. Deshalb bestehen wir buchstäblich aus dem Staub vergangener Sterne. Jeder sterbliche Mensch ist deshalb ein Wunder, das einer für uns unfassbaren kosmischen Komplexität entsprungen ist. Der Kohlenstoff in unseren Zellen wurde in Sternen gebildet, das Eisen in unserem Blut hat eine Supernova-Explosion erlebt. Der Sauerstoff, den wir einatmen, entstand im nuklearen Feuer der Sterne. Das Calcium in unseren Knochen verdankt seine Existenz der Kernfusion in den Sternen. Jedes einzelne Atom in unseren Körpern hat eine faszinierende kosmische Geschichte hinter sich, die zurückgeht bis an den Anfang von Raum und Zeit.

Die schwersten Elemente, wie z.B. das Goldatom, benötigen zur Erschaffung gewaltige Energien, die nur in den energiereichsten Vorgängen im Universums vorkommen: die Kollisionen von Neutronensternen oder von Schwarzen Löcher. Die bei diesen Vorgängen frei werdende Energie ermöglicht nicht nur die Erzeugung der schwersten chemischen Elemente, sondern sie lassen sogar die Raum-Zeit des Universums erzittern, dessen Auswirkungen wir heute als Gravitationswellen messen können. Das Gold, dass wir manchmal in Form von Schmuck bei uns tragen, ist bei der Verschmelzung der energiereichsten Objekte im Universum entstanden. Es ist ein Überbleibsel der gewaltigsten Ereignisse im Kosmos.

Ohne die Existenz all dieser unzähligen Sterne, wäre unsere eigene Existenz nicht möglich. Dadurch sind die Menschen mit der Sternenwelt aufs Engste verbunden. Die Erde wurde auf diese Weise gewissermaßen befähigt, Leben hervorzubringen. Aber das, was den Körper des Menschen beseelt, unser geistiges Ich, stammt nicht von dieser Erde, es wurde nicht aus den Elementen der Vergänglichkeit gemacht, sondern es kommt aus dem ewigen Reich Gottes. Denn all die physikalischen Prozesse in unserem Universum, die die chemischen Elemente hervorbringen, die Sterne zum Strahlen bringen, die Erden entstehen lassen, haben eines nicht, die Informationen die zur Entstehung von Leben erforderlich sind. Die Informationen, die in den Genen gespeichert sind, diese Informationen lassen sich nicht aus den physikalischen Gesetzen ableiten, sie entstanden nicht zum Beginn des Universums. Keine physikalischer oder biologischer Prozess kann diese Informationen erzeugen. Diese Informationen stammen von unserem Schöpfer.

Zurück zu den Sternen mit ihrer auf der Kernfusion basierenden Leuchtkraft: Auf der einen Seite erscheinen sie uns als Spender, der für das Leben auf der Erde essenziellen Elemente, geradezu wundersam. Auf der anderen Seite sind sie physikalisch gesehen relative, einfache Gebilde. Für ihre Entstehung benötigt es nur die einfachsten Elemente Wasserstoff und Helium, die sich unter dem Einfluss der Gravitation zusammenballen, bis sich das nukleare Feuer von selbst entfacht. Ohne die Gravitation hätten wir weder das Licht noch die Wärme, wir hätten keine chemischen Elemente bis auf Wasserstoff und Helium. Und wir hätten weder Jahreszeiten noch Tage. Ohne die Sonne gäbe es kein Leben, es gäbe auch nicht die Erde. Und doch begleiten uns die Sterne lediglich in unserer Sterblichkeit. Denn nach der Auferstehung, wenn wir bei Gott leben, braucht es keine Sonnen und keine Sterne mehr, weil Gott selbst die Energiequelle allen Seins ist.

> *„Es wird keine Nacht mehr geben und sie brauchen weder das Licht einer Lampe noch das Licht der Sonne. Denn der Herr, ihr Gott, wird über ihnen leuchten und sie werden herrschen in alle Ewigkeit."* (NT: Offenbarung 22:5)

Es erfasst mich immer wieder mit Ehrfurcht, wenn ich erkenne, auf welche Weise Gott der Vater alles vorbereitet hat, damit Menschen hier auf der Erde einen sterblichen Körper bekommen und auf diese Weise den Plan des Glücklichseins durchlaufen können. Alles geschieht nach Gottes Gesetzen, es gibt dabei keine Willkür. Gott befähigt die Menschen, diese Gesetze zu erkennen und zu verstehen, sodass sie letztlich auch die Erschaffung des Universums und der Erde verstehen können.

Bereits 6 Jahre nach dem sehr erfolgreichen Start des Hubble-Weltraumteleskops im Jahre 1990, begannen Astronomen und Techniker der NASA[89] (USA), der ESA[90] (Europa) und der CSA[91] (Kanada) mit der Konzeption und dem Bau eines Nachfolgeteleskops, dass heute als „James-Webb-Space-Telescope (JWST)" bezeichnet wird.

Abbildung 19   *© Northrop Grumman*

Dieses Bild ist keine Aufnahme, sondern ein künstlerisches Bild des James Webb Space Telescops (JWST). Der Lichtsammelspiegel (gelb) hat einen Durchmesser von etwa 6,5 m und besteht aus 18 einzelnen, voneinander unabhängigen sechseckigen Segmenten, die das ankommende Licht auf einen sehr kleinen Bereich fokussieren.

---

[89] ***N**ational **A**eronautics and **S**pace **A**dministration, deutsch Nationale Aeronautik- und Raumfahrtbehörde*
[90] ***E**uropean **S**pace **A**gency*
[91] *Canadian Space Agency*

Nach über zwanzigjähriger Entwicklungszeit war es dann am 25.12.2021 soweit, das JWST wurde mit einer Ariane 5 Rakete in den Orbit gebracht. Man kann ohne Übertreibung sagen, dass das JWST ein Meisterwerk der Technik ist. Es hat nicht nur einen aus 18 sechseckigen Segmenten bestehenden Hauptspiegel (siehe Abbildung 19) mit einem Durchmesser von 6,5 m, sondern auch noch ein Sonnensegel der Größe 21 x 14 m^2, dass das Teleskop vor der Wärmestrahlung der Sonne schützt. Es ist damit das weitaus größte jemals im Weltraum stationierte Teleskop. Allerdings war das Teleskop viel zu groß um als Ganzes mit einer Rakete in den Orbit transportiert zu werden. Es gab für diese Herausforderung nur eine einzige praktikable, aber dafür sehr schwierige Lösung: Das Teleskop musste so zusammengefaltet werden, dass es in einer Rakete Platz finden konnte und es musste sich mit einer eindrucksvollen Genauigkeit im All fast wie von selbst entfalten. Ähnlich wie sich ein Schmetterling entfaltet, wenn er aus seiner schützenden Puppe schlüpft. Dieser überaus komplizierte Entfaltungsprozess wurde erfolgreich abgeschlossen, so dass das JWST jetzt für die wissenschaftlichen Untersuchungen zur Verfügung steht. Mit diesem neuen Weltraumteleskop stehen wir am Beginn einer neuen Epoche, die unseren Blick auf das frühe Universum für immer verändern wird. Dadurch werden wir alle Zeugen einer imposanten Entwicklung, die sich vor unseren Augen abspielt. Jeder Einzelne wird erkennen können, wie sich die Geschichte des Universums abgespielt hat und welche ordnende Hand sich dahinter verbirgt.

Das James-Webb-Space-Telescope (JWST) befindet sich jetzt seit über 2 Jahren im All und hat die Erwartungen, die an dieses Teleskop gestellt wurden, bei weitem übertroffen. Die in diesen zwei Jahren aufgenommenen Bilder offenbaren seine unglaubliche Leistungsfähigkeit. Niemals zuvor wurden astronomische Bilder mit solch einer Klarheit, Brillanz und Tiefe aufgenommen.

Das JWST ist im Wesentlichen für zwei verschiedene Aufgaben konzipiert worden, durch die man unser Universum, seine Entstehung und seine Entwicklung besser verstehen kann. Es sind Aufgaben, die auch untrennbar mit unserem Verständnis von Gottes Schöpfung verbunden sind: Die Entstehung des Universums und das Leben auf anderen Planeten.

- Die erste Aufgabe ist die Untersuchung der Anfangszeit unseres Universums. Am Beginn unseres Universums haben sich bereits nach 100-200 Millionen Jahre die ersten Sterne und Galaxien gebildet. Mit dem JWST werden die Wissenschaftler dazu in der Lage sein, diesen ersten

Prozess der Stern- und Galaxie-Entstehung in den Aufnahmen zu erkennen und zu beschreiben. Dadurch wird es wird möglich sein, das Licht der allerersten Sterne mit unseren eigenen Augen zu sehen und zu analysieren. Dieser erste Zeitabschnitt beträgt nur etwa 1-2% des heutigen Alters des Universums und um diesen Zeitabschnitt untersuchen zu können, muss man mit dem JWST tiefer in unser Universum eindringen als es jemals zuvor möglich war. Damit kann man Hunderte Millionen Jahren tiefer in die Vergangenheit blicken, als es mit dem Hubble Weltraumteleskop möglich ist. Diese Untersuchungen helfen die Geschichte des Universums bis fast zum Anfang von Raum und Zeit zurückzuverfolgen und die Ordnung zu entdecken, die sich hinter dieser Entwicklung verbirgt.

• Die zweite Aufgabe beschäftigt sich mit der Suche nach Leben auf fremden Planeten. Dafür sollen die Atmosphären von Exoplaneten (also solchen Planeten, die weit entfernte Sterne umkreisen) untersucht werden. Diese Exoplaneten sind viel zu weit entfernt und zu dunkel um direkt beobachtet werden zu können. Man kann aber mittels der Spektroskopie (siehe auch Kapitel 6.3) ihre Atmosphären untersuchen, wenn sie an ihren Muttersternen vorüberziehen. Mit dem JWST wird es möglich sein, Exoplaneten nach chemischen Anzeichen von Leben zu untersuchen. Denn sollte es Leben auf diesen Planeten geben, so wird dies Spuren in ihrer Atmosphäre hinterlassen, die mit dem JWST gemessen und entschlüsselt werden können.

Haben schon die Ergebnisse, die mit dem Hubble-Weltraumteleskop erzielt worden sind unseren Blick auf das Universum gravierend erweitert, so hat das JWST ein neues Fenster zur Beobachtung des Kosmos geöffnet. Niemals zuvor konnten Bilder in dieser Qualität aus der Frühzeit des Universums aufgenommen werden. Mit dem JWST kann man 13,5 Milliarden Jahre in die Vergangenheit blicken und entdeckte dabei sehr frühe und massereiche Galaxien, die es so nach unserem gegenwärtigen Verständnis überhaupt nicht geben durfte. Die Entwicklung von Sternen und Galaxien hat sich wohl mit einer atemberaubender Geschwindigkeit entwickelt. Sehr viel schneller als vermutet.

Es werden Erkenntnisse erwartet, die unser Wissen vom Anfang der Welt und von Leben auf anderen Planeten auf eine neue Stufe heben und bisher Verborgenes ans Licht bringen wird. Wir werden erkennen, dass es Leben auf anderen

Planeten gibt. Eine Erkenntnis, die in Übereinstimmung mit den Aussagen der Religion steht und die Religion und Wissenschaft noch stärker zusammenführen wird.

Das JWST hat gegenüber dem Hubble-Weltraumteleskop nicht nur einen um den Faktor 6,7 größeren Lichtsammelspiegel, sondern es ist insgesamt um fast den Faktor 100 empfindlicher für Aufnahmen aus der Frühzeit des Universums. Und diese größere Empfindlichkeit ist der Schlüssel für die Aufnahme neuer und überragender Bilder vom Universum.

Durch die stetige Ausdehnung des Universums wird nicht nur der Raum selbst, sondern damit auch die Lichtwellen, die von Sternen ausgehen und die sich im Weltall ungehindert fortbewegen, gedehnt und damit immer länger. Eine Vergrößerung der Wellenlänge des Lichts bedeutet aber, dass sich das Licht in Richtung des roten Bereichs des Spektrums verschiebt. Sterne und Galaxien, die sehr weit entfernt sind, erscheinen daher rötlicher als sie eigentlich sind. Dieser Effekt wird auch Rotverschiebung genannt (siehe Kapitel 6.3). Je weiter ein Stern oder eine Galaxie von uns entfernt ist, d.h., je länger ihr Licht im Weltall unterwegs war, je roter erscheint er uns. Das Licht, das von den ersten Sternen und Galaxien vor mehr als 13 Milliarden Jahren abgestrahlt wurde, ist für uns so weit in den roten Wellenlängenbereich verschoben, dass wir es mit unseren Augen nicht mehr wahrnehmen können. Dieses Licht strahlt heute im infraroten Bereich des Lichtspektrums.

Deswegen ist die gesamte Bildaufnahmekette des JWST so konstruiert, dass es gerade diese Objekte, die im infraroten Bereich des Spektrums leuchten, am besten aufnehmen kann. Dies sind genau die Sterne und Galaxien, die ihr Licht vor vielen Milliarden Jahren abgestrahlt haben. Und es sind die Sterne, die sich hinter Gas- und Staubwolken in den vielen Sternentstehungsgebieten verbergen. Das JWST ist sehr viel empfindlicher als das Hubble-Teleskop und es ist deshalb besonders dafür geschaffen, Bilder aus dem Anfangsstadium des Universums aufzunehmen. Das JWST ist ein Infrarot-Teleskop und es ist dafür konzipiert, bisher unbekannte und unsichtbare kosmische Strukturen mit unglaublichen Präzision zum Vorschein zu bringen.

Am 12. Juli 2022 haben die NASA, die ESA und die CSA die ersten wissenschaftlichen JWST-Aufnahmen veröffentlicht, die das wissenschaftliche Potential des JWST dokumentieren.

Aus den bisher veröffentlichten Aufnahmen habe ich vier herausgegriffen, die das unglaubliche Potential des JWST eindrucksvoll belegen. Es sind Aufnahmen mit bisher unerreichter Klarheit, Brillanz und Tiefe. Dabei handelt es sich um die bemerkenswerte Aufnahme eines Galaxienhaufens mit dem Namen SMACS 0723 (siehe Abbildung 20) und um zwei Aufnahmen eines sogenannten planetarischen Nebels, dem sogenannten „Southern Ring Nebula" (siehe Abbildung 21).

Abbildung 20   ©NASA, ESA, CSA, and STScI
Das James-Webb-Weltraumteleskop der NASA hat das bisher tiefste und schärfste Infrarotbild des fernen Universums geliefert. Webbs erstes Deep Field ist der Galaxienhaufen SMACS 0723, und er ist voller Tausender Galaxien – darunter die schwächsten Objekte, die jemals im Infrarotbereich beobachtet wurden.

Die Aufnahme des Galaxienhaufens SMACS 0723 (Abbildung 20) zeigt mit einer außergewöhnlich brillanten Bildschärfe viele verschiedene Objekte, die sich in verschiedenen Entfernungen zur Erde befinden. Es sind einige wenige Sterne zu sehen, die sich in unserer unmittelbaren Nachbarschaft in unserer Milchstraße befinden. Sie sind zu erkennen an ihrer großen Helligkeit und den acht Strahlen die von ihnen ausgehen. Diese Strahlen werden durch das Aufnahmesystem hervorgerufen und sind keine realen kosmischen Strukturen. In der Mitte des Bildes erkennt man viele helle Galaxien, die dem Galaxienhaufen mit dem Namen SMAC S 0723 zugeordnet werden können. Dieser Galaxienhaufen befindet sich in einer Entfernung von etwa 5 Milliarden Lichtjahre von der Erde.

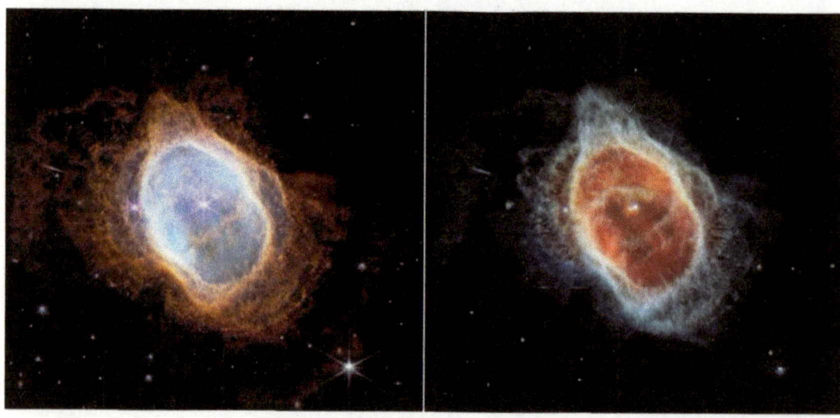

Abbildung 21 ©NASA, ESA, CSA, STScI, and the Webb ERO Production Team Aufnahme eines planetarischen Nebels im Sternbild Segel des Schiffs am Südsternhimmel mit dem JWST. Das linke Bild ist aufgenommen im nahen Infrarot-Bereich und das rechte im mittleren Infrarot-Bereich. Ein planetarischer Nebel entsteht, wenn sich ein sterbender Stern in einen weißen Zwergstern umwandelt. Der Nebel ist etwa 6.500 Lichtjahre von der Sonne entfernt und expandiert mit einer Geschwindigkeit von rund 15 Kilometern pro Sekunde.

Wie schon von Albert Einstein beschrieben, verbiegen solche riesigen Galaxienhaufen durch ihre starken Gravitationskräfte die Raumzeit in ihrer unmittelbaren Umgebung. Dadurch wirken sie wie eine starke Linse, die das Licht der dahinterliegenden Sterne und Galaxien um das Tausendfache verstärkt und dadurch oftmals erst sichtbar macht. Einige dieser weit entfernten Galaxien sind durch den Gravitationslinseneffekt zu leicht gekrümmten Objekten im Bild geworden, die sich um die Mitte des Galaxienhaufens zentrieren. Aber das wirklich bestechende an dieser Aufnahme sind die tausenden Galaxien, die sich in dieser Aufnahme befinden. Jeder einzelne Punkt in diesem Bild ist in Wirklichkeit eine komplette Galaxie mit Milliarden Sternen. Wobei uns die Farbe der Galaxien auch etwas über deren Entfernung verrät. Denn durch die Rotverschiebung sind die am weitesten entfernten Galaxien ins Rote verschoben. Die roten Punkte sind daher die Galaxien, die am weitesten von uns entfernt sind. Tatsächlich haben die ältesten Galaxien in dieser Aufnahme ihr Licht bereits vor 13,1 Milliarden Jahren abgestrahlt, zu einem Zeitpunkt als das Universum gerade einmal 700 Millionen Jahre alt war. Diese Aufnahme ist die schärfste und präziseste Aufnahme die jemals mit einem Weltraumteleskop aufgenommen wurde.

Der in dieser Aufnahme gezeigte Bildausschnitt erscheint uns riesengroß, aber in Wirklichkeit ist er von der Erde aus betrachtet nicht größer als die Ausdehnung eines Sandkörnchens auf einem Finger, wenn wir ihn mit ausgestrecktem Arm betrachten. Tausende Galaxien in einer Aufnahme von der Größe eines Sandkorns. Hier bekommt die Schriftstelle im Buch Mose einen noch tieferen Sinn:

„Und wäre es möglich, dass der Mensch die Teilchen der Erde zählen könnte, ja, Millionen Erden gleich dieser, so wäre das noch nicht einmal der Anfang der Zahl deiner Schöpfungen" (KP: Mose 7:30)

Rechnet man die Zahl der Galaxien in diesem kleinen Sandkorn-großen Bereich auf den gesamten Himmel um, dann kommt man auf Billionen von Galaxien mit jeweils hunderten von Milliarden Sternen und Planeten in unserem Universum. Das sind wahrlich „Welten ohne Zahl" und sie sind unzählbar für den Menschen.

Die Abbildung 22 zeigt mit bisher unerreichter räumlicher Auflösung einen Ausschnitt von dem Nebel Rho-Ophiuchi. Es handelt sich hierbei um ein riesiges Sternentstehungsgebiet, bestehend aus Gasen und Staubpartikeln, die in früheren Sternexplosionen ins All geblasen wurden. Dies ist der Grundstoff für neue Sterne, die sich auch zu tausenden in diesem Nebel befinden. Auch in diesen Aufnahme zeigen sich sehr deutlich die Vorteile einer Bildaufnahme im infraroten Bereich. Denn infrarotes Licht durchquert auch riesige Gas- und Staubnebel, was Licht im optischen Bereich nicht kann. Deshalb kann diese JWST-Aufnahme erstmals die äußerst detailreichen Gas- und Staubstrukturen im Innern des Nebels sichtbar machen.

Abbildung 22   *© NASA, ESA, CSA, STScl*
Diese Aufnahme mit dem JWST zeigt einen Teil des Rho-Ophiuchi Nebels im Sternbild ‚Schlangenträger'. Der Nebel besteht im Wesentlichen aus dichtem Staub und Gas. Der Nebel ist etwa 427 Lichtjahre von der Erde entfernt. Der Staub ist ein Überrest aus früheren Sternexplosionen und bildet damit, wie viele andere Nebel auch, eine Geburtsstätte vieler neuer Sterne und Planeten. In solchen Nebeln ist alles Material vorhanden um diese neuen Sterne und Planeten entstehen zu lassen. Bis heute sind etwa 400 neu entstandene Sterne in diesem Nebel beobachtet worden.

Die Strukturen machen sogar einen sehr plastischen Eindruck und erinnern an komplexe Felsformationen. Sie sind sehr vielschichtig und deuten auf außerordentlich dynamische Zustände im Nebel hin. Niemals zuvor hat es derart detaillierte und scharfe Aufnahmen von solchen Nebeln gegeben. Diese Aufnahmen werden helfen, die Entstehung von Sternen noch detaillierter zu entschlüsseln. Zusätzlich sind sehr junge Sterne noch von einem Staubmantel umgeben, der sie im optischen Licht fast unsichtbar macht. Auch hier spielt das JWST seinen Vorteil der infraroten Bildgebung aus, denn infrarotes Licht durchdringt mühelos den Staubmantel und offenbart dadurch die gesamte Schönheit und Vielfalt der neu geborenen Sterne, die erst mit dem JWST in riesiger Zahl im Nebel sichtbar werden. Diese Aufnahmen von komplexen Sternentstehungsgebieten werden helfen, den Kreislauf der Sterne besser zu verstehen, der auch für das Verständnis von Leben in unserem Universum existentiell ist. Denn nur durch das Entstehen und Vergehen von Sternen werden all die chemischen Elemente und Verbindungen erzeugt, die für die Entstehung von Leben unentbehrlich sind.

Planetarische Nebel wie der „Southern Ring Nebula" (Abbildung 21) sind Überbleibsel von sterbenden Sternen, die am Ende ihrer Lebenszeit große Teile ihrer Materie mit einer großen Wucht in den umliegenden Kosmos schleudern und als sogenannter Weißer Zwerg enden. Diese Nebel haben natürlich nichts mit Planeten zu tun, sie wurden nur so genannt, weil sie in den ersten Fernrohren wie kleine planetarische Scheibchen aussahen. Erst viel später hat man ihre wahre Natur erkannt. Weiße Zwerge sind sehr kompakte Objekte von etwa einer Sonnenmasse und haben dabei eine Größe, die etwa der zweifachen der Erde entspricht. Sie sind aber überaus heiß und haben eine Oberflächentemperatur von bis zu 25.000 Kelvin, das ist etwa das Vierfache der Oberflächentemperatur unserer Sonne. Sterne mit solch hohen Temperatur strahlen in einem weißen Licht. Ein Weißer Zwerg verdankt daher seinen Namen der hohen Oberflächentemperatur, die ihn weiß strahlen lässt und seiner geringen Größe, die ihm den Namen Zwerg eingebracht hat.

Frühere Aufnahmen solcher planetarischer Nebel erschienen eher wie diffuse weichgezeichnete Strukturen. Erst diese beiden neuesten Aufnahmen mit dem JWST offenbaren die überaus detailreichen Strukturen in ihrem Innern. Erstmals erkennt man die unterschiedlichen filigranen Schichten von Gas und Staub, die der sterbende Stern in mehreren Schüben nacheinander in das Weltall geschleudert hat. Man erkennt erstmalig sehr genau, wie Sterne am Ende ihrer Existenz einen

Teil ihrer Materie ausstoßen und dann zu Weißen Zwergen werden. Diese neuen Aufnahmen von planetarischen Nebeln werden das Verständnis über die letzte Lebensphase der Sterne erweitern und Erkenntnisse darüber zu gewinnen, wie sie das Gas und den Staub ausstoßen und in ihrer Umgebung formen. Denn letztlich wird dieses ausgeworfenen Material den Grundstoff für neue Sterne bilden. Die sehr hohe Oberflächentemperatur der Weißen Zwerge führt zu der Emission einer sehr intensiven und energiereichen Strahlung, die das herausgeschleuderte Material ionisiert und damit selbst in einem hellen Weiß leuchten lässt. Erst die weiter entfernt befindlichen Teile des Nebels kühlen langsam ab und verändern dadurch ihre Farbe.

Der planetarische Nebel trägt die offizielle Bezeichnung NGC 3132 und ist etwa 2.500 Lichtjahre von der Erde entfernt. Die beiden Aufnahmen in der Abbildung 21 zeigen dasselbe Objekt, sie sind nur in unterschiedlichen Wellenlängenbereichen aufgenommen worden. Deshalb variieren sowohl Farben wie auch die sichtbaren Strukturen und erst gemeinsam offenbart sich das detailreiche Gefüge in ihrem Innern.

Es sind aber nicht nur die filigranen sichtbaren Strukturen, die die Begeisterung der Astronomen auslösen, sondern auch die Möglichkeit, die chemischen Elemente und Molekülverbindungen und ihre Lage in dem Nebel zu identifizieren. Dies sind die Elemente, die wir auch auf unserer Erde wiederfinden und die die Grundlage unseres materiellen Daseins sind. Da planetarische Nebel nur für einen relativ kurzen Zeitraum von einigen zehntausend Jahren existieren, kann man ihre Entwicklung wie in einem in Zeitlupe ablaufenden Film erleben. Wir werden dabei Zeugen, wie sich planetarische Nebel über die Zeit hin verändern. Dadurch wird es möglich sein, auch kleineste Veränderung in ihrer Dynamik zu dokumentieren.

Irgendwann in Millionen von Jahren werden sich die Gas- und Staubteilchen des planetarischen Nebels soweit von ihrem sterbenden Stern entfernt haben, dass sie Teil des interstellaren Mediums werden um eines fernen Tages wieder ein Teil eines neugeborenen Sterns zu sein.

Diese großartigen Bilder des JWST sind ein Abbild der Wirklichkeit und die daraus abgeleiteten Zeitangaben entsprechen der Realität. Wir können als Betrachter mit unseren eigenen Augen zurück zu den Anfängen unseres Universums schauen. Das Universum hat einen Anfang und das JWST wird uns noch viele Bilder aus der Frühzeit des Universums übermitteln und uns die Geschichte des Universums offenlegen. Und jeder einzelne Mensch ist Teil dieser faszinierenden Geschichte.

Schon diese ersten Aufnahmen mit dem JWST offenbaren das riesige Potential dieses neuen Weltraumteleskops. Und dies ist erst der Anfang. Die Wissenschaft nähert sich dem Beginn von Raum und Zeit an und steht damit am Beginn einer neuen Epoche, die uns viele neue Erkenntnisse bringen wird.

11.0. RAUM, ZEIT UND EWIGKEIT

Viele Geheimnisse über das Wesen Gottes und sein Verhältnis zu den Menschen sind uns in den letzten Jahrhunderten, insbesondere seit der Wiederherstellung der Kirche Jesu Christi der Heiligen der Letzten Tage im Jahre 1830, offenbart worden. Der Sinn des Lebens liegt jetzt offen vor uns und es obliegt jedem Einzelnen, sein Leben entsprechend einzurichten. Wir sind Gottes Kinder und er hat einen großartigen Plan für uns, den Plan der Erlösung, niedergeschrieben in den Evangelien Jesu Christi

Trotz dieser überaus wichtigen Erkenntnisse über den Plan der Erlösung und das Wesen Gottes bleiben uns noch sehr viele Dinge, die das Reich Gottes betreffen, verborgen. Dennoch offenbaren uns die neueren Heiligen Schriften viele weitere Geheimnisse die mit dem Reich Gottes verbunden sind, die aber für unser begrenztes Verständnis kaum fassbar sind. Zu weit sind Begriffe wie Ewigkeit und Unendlichkeit, ewiges Leben und Unsterblichkeit von unserer jetzigen zeitlichen Lebensumgebung entfernt. Unterliegen wir Menschen doch während unserer Sterblichkeit den engen Grenzen, die Raum und Zeit uns setzen. Auch wenn unser Verstand engen Grenzen unterliegt, so tragen wir doch manchmal ein Gefühl von Ewigkeit in unserem Herzen. Wissen wir doch, dass unser Schöpfer uns die Ewigkeit ins Herz gelegt hat, denn das Herz ist ein Sinnbild für unseren Glauben und unsere Gefühle. Nicht umsonst möchte unser Schöpfer doch unser Herz und nicht unseren Verstand:

> *„Gott hat alles schön gemacht zu seiner Zeit, auch hat er die Ewigkeit in ihr Herz gelegt"* (AT: Kohelet 3:11)

Trotzdem strebt jeder Mensch bewusst oder unbewusst nach Wissen über die verborgenen Schönheiten der Ewigkeit, die der Herr in unsere Herzen gelegt hat. Auch wenn ihm durchaus bewusst ist, dass er manchmal Fragen stellt, die sich einer Beantwortung entziehen. Dies hat bereits Immanuel Kant für sich festgestellt und in seinem Vorwort zur „Kritik der reinen Vernunft" so niedergeschrieben:

„Die menschliche Vernunft bringt Fragen hervor, die sie nicht beantwor-
ten kann, denn sie übersteigt alles Vermögen der menschlichen Ver-
nunft." (Immanuel Kant: „Kritik der reinen Vernunft")

Auf der anderen Seite befähigt uns unser Schöpfer zunehmend seine Schöpfung in Ansätzen zu verstehen und die größeren Zusammenhänge, die seiner Schöpfung innewohnen zu begreifen. Der gegenwärtige Präsident der Kirche Jesu Christi der Heiligen der Letzten Tage hat diesen Sachverhalt wie folgt beschrieben:

„Der Vater und der Sohn fangen an uns die Geheimnisse des Universums preiszugeben." *(Russel M. Nelson General Conference April 2018)*

Die Beantwortung folgender Fragen mag zwar nicht von existentieller Bedeutung sein, sie kann uns aber helfen, ein besseres Verständnis vom Wesen Gottes, seines Reiches und seiner Schöpfung zu erlangen:

- Welche Bedeutung haben Zeit und Ewigkeit bei Gott?
- Wie löst sich der scheinbare Widerspruch zwischen dem freien Willen des Menschen und dem Vorherwissen Gottes?
- Wo ist das Reich Gottes und welche räumliche Beziehung hat es zu unserem Universum?
- Was sind die Räume und Reiche der Herrlichkeiten?
- Was ist das Gesetz und was hat es mit dem Licht Christi zu tun?

Es gibt sicher weit mehr Fragen, die von Interesse sind, die aber im Rahmen dieses Buches nicht behandelt werden können. Die Auswahl ist deshalb auf Themen beschränkt, die auch im Kontext wissenschaftlicher Erkenntnisse eine Rolle spielen.

Es muss jedoch darauf hingewiesen werden, dass die Beantwortung dieser Fragen teilweise spekulativer Natur sein muss. Wobei immer darauf geachtet wurde, dass die Antworten in Übereinstimmung mit den Aussagen der Heiligen Schriften und den aktuellen Kenntnissen der Wissenschaft sind. Manche Schlussfolgerungen mögen vage bleiben, sie sollten dennoch dazu beitragen, das Verständnis vom Wesen Gottes und seiner Schöpfung deutlich zu erweitern.

Als Gott unser Universum erschaffen hat, blickte er auf...

> „... *den weiten Raum der Ewigkeit und all die seraphischen Scharen des Himmels, ehe die Welt gemacht wurde; er der alles weiß, denn alles ist vor meinen Augen gegenwärtig.*" (L&B 38:1)

Schon diese einzelne Schriftstelle sagt so viel über Gott aus. Er lebt in der Ewigkeit und der Unendlichkeit des Raumes, mit ihm leben die seraphischen Scharen des Himmels, die ewigen Intelligenzen. Er weiß alles und alles ist vor ihm gegenwärtig. Er ist weder den Begrenzungen der Zeit ausgeliefert noch unterliegt er den Einschränkungen des dreidimensionalen Raumes. Ewigkeit bedeutet nicht eine sehr, sehr lange Zeit, sondern Ewigkeit bedeutet, dass es Zeit nicht mehr gibt. Gott lebt außerhalb der Zeit und deswegen ist auch alles für ihn gegenwärtig, das Vergangene und das Zukünftige. Er hat unser Universum und damit auch unsere Erde durch seinen Sohn geschaffen. Die Welten und das Universum wurden nicht nur „von ihm" geschaffen, sie wurden auch „aus ihm" erschaffen. Denn aus ihm kommt die Kraft und die Fähigkeit dieses Werk zu vollbringen.

> „*Das von ihm und durch ihn und aus ihm die Welten erschaffen werden und wurden, und deren Bewohner sind für Gott gezeugte Söhne und Töchter.*" (L&B 76:24)

> „*Die Welten wurden von ihm gemacht; die Menschen wurden von ihm gemacht, alles wurde aus ihm gemacht und durch ihn und aus ihm.*" (L&B 93:19)

Dies kann nur bedeuten, dass in ihm all die Energie und die Kenntnisse der Gesetze vorhanden sind, um dieses große Werk hervorzubringen zu können. Denn Gott hat unbegrenzten Zugriff auf alle Elemente und Intelligenzen der Ewigkeit. Der Begriff der Intelligenzen hat mehrere Bedeutungen, eine davon bezieht sich darauf, dass Intelligenzen ewig und eine Vorstufe der Geistkinder Gottes sind. Ein Ziel Gottes ist es, dass sich aus diesen ewigen Intelligenzen über einige Entwicklungsstufen hinweg auferstandene Kinder Gottes entwickeln, die bereit und fähig sind in eine der himmlischen Herrlichkeiten im Reich Gottes einzugehen um dort ewiglich zu leben.

„Intelligenz oder das Licht der Wahrheit wurde nicht erschaffen oder gemacht." (L&B 93:29)

Und da diese Dinge ewig sind, also ohne Anfang und ohne Ende, müssen sie außerhalb unserer sterblichen Lebenssphäre liegen, eingebettet in dem unendlichen Reich Gottes.

Auch wenn sich die Berichte in Genesis und in der Köstlichen Perle nur auf die Schaffung dieser Erde beziehen, so wissen wir, dass er nicht nur unsere Erde und unser Sonnensystem geschaffen hat. Den Heiligen Schriften entnehmen wir, dass Gott von Ewigkeit zu Ewigkeit existiert und dass die Grundbausteine des Universums, sowohl des unbelebten Universums (das worauf eingewirkt wird) als auch des Lebendigen (das was handelt)[92], nicht geschaffen werden können, sondern auch seit Ewigkeiten existieren.

Aus all dem, was in diesem Buch bisher geschrieben wurde, ergeben sich einige bedeutende Konsequenzen, die weit über die Dimensionen unseres Universums hinausgehen und ein besonderes Licht auf die Zusammenhänge im Großen gewähren:

- Unser Universum hatte einen Anfang.

- Weil Gott unser Universum erschaffen hat, lebte er schon vor der Erschaffung unseres Weltalls und muss deshalb auch zwingend außerhalb unseres Raumes und unserer Zeit existieren. Wäre er Bestandteil unseres Universums, hätte er es nicht erschaffen können und er hätte selbst einen Anfang haben müssen.

- Gottes Welt ist ewig, ohne Anfang und ohne Ende. Unser Universum hingegen ist zeitlich, es hatte einen Anfang und wird ein Ende haben. Deswegen ist alles, was dort existiert und geschieht den Grenzen der Zeit unterworfen. Es wurde nur erschaffen für seine

---

[92] Buch Mormon 2. Nephi 2:13,14

Kinder in ihrem fleischlichen und sterblichen Zustand. Wäre unser Universum ewig, dann hätte es keinen Schöpfer gebraucht.

- Gott lebt ewig, außerhalb von Zeit und Raum. Ewigkeit bedeutet nicht eine sehr lange unbegrenzte Zeit. Ewigkeit bedeutet, dass Zeit für Gott nicht existiert und deswegen für ihn alles gegenwärtig was unser zeitliches Universum betrifft, die Vergangenheit, die Gegenwart und die Zukunft.

- Im Reich Gottes unterliegt alles den ewigen Gesetzmäßigkeiten und einer absoluten Ordnung, es gibt dort keine Willkür, kein Zufall.

- Dort gibt es keine Unordnung und keine Verweslichkeit, keinen Zeitpfeil und deswegen auch keine Zeit.

Eine wichtige Frage, auf die wir eine Antwort finden wollen, blieb bisher ausgeklammert. Wo befindet sich das Reich Gottes und welche Beziehung besteht zwischen dem Reich Gottes und unserem zeitlichen Universum? Damit zusammenhängend drängen sich viele Fragen auf die wir uns manchmal stellen: Wie kann Gott alle Gebete eines jeden Menschen, wo er auch lebt, vernehmen und beantworten? Wie kann es sein, dass Engel den Menschen an jedem Ort der Erde erscheinen können? Wie kann es sein, dass geliebte Menschen, die verstorben sind, trotzdem so dicht bei uns sind? Wodurch ist es möglich, dass Gott der Herr für einige Menschen den Himmel öffnet? Und wo ist der Schleier, der uns vom Himmel bzw. vom Reich Gottes trennt. Die heutigen Erkenntnisse der Wissenschaften weisen uns gemeinsam mit den Heiligen Schriften einen Weg zur Beantwortung dieser Fragen.

Nicht jede dieser Fragen wird in unserem Erdenleben endgültig beantwortbar sein. Doch sind in den Heiligen Schriften Antworten auf so manche Fragen verborgen, die wir nur entdecken müssen. Wir wollen nun gemeinsam auf die Suche gehen:

Beginnen wir mit der Frage nach dem Wohnort Gottes oder anders gefragt: Wo ist das Reich Gottes? Wir wissen, dass Gott außerhalb unseres Universums lebt und trotzdem einen direkten und unmittelbaren Zugang zu jedem Punkt unseres Universums besitzt.

Auf den nächsten Seiten will ich versuchen, diesem Rätsel auf die Spur zu gehen. Zunächst stellt sich die Frage, wie ein Wohnort außerhalb unseres Universums aussehen könnte und welche Bedingungen dort herrschen mögen. In der modernen Kosmologie gibt es darauf keine klaren Antworten, die Frage nach „außerhalb unseres Universums" macht für die Kosmologie keinen Sinn, da die physikalischen Gesetzmäßigkeiten außerhalb unseres Universums ihre Gültigkeit verlieren. Es lassen sich deshalb grundsätzlich keine Aussagen über physikalische Gesetzmäßigkeiten außerhalb unseres Universums machen. Nach unserem irdischen Verständnis gibt es dort weder Raum noch Zeit, wie wir sie hier auf der Erde erleben.

Sinnbildlich hat Gott die Antwort auf die Frage nach dem Wohnort Gottes bereits Jakob, dem Sohn Isaaks und dem Enkel Abrahams gegeben. Im Alten Testament der Bibel lesen wir, dass Jakob auf dem Weg nach Haran war und dabei folgendes erlebte:

> *„Da hatte er einen Traum: Er sah eine Treppe, die auf der Erde stand und bis zum Himmel reichte. Auf ihr stiegen Engel Gottes auf und nieder."*
> *„Furcht überkam ihn, und er sagte: Wie ehrfurchtgebietend ist doch dieser Ort! Hier ist nichts anderes als das Haus Gottes und das Tor des Himmels."*
> (AT: Genesis 28:12, 17)

Jakob hat das Tor zum Himmel gesehen, den Übergang in das Reich Gottes, das nicht von dieser Welt, von diesem Universum ist. Der Übergang in das Reich Gottes, das Tor zum Himmel, war genau an der Stelle, an der sich Jakob zum Schlafen niedergelegt hat. Für Jakob war es das Haus des Herrn, der Tempel Gottes. Wohin führte die Treppe, die Jakob in seinem Traum sah? Sie führte in das Reich Gottes. Sie war das Tor des Himmels. Aus den Heiligen Schriften wissen wir, dass viele Propheten vor Alters den Himmel offen gesehen haben - und dies an vielen verschiedenen Orten dieser Erde. Daher gibt es viele Tore des Himmels und wir können erkennen und sogar erleben, dass jeder Ort auf dieser Erde, ja sogar in diesem gesamten Universum, ein Tor zum Himmel sein kann. Ein Ort, wo Gott mit uns spricht und wo seine Engel uns besuchen.

Wo befindet sich nun aber das Reich Gottes? Um diese Frage beantworten zu können, müssen wir in jene Thematik eintauchen, die das Wesen unserer dreidimensionalen Welt beleuchtet. Wenn wir einmal von der Zeit als vierte Dimension der Raumzeit absehen, dann leben wir in einem dreidimensionalen Universum. Dies entspricht sowohl unserer räumlichen Vorstellung als auch den physikalischen Gesetzmäßigkeiten, aus denen sich die Dimensionalität des Raumes bestimmen lässt. Alle physikalischen Experimente sind kompatibel mit den drei Dimensionen unserer räumlichen Wirklichkeit. Was sagen aber die Heiligen Schriften über Gottes Wohnort aus? In der Apostelgeschichte im Neuen Testament lesen wir:

> *„Gott, der die Welt erschaffen hat und alles in ihr, …, wohnt nicht in Tempeln, die von Menschenhand gemacht wurden."* (NT: Apostelgeschichte 17:24)

Gott wohnt nicht in den von Menschen gebauten Tempeln hier auf der Erde. Was wohl bedeutet, dass er nicht auf der Erde wohnt, er uns aber trotzdem nicht fern ist:

> *„… denn keinem von uns ist er fern."* (NT: Apostelgeschichte *17:27*)

> *„… denn der Herr, euer Gott, ist droben im Himmel und hier unten auf der Erde."* (AT: Josua 2:11)

Wie kann es sein, dass er gleichzeitig oben im Himmel und unten auf der Erde ist? Die Heiligen Schriften sprechen in diesem Zusammenhang von den Himmeln als Gottes Wohnort, ohne konkret sagen zu können, was sich hinter diesem Begriff wirklich verbirgt. In den neueren Heiligen Schriften wird es schon etwas konkreter ausgedrückt. Wir lesen dort:

> *„Er erfasst alles, und alles ist vor ihm, und alles ist rings um ihn; und er ist über allem und in allem und ist durch alles und ist rings um alles"* (LuB 88:41)

> *„Ich bin über allem und in allem und durch alles"* (LuB 63:59)

Diese Schriftstellen deuten darauf hin, dass vor Gott nicht nur zeitlich alles gegenwärtig ist, sondern auch räumlich. Dafür gibt es eine Antwort. Sie erfüllt weitgehend alle dem wissenschaftlichen und religiösen Verständnis entspringenden

Erwartungen. Wir wissen, dass Gott nicht in unserem Universum lebt, denn dann hätte er es nicht erschaffen können. Deshalb muss unser dreidimensionales und zeitliches Universum in einem höherdimensionalen und ewigen Reich, das ohne Anfang und ohne Ende ist, eingebettet sein. Unser dreidimensionales Universum ist gewissermaßen wie eine abgeschlossene Blase in Gottes Reich enthalten. Es gehorcht den uns bekannten dreidimensionalen physikalischen Gesetzen, wobei die höherdimensionale Welt Gottes ihren eigenen ewigen Gesetzen unterliegt. Da diese höherdimensionale Welt, das Reich Gottes, aber außerhalb unseres Universums liegt können wir es wegen unserer Beschränkungen auf die Wahrnehmung dreidimensionaler Räume niemals sehen, auch wenn es dicht bei uns ist. Auch können wir die Gesetzmäßigkeiten, die diesem höherdimensionalen Universum innewohnen, grundsätzlich nicht messen, da sie uns nicht zugänglich sind. Deshalb ist für uns das Reich Gottes nur durch Offenbarung erkennbar und deshalb können wir es nur sehen und wahrnehmen, wenn Gott unsere „Augen" und damit den Schleier zu dieser Welt öffnet. Diese Einbettung unseres Universums in das höherdimensionale Reich Gottes ist letztlich auch der Grund dafür, warum uns mit unserem irdischen Verstand die Antwort auf viele Fragen verborgen ist.

In der Mathematik werden solche höherdimensionalen Räume auch als Hyperräume bezeichnet, deren Eigenschaften sehr genau bekannt sind. Es ist tatsächlich so, dass jeder dreidimensionale Raum in einem vierdimensionalen Raum eingebettet sein kann. In der Mathematik bedeutet das, dass jeder Punkt eines dreidimensionalen Raumes Teil eines vierdimensionalen Raumes ist. Ein einfaches Beispiel zeigt, dass ein Punkt im dreidimensionalen Raum mit den räumlichen Koordinaten[93] (x,y,z) einem Punkt im vierdimensionalen Raum $(x,y,z,0)$ entspricht. Man kann also einen dreidimensionalen Raum in einen vierdimensionalen Raum einbetten, ohne die Struktur des dreidimensionalen Raumes zu verändern. Das was wir hier mit den einfachsten Mitteln der Mathematik beschreiben, hat unglaubliche Konsequenzen: Mag unser Universum noch so riesig sein, vielleicht sogar unendlich weit ausgedehnt, es ist nicht mehr als ein Sandkörnchen im Gefüge des Reiches Gottes. Selbst wenn es viele Universen wie das unsrige geben sollte, für die unzählbare Zahl der Kinder Gottes, dann sind auch alle Universen zusammengenommen nicht mehr als ein Hauch der Ewigkeit.

---

[93] Ein Koordinatensystem dient dazu, räumliche Punkte mit Hilfe von Zahlen, den Koordinaten, in eindeutiger Weise einem Ort zuzuschreiben

Dass was wir hier mit den Mitteln der Mathematik beschrieben haben lässt sich auf die Wirklichkeit des Universums und seine Beziehung zum Reich Gottes leicht übertragen. In diesem Bild lassen sich all die obigen Fragen beantworten und auch wie es sein kann, dass Gott alles gleichzeitig erfassen kann was räumlich zu unserem Universum gehört. „Alles ist vor ihm, und alles ist rings um ihn; und er ist über allem und in allem und durch alles und rings um alles" (LuB 88:41). Welch eine treffende Beschreibung der Wirklichkeit. Das Reich Gottes ist ein höherdimensionaler Raum, indem unser Universum eingebettet ist. Dadurch grenzt jeder einzelne Punkt unseres Universums direkt an das Reich Gottes. Deswegen kann für Gott alles gegenwärtig sein. Er sieht jeden einzelnen Punkt unserer Welt. Gott ist natürlich nicht höherdimensional, denn er hat uns nach seinem Ebenbild erschaffen, aber dadurch, dass er in einem höherdimensionalen Raum lebt, hat er unendlich viel mehr Möglichkeiten als wir es haben und die Unendlichkeit ist Teil seines Reiches. Aber es kommt noch sehr viel mehr dazu als nur die räumliche Ausdehnung.

Da die höherdimensionale Welt jedoch für uns Menschen grundsätzlich nicht vorstell- und verstehbar ist, behelfen wir uns am besten mit einem Vergleich aus unserer Vorstellungswelt und wir versuchen, die dort erkannten Eigenschaften auf die höherdimensionale Welt zu übertragen. Wir kennen nur Räume mit drei Dimensionen. In unseren Räumen können wir nach vorne oder zurück gehen, nach links oder nach rechts, nach oben oder nach unten. Weitere Wege hinein in die vierte Dimension sind für uns nicht vorstellbar.

Um zu verstehen, wie unser dreidimensionales Universum in ein höherdimensionales Reich eingebettet ist und welche Eigenschaften damit verknüpft sind, begeben wir uns jetzt in Gedanken eine Dimension tiefer und versuchen zu begreifen, wie eine zweidimensionale Welt mit unserem dreidimensionalen Universum verflochten sein kann.

Stellen sie sich dazu bitte eine ebene Fläche, zum Beispiel eine sehr große und sehr dünne Tischplatte vor. Auf dieser zweidimensionalen Ebene existieren nur zweidimensionale intelligente Lebewesen, deren räumliches Vorstellungsvermögen aber auf die zwei Dimensionen ihrer Welt begrenzt ist, zum Beispiel kleine zweidimensionale Kriechtiere. Diese flachen Lebewesen können sich auf dieser Tischplatte nur nach vorne und hinten, sowie nach links und rechts bewegen. Ein Oben und ein Unten kennen sie nicht und sie können es auch überhaupt nicht wahrnehmen, es gibt für sie kein Oben und kein Unten in Ihrer Welt. Die dritte Dimension ist diesen Lebewesen somit völlig verborgen.

Stellen sie es sich jetzt einmal vor, dass es in ihrer normalen dreidimensionalen räumlichen Umgebung eine solche zweidimensionale Welt in Form dieser großen Tischplatte geben würde. Auf dieser Tischplatte leben die kleinen zweidimensionalen und damit flachen Kriechtiere. Als Bewohner der normalen dreidimensionalen Welt sehen sie natürlich die zweidimensionale Tischplatte eingebettet in ihrer dreidimensionalen Welt mit den darauf befindlichen zweidimensionalen Kriechtieren. Sie können sie erkennen, ihr Verhalten beobachten und gegebenenfalls auch auf sie einwirken. Sie können ganz dicht an sie herangehen, aber von ihnen nicht gesehen werden können sie nicht, da die zweidimensionalen Kriechtiere kein Oben und Unten erkennen können. Sie sehen natürlich auch, dass jeder einzelne Punkt auf der ebenen Tischplatte an ihren dreidimensionalen Raum grenzt. Sehr einfach ist es ihnen möglich die Tischplatte und auch die zweidimensionalen Lebewesen zu berühren. Aber wie würden die zweidimensionalen Wesen auf der Tischplatte dies alles erleben? Sie kennen ja kein Oben und Unten, es existiert für sie nicht. In der Vorstellungswelt dieser zweidimensionalen Lebewesen ist es deshalb völlig ausgeschlossen, dass etwas von „oben" kommend auf sie einwirkt. Dadurch erleben sie die tatsächliche Wirklichkeit nur sehr eingeschränkt. Wegen ihrer beschränkten Sicht auf die Dinge ihrer Welt, muss es für sie wie ein Wunder erscheinen, wenn eine Person aus der dreidimensionalen Welt sie von oben berührt, aus dieser Richtung mit ihnen spricht oder ihnen erscheint. Sie würden die Richtung, aus der diese Stimme zu ihnen spricht, nicht einmal lokalisieren können. Sie hätten das Gefühl, dass die Stimme aus dem „Himmel" zu ihnen spricht. Die Grenze zwischen der zweidimensionalen Fläche und der dreidimensionalen Welt erleben die zweidimensionalen Lebewesen als einen undurchdringlichen Schleier, der die Verbindung von ihrer Welt zu jener der höheren Dimension unüberbrückbar erscheinen lässt.

Dieses Gedankenexperiment können wir jetzt auf unsere irdische Lebensrealität übertragen. Wir Menschen können ja nur die drei Dimensionen unserer beschränkten Wirklichkeit erkennen. Aber unser Universum ist eingebettet in das höherdimensionale Reich Gottes. Analog zu den zweidimensionalen Lebewesen auf der Tischplatte können auch wir uns nicht vorstellen, dass es neben unseren drei Dimensionen vorne und hinten, links und rechts, oben und unten, noch eine oder mehrere weitere Dimensionen gibt, die wir nicht wahrnehmen können. Aber diese weiteren Dimensionen existieren und dies bedeutet analog zu unserem 2D Gedankenexperiment, dass jeder einzelne Punkt unseres Universums, an das höher-dimensionale Reich Gottes grenzt, auch wenn wir es nicht wahrnehmen können. Damit ist auch jeder einzelne Punkt unserer räumlichen Wirklichkeit die Grenze zwischen unserer Welt und dem Reich Gottes. Das Tor zum Himmel befindet sich deshalb an jedem Punkt in unserer Welt, es befindet sich in unseren Heimen, im Tempel und auch in uns selbst.

Der verstorbene Präsident der Kirche Jesu Christi der Heiligen der Letzten Tage, Thomas S. Monson, hat diese Wahrheit mit einfachen Worten ausgedrückt:

> *„Wie weit ist der Himmel entfernt? Er ist nicht sehr weit. Wenn du nahe bei Gott lebst, ist er genau dort, wo du bist."* (Zeitschrift „Der Stern", Januar 1987)

Genau aus diesem Grund kann Gott Vater die Himmel an jedem Punkt unserer Welt öffnen, er kann durch das Licht Christi mit jedem Mensch sprechen, er kann Gebete unmittelbar erhören und beantworten, da es für ihn eben auch keine Zeit gibt. Damit befindet sich auch der Schleier, der unsere dreidimensionale Welt vom Reich Gottes trennt, an jedem einzelnen Punkt unseres irdischen Lebensfeldes. All dies ist möglich, weil unsere dreidimensionale Welt unmittelbar an das Reich Gottes grenzt. Warum wir das Reich Gottes nicht wahrnehmen können, liegt ausschließlich an unserer räumlichen und damit dreidimensionalen Begrenztheit. Das ist der Grund, warum Engel die Menschen besuchen und ihnen ihre Botschaften überbringen können. Auch die bereits verstorbenen Menschen können dicht bei uns sein. Manchmal fühlen wir ihre Nähe, ohne sie sehen zu können, weil der Schleier zwischen unserem dreidimensionalen Raum und dem Reich Gottes nur mit Gottes Willen durchschritten werden kann. In seltenen Fällen lässt Gott dies zu und öffnet auf diese Weise dem Menschen gewissermaßen die Türen zum Himmel. Ein Beispiel dafür ist die Erste Vision des Propheten Joseph Smith.

Letztlich müssen wir uns aber eingestehen, dass wir uns mit unserem irdischen Verstand eine vierte Dimension nicht vorstellen können. Da müssen wir uns in Geduld üben und ausharren in der Erkenntnis, dass ein unsichtbarer Schleier uns die Sicht auf die ewigen Realitäten noch eine Weile nehmen wird. Dieser Schleier verdeckt für uns die Verbindung zwischen Erde und Himmel, die jedoch zwischen jedem Punkt dieser Welt und der himmlischen Welt, wie auch zwischen jedem Menschen und Gott real und allzeit besteht.

Gott lebt in dieser höherdimensionalen Welt und hat damit unbegrenzten Zugriff auf das von ihm geschaffene, in sein Reich eingebettete, dreidimensionale Universum mit all seinen Welten, in denen seine Kinder leben, an jeder Stelle und zu jedem Zeitpunkt. Dies bedeutet natürlich nicht, dass Gott selbst ein höherdimensionales Wesen ist. Denn aus den Lehren der Propheten wissen wir, dass der Mensch heute ist, wie Gott einst war, und dass der Mensch einst werden kann, wie Gott heute ist[94]. Schließlich lehren auch die Bibel und andere Heilige Schriften, dass die Menschen von Gott in seinem Abbild erschaffen wurden. Die erweiterten Dimensionen, die in Gottes Reich vorherrschen, bieten ihm ungeahnte Möglichkeiten zur Entfaltung seiner göttlichen Macht. Eine dieser Möglichkeiten besteht darin, ein Universum mit Welten ohne Zahl für seine Geistkinder zu erschaffen, damit sie dort ihre irdische und vergängliche Zeit verbringen können, um den Zweck ihrer Erschaffung zu erfüllen. Wenn die sterblichen Menschen eines Tages durch den Schleier treten, um in ihr himmlisches Zuhause zurückzukehren, dann werden sie die räumliche und zeitliche Beschränktheit der irdischen Welt mit Freude hinter sich lassen.

Dieses höherdimensionale Reich besteht ewig und enthält alle ewigen Urstoffe (Elemente) und ewigen Intelligenzen, die Gott benötigt, um zeitlich und räumlich beschränkte Universen zu erschaffen. Sie dienen seinen Kindern als vorübergehende Wohnstätte, die es ihnen ermöglicht, Sterblichkeit anzunehmen und hinsichtlich ihres Glaubens und Gehorsams geprüft zu werden, sodass sie eines Tages wieder in ihr himmlisches Zuhause zurückkehren und in ewiger Herrlichkeit leben können.

Im Himmel, also in der höherdimensionalen Welt, gibt es keine Zeit. Auch gibt es weder Anfang noch Ende. Es herrscht auch keine Unordnung und keine Verweslichkeit. Nachdem der sterbliche Mensch den Schleier durchschritten haben wird, der das Zeitliche vom Ewigen trennt, wird seine Verweslichkeit die Unverweslichkeit anziehen. Denn Verwesung, Zerstörung und Unordnung existieren nur dort, wo die Zeit regiert.

> „Selbst dieses Sterbliche wird Unsterblichkeit anziehen, und dieses Verwesliche wird Unverweslichkeit anziehen." (BM: Mosia 16:10)

---

[94] Biography and Family Record of Lorenzo Snow. 1884, S. 46

Der Ablauf von Zeit ermöglicht es, dass Etwas entstehen, wachsen und auch sterben kann. Im Umkehrschluss sind Dinge, die nicht in der Zeit existieren und deshalb auch nicht den zeitlichen Gesetzen unterliegen, vom Verfall ausgenommen.

Fazit: Gott lebt außerhalb unseres Raumes und unserer Zeit. Deswegen spielen in seinem Reich Zeit und Raum keine Rolle. Wie wir in unserer dreidimensionalen Welt alle drei Raumdimensionen gleichzeitig überblicken können, so sind für Gott sowohl alle unserer Raumdimensionen als auch unserer Zeitdimension gleichzeitig und überall wahrnehmbar.

11.2. ZEIT UND EWIGKEIT

Die Begriffe Zeit und Ewigkeit zählen wahrscheinlich zu jenen Themen, die uns irdischen Wesen die größten Verständnisprobleme bereiten. Obwohl wir in diesem Zusammenhang mit unserem begrenzten Verständnis vieles nicht verstehen können, haben diese Themen aber dennoch eine große Bedeutung für unser ewiges Dasein. Gerade der Begriff Ewigkeit ist für uns sehr abstrakt, er ist nicht greifbar und ist daher eher mit einem Gefühl verbunden als mit einer physischen Realität. In den Heiligen Schriften lesen wir an vielen Stellen etwas über die Ewigkeit und wir verbinden damit eine unbegrenzte Dauer ohne Anfang und ohne Ende. In den vorherigen Kapiteln haben wir gelernt, dass die Ewigkeit nicht eine sehr lange Zeitspanne ist, sondern dass die Ewigkeit dadurch gekennzeichnet ist, dass es die Zeit, so wie wir sie auf der Erde kennen und erleben, nicht gibt. Dies hat Gott seinen Kindern in einigen Offenbarungen auch deutlich kundgetan, damit sie anfangen können seine Geheimnisse zu ergründen und ein tieferes Verständnis für seine Schöpfung und seinen Erlösungsplan zu erlangen. In der Bibel im Neuen Testament, im Buch Mormon und auch im Buch Lehre und Bündnisse lesen wir klare Aussagen über diese offenbarte Wahrheit:

- *„es wird keine Zeit mehr geben."* (NT: Die Offenbarung des Johannes 10:6, Übersetzung der King James Bible)

- *„alles ist bei Gott wie ein einziger Tag und Zeit ist nur den Menschen zugemessen."* (BM: Alma 40:8)

- *„und er wird vortreten auf das Land und auf das Meer und im Namen dessen, der auf dem Thron sitzt, schwören, dass es Zeit nicht länger geben wird."* (L&B 88:110)

Warum offenbart uns Gott diese Weisheiten über sein Verhältnis zu dem was wir als Zeit empfinden, wenn diese Weisheit dem Menschen nicht von Nutzen wäre? Diese Zeitlosigkeit ist untrennbar verknüpft mit Gottes Fähigkeit alles von Anfang an zu wissen, was mit unserem endlichen Universum und insbesondere mit den Menschen in ihrer Sterblichkeit zu tun hat. Diese Fähigkeit, das Ende von Anfang an zu kennen, ist eines der Wesensmerkmale unseres Gottes. Ist sie doch die Grundlage für Gottes Prophezeiungen von zukünftigen Ereignissen, die wir an unzähligen Stellen in den Heiligen Schriften finden können und die uns Menschen helfen sollen, den Weg zum ewigen Leben nicht nur zu finden, sondern auf ihm zu bleiben. Im Alten Testament der Bibel lesen wir Prophezeiungen über die Geburt und das Leben von Jesus Christus. Viele Jahre vor der Zerstörung von Jerusalem durch die Babylonier hat Gott dem Propheten Jeremia dieses Ereignis kundgetan. Auch im Buch Mormon lesen wir viele Prophezeiungen über die Schicksale ganzer Völker. Besonders das Buch der Offenbarungen im Neuen Testament ist geprägt durch Aussagen über die letzten Tage der Menschheit vor dem Zweiten Kommen des Herrn Jesus Christus.

Wodurch ist es möglich, dass Gott diese Prophezeiungen seinen Propheten mitteilen konnte? Lagen sie doch zum Zeitpunkt der Offenbarung noch ausnahmslos in der Zukunft. Obwohl der Mensch doch seine Entscheidungsfähigkeit besitzt, also frei über sein zukünftiges Handeln bestimmen kann und sein Tun deshalb nicht vorherbestimmt ist. Auch die Babylonier haben Jahre vor Ihrer Eroberung der Stadt Jerusalem nicht gewusst, was geschehen wird. Sie haben sich erst eine lange Zeit später dazu entschlossen.

Die Antwort darauf liegt im Wesen der Zeit und der Ewigkeit. Wenn es Zeit nicht mehr gibt, dann ist für Gott alles gegenwärtig, die Vergangenheit, die Gegenwart und die Zukunft und genau deshalb weiss Gott alles von Anfang an. Auch die Menschen, die im Reich Gottes leben, werden dies Erfahrungen machen. Ihr ganzes Leben in der Sterblichkeit, wird in einem Augenblick vor ihren Augen sichtbar sein.

Die Schriftstellen, die diese ewigen Wahrheiten verkünden, finden sich an sehr vielen Stellen in den Heiligen Schriften, einige davon sind nachfolgend aufgeführt:

- *Alles ist für Gott gegenwärtig: Vergangenes, Gegenwärtiges und Zukünftiges!*
  „er, der alles weiß, denn alles ist vor meinen Augen gegenwärtig." (L&B 38:2)

- *„Er erfasst alles, und alles ist vor ihm, und alles ist rings um ihn; und er ist über allem und in allem und ist durch alles und alles ist rings um alles, und alles ist durch ihn und von ihm. Nämlich Gott, für immer und immer."* (L&B 88: 41)

- *„wo alles für ihre Herrlichkeit offenbar ist – Vergangenes, Gegenwärtiges und Zukünftiges – und sich beständig vor dem Herrn befindet."* (L&B 130:7)

- *„doch es gibt keinen Gott neben mir, und alles ist gegenwärtig bei mir; denn ich kenne alles."* (KP: Mose 1:6)

- *„Mein Name ist Jehova, und ich weiß das Ende von Anfang an."* (KP: Abraham 2:8)

- *„Ich habe Dir alles im Voraus verkündet, ich ließ es dich hören, bevor es geschah"* (AT Jesaja 48:5)

- *„Was auch immer geschehen ist, war schon vorher da, und was geschehen soll, ist schon geschehen."* (AT: Buch Kohelet 3:14, 15)

Alle diese Schriftstellen geben machtvoll Zeugnis von der Wahrheit, dass Gott ohne Anfang und ohne Ende ist und das Zeit für ihn nicht existiert, denn sie ist nur den Menschen zugemessen. Und da für Gott die Zeit nicht existiert, überblickt er die gesamte Lebenszeit unseres Universums mit einem Blick, vom Anfang bis zum Ende dieser Schöpfung. Daraus lässt sich unmittelbar folgern, was in den obigen Schriftstellen so eindrucksvoll geschrieben steht: für Gott ist alles gegenwärtig, die Vergangenheit, die Gegenwart und die Zukunft. Denn er kennt das Ende von Anfang an. Und im Buch Kohelet 3:14, 15 lesen wir, dass alles, was auch immer geschehen ist, schon vorher da war, und dass alles, was noch geschehen soll, für Gott bereits geschehen ist.

Das, was wir sterbliche Menschen als Zeit wahrnehmen, gibt es in der göttlichen Lebenssphäre nicht. Wir Menschen hingegen leben in diesem sterblichen Leben in einer Welt der stetigen Veränderungen. Menschen werden geboren und Menschen sterben. Altern ist ein wichtiger Teil unserer sterblichen Existenz und deshalb muss bei uns auch Zeit vergehen. Die Zeit ist deshalb eng gekoppelt an die Vergänglichkeit. In der Ewigkeit gibt es diese Vergänglichkeit nicht mehr und darum gibt es dort auch keine Zeit. Und wenn es keine Zeit mehr gibt, dann verlieren Begriffe wie Vergangenheit, Gegenwart und Zukunft ihre Bedeutungen, da sie nur im Zusammenhang mit der Zeit einen Sinn ergeben.

Wenn es in der Ewigkeit keine Zeit mehr geben wird, dann bedeutet dies nicht, dass es dort keine Veränderungen oder keinen Fortschritt mehr geben wird. Das beste Beispiel ist dafür die Musik, die so eng an Zeitfolgen gekoppelt ist, wie kaum etwas anders. Auch sie wird es in der Ewigkeit nicht nur geben, sondern sie wird eine besondere Rolle spielen. In der Ewigkeit wird es auch ein Vorher und ein Nachher geben. Aber das Vorher und das Nachher wird nicht mehr in zeitlichen Kategorien gemessen. Auch die Kausalität wird dort unser Begleiter sein und Entscheidungsfreiheit weiterhin ein hohes Gut.

Nun stehen wir aber bereits vor der nächsten schwierigen Frage: Wirkt sich das Vorherwissen Gottes auf unseren freien Willen aus? Schließlich sollte die Entscheidungsfreiheit doch das höchste Gut sein, das dem Menschen von Gott gegeben wurde, um ewigen Fortschritt machen zu können. Sieht es angesichts dieses Vorherwissen Gottes dann aber nicht so aus, als sei alles bereits vorherbestimmt und der freie Wille nur eine Illusion? Ich denke, dass die Beantwortung dieser Frage von so großer Wichtigkeit ist, dass wir uns ihr sehr ausführlich widmen müssen. Es ist ohne Zweifel so, dass die Entscheidungsfreiheit des Menschen immer erhalten bleiben muss. Wie sich dies jedoch mit dem Vorherwissen Gottes vereinbaren lässt, werden wir im Folgenden näher untersuchen:

Wie schon im Kapitel 5.3 beschrieben, hat Albert Einstein richtig erkannt, dass die Zeit keine absolute Größe ist, sondern von äußeren Gegebenheiten abhängt. Demnach ist die reale Zeit nicht absolut, sondern relativ. Sie läuft nicht gleichmäßig und unbeirrt wie der Zeiger einer gleichmäßig tickenden Uhr. Denken sie an die Ausführungen zu Albert Einstein und seiner Relativitätstheorie. Zeit verläuft schneller oder langsamer, abhängig von unserer Bewegung und dem Ort, wo wir uns befinden. Und dies liegt nicht an den Uhren, die schneller oder langsamer ticken, sondern daran, dass sich die Zeit selbst verändert. Für uns ist das zwar kaum erkennbar, aber doch messbar. So richtig massiv wird dieser Effekt der Zeitveränderung erst, wenn wir uns der Geschwindigkeit des Lichtes nähern, was für uns Menschen natürlich außerhalb unseres realen Vorstellungsvermögens liegt. Noch weniger vorstellbar ist die Tatsache, dass sich die Zeit maßgeblich verändert, sobald man sich in der Nähe sehr schwerer Himmelskörper befindet. Da wir aber kaum die Gelegenheit dazu bekommen, merken wir auch nichts von dieser Variabilität der Zeit.

Doch es kommt noch extremer: Es gibt Situationen, in denen die Zeit auch in unserem Universum überhaupt nicht mehr weiterläuft. Sie steht dann still bzw. sie existiert einfach nicht mehr. An manchen Stellen ist es sogar so, dass die räumlichen Dimensionen ihre Plätze mit der Zeit tauschen[95]. Dies entzieht sich völlig unserem Verständnis und unserer Vorstellung, lässt sich aber physikalisch nachweisen. Diese Erkenntnis Albert Einsteins, mit all den theoretischen Berechnungsmethoden und Simulationen, öffnet uns aber zumindest die Tür zur Beantwortung einiger Fragen, die uns so brennend interessieren. Wenn es schon in unserem sterblichen Universum passieren kann, dass an manchen Punkten Zeit und Raum ihre Rollen tauschen und Zeit wie eine räumliche Dimension sichtbar wird, wie wird es dann erst in der Ewigkeit sein, wenn unser Blick von außen auf unser Universum gerichtet ist?

Im Kapitel 5.5 wurde über die Richtung der Zeit geschrieben und dass der so genannte Zeitpfeil, den wir hier in unserem Erdenleben gut beobachten können, durch die stetige Veränderung der Materie hervorgerufen wird. Zugeschrieben wird diese Veränderung einem physikalischen Vorgang, den wir unter dem Begriff Entropie oder der Unordnung kennengelernt haben. Auch haben wir erfahren, dass diese Entropie in einem abgeschlossenen Bereich immer zunimmt. Ein Beispiel dafür war die Umwandlung von Energie in Wärme, die wir tagtäglich in unserem Leben beobachten können und die der Grund dafür ist, dass wir ständig neue Energie benötigen, um die technisch Welt am Laufen zu halten. Ein wesentlicher Einflussfaktor auf den Zeitpfeil ist auch der dauerhafte biologische Zerfall und die Verweslichkeit, die wir hier auf der Erde vorfinden. Deswegen läuft die Zeit bei uns immer vorwärts und niemals rückwärts.

Um die Konsequenzen, die sich aus der Existenz des Zeitpfeils ergeben, noch besser verstehen zu können, betrachten wir das Ganze am besten einmal von der anderen Seite. Dazu stellen wir uns eine Welt vor, in der eine absolute Ordnung herrscht, wo es den biologischen Zerfall nicht gibt und damit auch keine Verwesung und keinen Tod, wo die Wärme nicht von außen zugeführt wird, sondern bereits in uns ist. Wo es auch keine Sonnen und Sterne gibt, so wie wir sie hier sehen. In so einer Welt kann es keine Zeit und deshalb auch keinen physikalischen Zeitpfeil geben. Es kann sich folglich dabei nur um eine Welt handeln, in der alles ewig und unvergänglich ist, und die durch ewige Gesetze regiert wird. Und genau das ist das Reich, in dem unser Vater im Himmel lebt.

---

[95] Beispielsweise im Innern Schwarzer Löcher

Fassen wir zusammen: Gott lebt außerhalb unseres Raumes und unserer Zeit. Er lebt ewig, wobei Ewigkeit nicht eine sehr lange oder unbegrenzte Zeit bedeutet, sondern dass es dort, wo Gott wohnt, gar keine Zeit gibt. Sie hat dort auch niemals existiert. Gottes Leben besteht folglich auch nicht aus aufeinander folgenden Augenblicken. Jeder Augenblick ist für ihn Gegenwart. Nun nähern wir uns langsam unserer Frage, ob die Entscheidungsfreiheit durch das Vorherwissen Gottes gefährdet ist. Auch wenn uns diese beiden Dinge als ein nicht vereinbarer Widerspruch erscheinen, so sind sie in Wahrheit doch nur die logische Verknüpfung der beiden parallel existierenden Phänomene, jenem der Zeit und jenem der Ewigkeit.

Diesem vermeintlichen Widerspruch möchte ich mich nun noch etwas intensiver zuwenden und vielleicht gelingt es mir sogar, ihn auch für unser Verständnis völlig aufzulösen. Ich versuche dies mit einem Gedankenexperiment und nehme dabei eine gedankliche Anleihe bei den heute bekannten physikalischen Gesetzen. Zuvor halte ich nochmals fest: Zeit ist in der Natur keine absolute Größe, sondern sie hängt unter anderem von der Geschwindigkeit ab mit der wir uns bewegen. Sie ist also relativ. Damit sind auch Vergangenheit, Gegenwart und Zukunft nur relative Zustände. Sie sind abhängig vom Ort und von der Bewegung des Beobachters. Daraus resultiert: Wenn wir unsere Eigengeschwindigkeit erhöhen, verlangsamt sich unsere Zeit gegenüber einem äußeren Beobachter. Wenn wir uns der Lichtgeschwindigkeit nähern könnten, dann würde die Zeit immer langsamer vergehen, bis sie bei Erreichung der Lichtgeschwindigkeit schließlich komplett stillsteht. Die Zeit hört dann auf zu existieren. Dann wäre für uns auch der Zustand erreicht, in dem alles gegenwärtig ist, die Vergangenheit, die Gegenwart und die Zukunft. Nach diesen Vorüberlegungen kommen wir nun zum angekündigten wichtigen Gedankenexperiment:

Für dieses Gedankenexperiment benötigen wir zwei Personen. Eine Person nennen wir Person A und die Rolle der zweiten Person übernehme ich. Auch wenn das Experiment natürlich rein fiktiver Natur ist, so mag es doch helfen, ein Verständnis für die reale Beziehung zwischen Zeit und Ewigkeit zu gewinnen. Nehmen wir also einmal an, die Person A reist auf einem Lichtstrahl mit der Geschwindigkeit des Lichts fortwährend durch das Universum. Wie wir wissen, vergeht dadurch die Zeit für die Person A nicht mehr, da sie sich ja mit Lichtgeschwindigkeit bewegt. Diese Person A trifft mich zum ersten Mal bei meiner Geburt und wiederholt diesen Besuch jedes Jahr an meinem Geburtstag, und das so lange, bis im hohen Alter mein Leben beendet sein wird. Während meines Lebens auf der Erde habe ich viele

Entscheidungen getroffen, die mein Leben und das Leben anderer betroffen haben. Dabei war ich permanent dem Prinzip „Ursache und Wirkung" unterworfen. Und niemand konnte im Voraus wissen, welche Entscheidungen ich treffen würde. Diese Entscheidungen brachten viele schöne und auch weniger schöne Erlebnisse in mein Leben und auch die mit diesen Entscheidungen verbundenen Konsequenzen. Diese Entscheidungen, samt die durch sie ausgelösten Konsequenzen, lassen sich niemals revidieren, da sie für mich in der Vergangenheit liegen.

Und nun wenden wir uns jener Person A zu, die mich mein ganzes Leben mit ihren jährlichen Besuchen begleitet hat. Wie hat diese Person mein Leben erlebt und wie ist die Zeit für sie vergangen? Da sich diese Person ja in dem Gedankenexperiment mit Lichtgeschwindigkeit bewegt hat, existiert Zeit für sie nicht und alles ist für sie gegenwärtig. Sie sieht mein ganzes Leben direkt vor sich, meine Vergangenheit, meine Gegenwart und meine Zukunft, wie in einem einzigen Augenblick. Aber dennoch konnte ich meinen freien Willen immer ausüben und das Prinzip der Entscheidungsfreiheit blieb immer erhalten.

Nun versuchen wir, dieses Beispiel auf unseren Vater im Himmel zu übertragen und auch darauf, wie Er die Vorgänge unseres Lebens aus seiner ewigen Perspektive wahrnimmt. Dies bedeutet natürlich nicht, dass Gott sich mit Lichtgeschwindigkeit bewegt. Es bedeutet aber, wenn Er sich in einem Reich der Ewigkeit befindet, wo es keine Zeit gibt und damit weder Anfang noch Ende vorhanden sind, für Ihn alles gegenwärtig ist und sich alles vor Ihm ausbreitet - die Vergangenheit, die Gegenwart und die Zukunft. Auf diese Weise weiß Er alles von Anfang an und bis zum Ende. Zeitliche Abfolgen spielen damit für Ihn eine völlig andere Rolle, Er nimmt sie nicht so wahr wie wir dies in unserer zeitgeprägten Endlichkeit tun. Wenn wir nach unserem Tod durch den Schleier treten, werden auch wir nicht mehr der Begrenztheit der Zeit unterworfen sein, sondern werden unser ganzes irdisches Leben in einem einzigen Augenblick erleben. Wahrscheinlich werden wir es dann auch als große Segnung empfinden, von den Fesseln der Zeit befreit zu sein.

Diese Beziehung zwischen Zeit und Ewigkeit hatte bereits Albert Einstein erkannt, wie es in seinem folgenden Ausspruch zum Ausdruck kommt:

„In der Raumzeit liegen Vergangenheit, Gegenwart und Zukunft ausgebreitet vor uns, bewegungslos wie die Worte in einem Buch."

Die Erkenntnisse, die Albert Einstein aus seiner wissenschaftlichen Arbeit gezogen hat, sind uns schon seit langer Zeit aus den Heiligen Schriften bekannt. So weist bereits die Aussage im Buch Abraham „Mein Name ist Jehova, und ich weiß das Ende von Anfang an" darauf hin, dass für Gott keine Zeit existiert. Er sieht das Leben aller Menschen, ja der gesamten Menschheitsgeschichte, in nur einem einzigen Augenblick. Das ganze Weltgeschehen ist für Ihn gegenwärtig. Trotzdem kann Er jederzeit in das Weltgeschehen eingreifen, wann und wie Er will. Die Macht und Möglichkeit dazu hat Er. Aber Er würde niemals die Entscheidungsfreiheit des Menschen einschränken. Sie ist im Erlösungsplan Gottes das höchste Gut.

Jetzt möchte ich noch ein Missverständnis klären, dem so mancher unterliegen könnte. Es geht dabei um die Frage, warum unser Vater im Himmel unsere zukünftigen Handlungen und Entscheidungen bereits schon jetzt, also im Voraus kennt. Viele nehmen an, er wisse dies, weil er uns so gut kennt, sodass er auf unser zukünftiges Handeln schließen kann. Eine solche Sichtweise ist deshalb problematisch, weil damit unsere Entscheidungsfreiheit in Frage gestellt wäre. Dies deshalb, weil niemand im Vorhinein wissen kann, wie jemand in der Zukunft seine Entscheidungsfreiheit ausüben wird. Man kann zwar aus bisherigem Handeln einer Person auf ihr zukünftiges Handeln schließen, doch eine endgültige Gewissheit darüber, wie letztlich die Entscheidungen getroffen werden, ist nicht möglich. Das würde dem Wesen von Entscheidungsfreiheit entgegenstehen. Warum kennt Gott aber trotzdem unsere zukünftigen Handlungen und Entscheidungen? Nun, er kennt sie nicht deshalb, weil er uns so gut kennt, sodass er darauf schließen kann, wie wir handeln werden, noch weil er in die Zukunft blicken kann. Er kennt sie deshalb, weil für ihn Vergangenheit, Gegenwart und Zukunft, wie sie für uns gelten und ablaufen, eine Einheit bilden und er deshalb alles gleichzeitig sehen kann. Weil er nicht in der Zeit, sondern in der Ewigkeit lebt. Weil es außerhalb der Zeit weder Vergangenheit noch Zukunft gibt, und weil das, was für uns noch in der Zukunft liegt, bei ihm bereits Gegenwart ist.

Erst wenn man das Wesen von Zeit und Ewigkeit versteht, löst sich der scheinbare Widerspruch zwischen Entscheidungsfreiheit und Vorherwissen.

Dies begründet auch, warum Gott schon jetzt von abgeschlossenen Vorgängen sprechen kann, obwohl sie für uns noch in der Zukunft liegen. Ein Beispiel: Noch bevor das Volk Israel in den Kampf zog, konnte Gott bereits den Sieg über dessen Feinde, als eine bereits abgeschlossene Handlung darstellen.

„Der Herr sagte zu Josua: Fürchte dich nicht vor ihnen; denn ich gebe sie in deine Gewalt." (AT: Buch Josua 10:8)

Wegen seiner Unabhängigkeit von der Zeit kann Er Ereignisse, die für uns noch in der Zukunft liegen, als bereits geschehen mitteilen.

Eine bemerkenswerte Begebenheit über das Vorherwissen Gottes finden wir im Buch Mormon. Im 1. Nephi 9:6 lesen wir:

„Doch der Herr weiß alles von Anfang an." (BM 1. Nephi 9:10)

Mit dieser Offenbarung bereitet der Herr den Propheten Nephi auf das vor, was er gleich erleben wird, denn in den nachfolgenden Kapiteln im 1. Nephi 11-14 wird beschrieben, wie der Herr dem Propheten Nephi wichtige Begebenheiten der nachfolgenden zweitausend Jahre zeigt. Und dies ist nur möglich, weil der Herr alles von Anfang an kennt und er Nephi, für eine kurze Zeit, einen Einblick in die Zukunft und damit in die Ewigkeit gewährt.

Mit dem Verständnis um das Wesen von Zeit und Ewigkeit, lässt sich der vermeintliche Widerspruch zwischen Vorherwissen und Entscheidungsfreiheit lösen. Uns ist klar geworden, dass es bei Gott keine Zeit gibt. In seinem Reich gibt es keine willkürlichen Veränderungen, alles unterliegt ewigen Gesetzen. Es gibt keinen Verfall und keine Verwesung. Physikalisch würde man das so ausdrücken: Die Entropie verändert sich nie. In einer solchen Welt kann es keinen Zeitverlauf geben und damit auch keine Zeit selbst. Und weil es für Gott und für alle bei Gott lebenden Menschen keine Zeit gibt, sind alle Dinge, die in unserem Universum geschehen, also auch das Leben eines jeden einzelnen Menschen, für Gott gegenwärtig – sie sind Vergangenheit, Gegenwart und Zukunft zugleich.

Auch wenn in der Ewigkeit keine Zeit mehr existiert, so bedeutet dies nicht, dass die in der Ewigkeit lebenden Menschen keine Fortschritte mehr machen können. Natürlich wird es auch dort Abläufe geben und ein Vorher vom Nachher. Man wird Musik machen können, nach der vorgegebenen Abfolge der Noten. All dies ist möglich, aber messbar wird Zeit nicht mehr sein. Stellen sie sich in einem Gedankenexperiment eine Sanduhr vor, die eigentlich ein sehr gutes Beispiel für den Fluss der Zeit ist. Unsere ewige Sanduhr unterscheidet sich aber dadurch von einer normalen Sanduhr, dass die Sandbehälter ober- und unterhalb der Durchflussstelle unendlich groß sind. Auch wenn der Sand hindurchfließt, werden wir damit niemals eine Zeit messen können, da der Sand im obige Behälter niemals abnehmen wird.

Alles bleibt wie es ist, man kann ein Vorher nicht von einem Nachher unterscheiden, trotzdem fließt der Sand.

In den Heiligen Schriften lernen wir auch, dass die Zeitlosigkeit im Reich Gottes und die damit verbundene Gegenwärtigkeit von Allem, mit einem besonderen Begriff eng verwoben ist: mit der Wahrheit. So lesen wir in L&B 93:24 folgendes:

> *„Und Wahrheit ist Kenntnis von etwas, wie es ist und wie es war und wie es kommen wird."* (L&B 93:24)

Für Gott ist alles gegenwärtig, daher kennt er alles wie es war, wie es ist und wie es sein wird. Und dies ist die Wahrheit. Diese beiden in Lehre und Bündnisse formulierten Aussagen machen klar, dass vor Gott alles gegenwärtig und damit zeitlos ist. Die Zusammenfassung all dieses Wissens und dieser Kenntnis wird als Wahrheit bezeichnet. „Denn Wahrheit ist Kenntnis von etwas, wie es ist und wie es war und wie es kommen wird".

> *„Ja, Herr, ich weiß, dass du die Wahrheit sprichst, denn du bist ein Gott der Wahrheit und kannst nicht lügen."* (BM: Ether 3:12)

Die folgende Schriftstelle bringt nun auch Jesus Christus ins Spiel und macht deutlich, dass Er über das Licht herrscht, das die Wahrheit in sich birgt. Dieses Licht der Wahrheit wird mit dem Begriff Intelligenz gleichgesetzt. Die Intelligenzen sind ewig – also zeitlos, ohne Anfang und ohne Ende.

> *„Intelligenz oder das Licht der Wahrheit wurde nicht erschaffen oder gemacht und kann es auch gar nicht."* (L&B 93:29)

Jetzt sind wir bei den drei Schlüsselbegriffen angelangt, die uns die ewige Dimension unserer göttlichen Abstammung vor Augen führt: Die ewige Wahrheit, das Licht der Wahrheit und die Intelligenzen der Ewigkeit.

> *„Alle Wahrheit ist unabhängig in dem Bereich, worein Gott sie gestellt hat und kann für sich selbst handeln, wie auch alle Intelligenz; anders gibt es kein Dasein."* (L&B 93: 30).

Wahrheit kann demnach für sich selbst handeln, wie dies schon Lehi im zweiten Buch Nephi, im Kapitel 2, im Vers 14 beschrieben hat:

„... denn es gibt einen Gott, und er hat alles erschaffen, sowohl die Himmel
als auch die Erde und all das, was darinnen ist, sowohl das, was handelt,
als auch das, worauf eingewirkt wird." (BM: 2. Nephi 2:14)

Die Heiligen Schriften lehren uns auch, dass alle Intelligenzen mit den gleichen
Fähigkeiten ausgestattet sind, nämlich mit jenen Fähigkeiten, mit denen auch unser Vater im Himmel ausgestattet ist. Die Fähigkeit, wie Gott werden zu können,
wohnt deshalb auch in uns, seinen Kindern. Zu diesen Fähigkeiten und Eigenschaften zählt auch die unbeschränkte Entscheidungsfreiheit. Dies und vieles andere
sind die Ausprägungsformen dessen, was wir ewige Wahrheit nennen. Die Kenntnis dieser Wahrheit, wie sie uns durch die Wiederherstellung des Evangeliums Jesu
Christi durch den Propheten Joseph Smith zuteilgeworden ist, definiert den Zweck
unseres irdischen Lebens und motiviert uns vielleicht, mit unserer Entscheidungsfreiheit weise und sorgsam umzugehen.

11.3. RÄUME, REICHE UND HERRLICHKEITEN

Jesus Christus hat im Auftrag seines Vaters Welten ohne Zahl erschaffen. Welten, die bereits vergangen sind, Welten die gegenwärtig existieren und Welten, die noch entstehen werden. Diese Welten sind nichts anderes als die Planeten auf denen die Menschen in ihrer sterblichen Phase ihrer ewigen Existenz leben und die Erde ist eine von ihnen. Diese Wahrheit hat Gott sehr deutlich ausgesprochen, als er mit Mose auf einem hohen Berg sprach:

> *„Aber nur von dieser Erde und ihren Bewohnern gebe ich dir Bericht. Denn siehe, es gibt viele Welten, die durch das Wort meiner Macht vergangen sind."* (KP: Mose 1: 35)

Er blickte auf den weiten Raum der Ewigkeit, bevor er unser zeitliches, dreidimensionales Universum erschuf[96], eingebettet in seiner ewigen unendlichen Wohnstätte, dem Reich Gottes.

> *„Und Welten ohne Zahl habe ich erschaffen; und ich habe sie ebenfalls für meinen eigenen Zweck erschaffen; und durch den Sohn (Anm. Jesus Christus) habe ich sie erschaffen, nämlich meinen Einziggezeugten."* (KP: Mose 1:33)

Es ist eine überaus bemerkenswerte Erkenntnis, die in dieser Klarheit erst 1830 in den neueren Heiligen Schriften offenbart wurde. Jesus Christus hat im Auftrag seines Vaters unser Universum mit all den Welten ohne Zahl, d.h. Planeten ohne Zahl, erschaffen und er hat sie für die Kinder unseres Vaters im Himmel erschaffen, damit sie auf diesen Welten die sterbliche Phase ihres Lebens durchlaufen können, um dort geprüft zu werden. Noch bemerkenswerter ist es allerdings, dass Christus nicht nur die Welten ohne Zahl erschaffen hat, sondern dass er auch das Sühnopfer für alle Kinder Gottes in unserem Universum vollbracht hat, unabhängig davon auf welchen Welten sie gelebt haben, gerade leben oder noch leben werden.

---

[96] L&B 38:1

Jesus Christus ist der Erretter aller Kinder Gottes, die auf diesen Welten ohne Zahl leben. Jesus Christus lebte als Einziggezeugter des Vaters im Fleisch auf unserer Erde. Er wuchs hier auf, lebte und lehrte auf dieser Erde, er wurde hier gekreuzigt. Er starb und erlebte hier seine Auferstehung. Er vollbrachte hier auf dieser Erde das Sühnopfer für alle Menschen, nicht nur für die Bewohner dieser Erde, sondern für die Bewohner aller Welten, die er für seinen Vater erschaffen hat.[97]

Eines weiteren Sühnopfers bedarf es nicht. Und es ist unabhängig davon, wann die Welten mit ihren Bewohnern existieren oder existiert haben, ob vor der Auferstehung Jesu Christi oder danach, denn Zeit spielt keine Rolle im Kontext der Ewigkeit, die ohne Anfang der Tage und Ende der Jahre ist. Das Sühnopfer und die Auferstehung Jesu Christi sind nicht nur für diese Erde wirksam, sondern für all die vielen Welten, deren Zahl wir nicht kennen. Jesus Christus ist der Erretter aller Kinder Gottes, auf welcher Welt in unserem Universum sie auch gelebt haben, jetzt leben mögen oder noch leben werden.

Wenn Jesus Christus aber das Sühnopfer für alle Menschen auf Milliarden Welten ohne Zahl vollbracht hat, warum hat er es gerade auf unserer Erde gemacht, warum hat er hier gelebt, ist hier am Kreuz gestorben und hat hier das Sühnopfer vollbracht? Warum gerade auf unserer Erde? Um diese Frage beantworten zu können müssen wir verstehen welche Rolle die Welten im Rahmen der Ewigkeit spielen, die weit über die irdische oder besser sterbliche Existenz in unserem vergänglichen Universum hinausgeht. Die Rolle der Welten endet offensichtlich nicht an der zeitlichen und räumlichen Grenze unseres Universums. Einen ersten Hinweis darauf erhält man, wenn man versteht, was Jesus Christus in seiner ersten Abschiedsrede gemeint hat, als er von den vielen Wohnungen im Haus seines Vaters sprach. Im Johannes Evangelium im Kapitel 14 lesen wir dazu die Verse 2,3,6:

---

[97] Zeitschrift „Für eine starke Jugend", Ausgabe April 2021, Seite 32, Herausgeber Randy Funk

(NT: Johannes 14:2,3,6)

Was bedeuten diese vielen Wohnungen und was ist der Weg der dorthin führt und warum erwähnt Christus hier die Wahrheit? Wissen wir doch, dass Wahrheit die Kenntnis ist von Dingen wie sie waren, wie sie sind und wie sie sein werden. Christus kennt also durch seinen Vater die Zukunft und weiss, welchen Weg die Menschenkinder gehen müssen um in seine Gegenwart zurückkehren zu können, denn er selbst ist der Weg.

Warum ist von vielen Wohnungen in dieser Schriftstelle die Rede? Ist es nur deshalb, weil es einfach viele Menschen gibt, die im Reich Gottes viele Wohnungen brauchen? Oder liegt darin doch eine tiefere und mehr symbolischere Bedeutung? Aus den neuen Heiligen Schriften wissen wir, dass die vielen Wohnungen nicht einfach darauf hindeuten, dass man viele Wohnungen zum Leben in der Ewigkeit brauchen wird, sondern dass die unterschiedlichen Wohnungen symbolisch für die verschiedenen Grade der Herrlichkeiten stehen, die den Menschen nach ihrem Tod und ihrer Auferstehung durch das Gericht (siehe Offenbarung des Johannes 14:1-7) zugeordnet werden, abhängig von der Bereitschaft der Menschen im irdischen Leben Jesus Christus nachzufolgen.

Als der Apostel Paulus im Korintherbrief über die Auferstehung der Toten spricht, deutet er eine Dreiteilung des himmlischen Reiches an. Er vergleicht diese Dreiteilung mit dem Glanz unterschiedlicher Himmelskörper: der Sonne, dem Mond und die Sterne.

Es ist keine Zufall, dass Paulus den Vergleich der himmlischen Reiche mit kosmischen Himmelskörper zieht, sind doch die Himmelskörper ein Sinnbild für die ewige Macht Gottes. Diese Lehre der Dreiteilung der himmlischen Reiche finden wir in viel klarerer Form auch in den neuen Heiligen Schrift die dem Propheten Joseph Smith in den 1830er Jahren offenbart wurden. Im Buch Lehre und Bündnisse in den Kapiteln 76 und 88 werden diese drei himmlischen Reiche der Herrlichkeit als telestiales, terrestiales und celestiales Reich bezeichnet. Auch diese Bezeichnungen finden ihren Ursprung im Kontext von Himmelsobjekten. Diese drei Reiche verkörpern unterschiedliche Grade der Herrlichkeiten und beim Letzten Gericht erbt ein jeder Mensch einen ewigen Wohnort in einem spezifischen Reich der Herrlichkeit. Entsprechend der Gesetze die einem jeden Reich zugeordnet sind.

Im Buch Lehre und Bündnisse ist diese Lehre weiter vertieft und inhaltlich klarer dargestellt. Auch hier werden die verschiedenen Herrlichkeiten, oder Wohnungen, nach dem Glanz der Himmelskörper bewertet. Das celestiale Reich, als höchstes Reich in der himmlischen Herrlichkeit wird von seiner Herrlichkeit mit dem Glanz der Sonne verglichen, denn auch die Sonne ist in ihrem Glanz heller als der Glanz des Mondes und der Glanz der Sterne.

„Das sind diejenigen, deren Körper celestial ist, deren Herrlichkeit die der Sonne ist, selbst der Herrlichkeit Gottes." (L&B 76:70)

Die Erben oder Bewohner des celestialen Reiches werden die gerechten und vollkommen gemachten Menschen sein, vollkommen gemacht im neuen Bund:

„Das sind diejenigen, die gerechte Menschen sind, vollkommen gemacht durch Jesus, den Mittler des neuen Bundes, der mit dem Vergießen seines eigenen Blutes dieses vollkommene Sühnopfer bewirkt hat." (L&B 76:69)

So wie der Glanz des Mondes unterschiedlich zu dem der Sonne so, so ist der Glanz der terrestialen Welt ein anderer als der der celestialen Welt. Denn mit dem Glanz des Mondes wird die Herrlichkeit der terrestiale Welt verglichen.

„Und weiter sahen wir die terrestiale Welt, und siehe, ja siehe, das sind diejenigen, die zu den Terrestialen gehören. Deren Herrlichkeit sich von der Kirche des Erstgeborenen, die die Fülle des Vaters empfangen haben, so unterscheidet, wie sich die des Mondes von der Sonne am Firmament unterscheidet." (L&B 76:71)

Als letztes Glied in dieser Kette lesen wir von der telestialen Herrlichkeit, der niedrigsten der drei Grade der Herrlichkeit. Hier werden die Menschen leben, die das Evangelium Jesu Christi nicht empfangen wollten, auch nicht das Zeugnis von Jesus Christus. Aber dennoch ist das telestiale Reich ein Reich der Herrlichkeit, vergleichbar mit der Herrlichkeit der Sterne. Aber in dem Maße wie der Glanz der Sterne geringer ist als der Glanz der Sonne, so ist auch die Herrlichkeit der telestialen Welt geringer als die der celestialen oder terrestialen Welt.

> *„Und die Herrlichkeit der Telestialen ist eine eigene, so wie die Herrlichkeit der Sterne eine eigene ist; denn wie ein Stern sich vom anderen Stern an Herrlichkeit unterscheidet, so unterscheiden sich auch der eine vom anderen in der telestialen Welt an Herrlichkeit."* (L&B 76:98)

Ein Blick in den nächtlichen Himmel ist ausreichend um uns verstehen zu lassen, dass die Sterne sich neben ihrer Farbe auch in ihrem Glanz und ihrer Helligkeit voneinander unterscheiden. Manche Sterne strahlen sehr hell, wie beispielsweise Sirius, der hellste Stern am Nachthimmel, aufzufinden im Sternbild Großer Hund. Manche Sterne leuchten hingegen sehr schwach, so dass sie mit bloßem Auge kaum sichtbar sind. Genauso wie die Sterne in ihrer Helligkeit unterschiedlich sind, so wird es auch in der telestialen Welt sehr viele unterschiedliche Grade der Herrlichkeit geben. Es wird nicht nur die eine Wohnung geben, sondern sehr viele, die sich voneinander in ihrer Herrlichkeit unterscheiden. Aber sie werden weit unterhalb der Herrlichkeiten der celestialen und der terrestialen Welt sein. Nach den Aussagen in den Heiligen Schriften werden die allermeisten meisten Menschen eine Wohnung in der telestialen Herrlichkeit erben, weit mehr als solche, die Erben der celestialen oder terrestialen Herrlichkeit sind.

> *„Aber siehe, ja siehe, wir sahen die Herrlichkeit und die Bewohner der telestialen Welt, dass sie so unzählbar waren wie die Sterne am Firmament des Himmels oder wie der Sand am Ufer des Meeres."* (LuB 76:109)

Wie kann man sich all die Orte der Herrlichkeiten vorstellen, auf denen die Menschen nach ihrer Auferstehung und dem Letzten Gericht leben werden und wo werden sie sein? Nur sehr wenig ist darüber offenbart worden. Aber es gibt ein sehr schönes Beispiel, dass wenigstens im Prinzip erklärt, wie all diese Dinge miteinander zusammenhängen. Das Beispiel betrifft unsere Erde. Im Neuen Testament in der Offenbarung des Johannes spricht Johannes von einer neuen Erde und einem neuen Himmel:

„Dann sah ich einen neuen Himmel und eine neue Erde; denn der erste Himmel und die erste Erde sind vergangen, auch das Meer ist nicht mehr.
(NT: Offenbarung des Johannes 21:1)

Was können wir uns unter dieser neuen Erde vorstellen? In den neuen Heiligen Schriften lesen wir, dass unsere Erde, wenn sie ihre Aufgabe erfüllt haben wird, geheiligt und neu belebt werden wird, als Erbteil für die celestialen Menschen (L&B 88:25,26) im Reich Gottes.

„Und weiter, wahrlich, ich sage euch: Die Erde hält sich an das Gesetz eines celestialen Reiches, denn sie erfüllt das Maß ihrer Erschaffung und übertritt das Gesetz nicht – darum wird sie geheiligt werden; ja, wenn sie auch sterben wird, so wird sie doch wieder belebt werden und wird in der Macht leben, womit sie belebt wird, und die Rechtschaffenen (Anm.: das sind diejenigen, die in das celestiale Reich kommen werden) werden sie ererben." (LuB 88: 25,26)

Die Erde wird also vergehen, geheiligt und eine neue ewige Heimat erhalten, die nicht in unserem jetzigen Universum sein wird, sondern im ewigen Reich Gottes. Sie wird unser Sonnensystem verlassen und in das höherdimensionale Reich Gottes geleitet. Dort wird die geheiligte Erde ewiglich als Wohnstätte für die Erben des celestialen Reiches dienen. Jesus Christus hat Johannes dem Offenbarer diese neue Erde in einer Vision gezeigt, lange bevor die Erde diesen Schritt vollbringen wird, so dass Johannes sie sah und es niederschreiben konnte. Diese neue Erde ist buchstäblich die zukünftige erhöhte Welt, bereit zur Aufnahme der Erben des celestialen Reiches. Das ist die neue Erde, die Johannes in einer Offenbarung gezeigt wurde.

Genauso wie unsere Erde nach dem Ende ihrer irdischen Bestimmung als zukünftiger celestialer Wohnort für die Erben des Reiches Gottes dienen wird, so kann man davon ausgehen, dass all die vielen anderen Planeten, die Welten ohne

Zahl, auf denen Menschen gelebt haben, jetzt leben oder später noch leben werden leben, eines Tages in die himmlische Herrlichkeit aufgenommen werden, um Platz für die telestialen und terrestialen Menschen zu schaffen. Sie werden dann keine celestialen Himmelskörper wie unsere Erde sein, aber sie werden eine der niedrigeren Herrlichkeiten zugeordnet werden. In die Heiligen Schriften lesen wir, dass die weit überwiegende Zahl der Kinder Gottes Erben der telestialen Welt sein werden:

> *„Aber siehe, ja siehe wir sahen die Herrlichkeit und die Bewohner der telestialen Welt, dass sie so unzählbar waren wie die Sterne am Firmament des Himmels oder wie der Sand am Ufer des Meeres." „Und sie werden Diener des Allerhöchsten sein, aber dort, wo Gott und Christus wohnen, können sie,* **Welten ohne Ende**, *nicht hinkommen."* (L&B 76:109,112)

Genauso wie Gott es dem Propheten Mose offenbart hat, dass er Welten ohne Zahl erschaffen hat, so lesen wir hier, dass Welten ohne Ende für die Erben des telestialen Reiches vorgesehen sind. Daraus kann man sicherlich schließen, dass fast alle Welten für die Erben des telestialen Reiches vorgesehen sind. Gleichbedeutend ist dies mit der Aussage, dass es weit weniger Planeten geben wird für die Erben der terrestialen und celestialen Herrlichkeiten.

Jetzt nähern wir uns der Beantwortung der Frage, warum Jesus Christus gerade hier auf der Erde gelebt hat und warum er gerade hier das Sühnopfer bewirkt hat, dass sich auf die unbegrenzte Anzahl der Kinder Gottes auf allen Welten ohne Zahl erstreckt. Unsere Erde ist eine der wenigen Himmelskörper, die später die celestiale Herrlichkeit ererben wird. Und das war eine Bedingung dafür, dass Christus sein Sühnopfer hier auf der Erde vollbracht hat, auf einem Planeten der das Maß seiner Erschaffung erfüllt und eine celestiale Zukunft hat, im höchsten Grad der Herrlichkeit. Genau deswegen hat er gesagt: „Die Erde ist mein". Auf einem Planeten, der Erbe der telestialen oder terrestialen Herrlichkeit werden würde, hätte er es nicht vollbringen können.

All diese Welten ohne Zahl werden dann die Reiche sein, von denen im Buch Lehre und Bündnisse berichtet wird, auf denen die auferstandenen Kinder unseres Vaters im Himmel leben werden. Und jedem dieser Reiche wird ein Gesetz gegeben sein, dass der Herrlichkeit des Reiches entspricht:

„Allen Reichen ist ein Gesetz gegeben." (L&B 88:36)

„Es gibt viele Reiche, denn es gibt keinen Raum, worin es nicht ein Reich gäbe; und es gibt kein Reich, worin es keinen Raum gäbe." (L&B 88:37)

Die Räume der Ewigkeit sind die Welten ohne Zahl, wenn sie ihre Aufgabe in der sterblichen Umgebung des Universums hinter sich gelassen haben, um in das Reich Gottes nach ihrer Reinigung für ewig übernommen zu werden. Jedem dieser Räume wird ein Reich zugeordnet, nämlich das Reich der entsprechenden Herrlichkeit. Und diesen Reichen ist ein Gesetz gegeben, dass dem Grad der Herrlichkeit entspricht und damit festlegt welcher Mensch welches Reich der Herrlichkeiten ererben wird. Räume, Reiche und Gesetze sind demnach untrennbar miteinander verbunden.

Auch wenn nicht viele Menschen die celestiale oder terrestiale Herrlichkeit erben werden, so werden doch fast alle Kinder Gottes nach ihrem Tod, ihrer Auferstehung und dem Letzten Gericht in ein Reich der Herrlichkeiten kommen, dass an Herrlichkeit alles übersteigt was es hier auf der Erde gibt. Das ist Gottes Barmherzigkeit mit all seinen Kindern. Es wird fast niemanden geben, der auf ewig von den Reichen der Herrlichkeiten ausgeschlossen werden wird. Das Bild der Hölle, dass der italienische Dichter Dante Alighieri (1265-1321) in seiner „Göttlichen Komödie"[98] beschrieben hat und dass das Bild der Hölle in der Christenwelt maßgeblich geprägt hat, entspricht so nicht der Wirklichkeit. Natürlich werden schlechte Menschen unter den Folgen ihrer Sünden bis zur Umkehr leiden müssen. Aber schließlich werden auch sie Erben einer Herrlichkeit werden.

Die bisherigen Feststellungen in diesem Buch haben uns zu folgenden Erkenntnissen geführt:

- Unser Universum ist endlich. Es definiert einen Raum, der kontinuierlich expandiert.
- Außerhalb des Universums gibt es keinen Raum, der zu diesem Universum gehört.
- Unser Universum ist eingebettet in Gottes ewigem Reich. Es wird nach göttlichen, also ewig gültigen Gesetzen regiert.

---

[98] Dante Alighieri, Die Göttliche Komödie, Reclam Verlag

- Dieses ewige Reich hat weder einen Anfang noch ein Ende.
- Alle Reiche der Sterblichkeit hingegen, wie unser Universum, entstehen und vergehen. Sie sind ausschließlich zu dem Zweck geschaffen worden, den Kindern Gottes ein Lebensfeld in Ihrer Sterblichkeit zu ermöglichen.
- In unserem Universum gibt es Welten ohne Zahl, von denen in der Schrift geschrieben wird, in denen die Geistkinder Gottes ihr sterbliches Leben verbringen. Diese Planeten ohne Zahl werden, nachdem sie ihre Aufgabe in unserem Universum erfüllt haben, verwandelt und ihren Bewohnern eine ewige Wohnstatt im Reiche Gottes sein.
- Die vielen Reiche der Herrlichkeiten liegen für uns verborgen in den Welten höherer Dimensionen im Reich Gottes

Eine dieser Welten ohne Zahl ist jene, auf der wir leben. Der Prozess, wie eine solche Welt und das zu ihr gehörende Universum entsteht, haben wir bereits besprochen. Weil sich unsere Welt in einem begrenzten Universum befindet, konnten sich gleichzeitig mit der Entstehung des Universums auch Zeit und Raum bilden. Damit wurde das Wesen der Sterblichkeit begründet. Raum und Zeit verschmelzen so zu einer Einheit aus Vergänglichkeit und Begrenztheit.

Wir als Mensch gewordene Kinder Gottes haben die einzigartige Gelegenheit erhalten, die Grenze dieser beiden Räume – dem ewigen und dem vergänglichen – gleich zweimal überschreiten zu können. Das tun wir bei unserer Geburt und bei unserem Tod. Beim ersten Mal, also bei unserer Geburt, gelangen wir von der Unsterblichkeit zur Sterblichkeit unseres physischen Körpers. Wir treten in ein endliches Universum, das nur zu dem Zweck geschaffen wurde, damit der Mensch seine sterbliche Zeit mit all ihren Begrenzungen und Herausforderungen erleben und meistern kann. Der Rückweg des Geistes führt uns bei unserem Tod, von der Sterblichkeit zur Unsterblichkeit zurück in unsere göttliche Heimat, die sterbliche Hülle auf der Erde zurücklassend. Dort in unserer göttlichen Heimat werden wir wieder mit unserem Körper vereint, der diesmal nicht mehr der Vergänglichkeit und Verweslichkeit unterworfen ist, sondern ewig bestehen bleibt. Der Wohnort in dieser zukünftigen ewigen Welt wird im Wesentlichen davon bestimmt, wie wir unsere Sterblichkeit für eine entsprechende Vorbereitung genützt haben und unserem Herrn Jesus Christus in Demut und Glauben nachgefolgt sind.

Dementsprechend wird uns vom Vater nach dem Gericht eine Wohnung, bzw. eine Herrlichkeit zugewiesen werden. Den Übergang zwischen dem endlichen und dem unendlichen Raum bezeichnen wir als Schleier. Es ist ein Schleier, der zwei Bereiche unterschiedlicher Dimensionen voneinander trennt. Auch wenn wir nicht wissen, wie so ein Schleier genau funktioniert, so drückt dieser Begriff doch recht gut aus, was damit zum Ausdruck gebracht werden soll – nämlich erstens die Verhüllung der Sicht auf Dinge und zweitens die leichte Durchgängigkeit. In der Schrift werden wir aber noch mit einem anderen Symbol für den Übergang vom Zeitlichen zum Ewigen konfrontiert. Es ist die Treppe, die der Herr dem Patriarachen Jakob in einem Traum gezeigt hat und die vom Haus des Herrn, dem Tempel Gottes, direkt in den Himmel führt.

Weil wir diesem Schleier unterliegen, ist es uns jetzt in unserem irdischen Zustand nicht möglich, eine konkrete Vorstellung davon zu erlangen, wie diese Reiche der Herrlichkeiten beschaffen sind und wie sich das Leben dort abspielt. Allerdings gab es einige wenige Momente, in denen der Herr seinen Auserwählten Einblick in sein Reich gegeben hat. Die im Buch Lehre und Bündnisse abgedruckte Beschreibung eines solchen Einblicks mag uns zumindest ansatzweise eine Vorstellung geben.

So wird im Buch Lehre und Bündnisse, Abschnitt 130, das Reich oder der Raum Gottes als ein Himmelskörper beschrieben, der aus einem Meer aus Glas und Feuer besteht:

> *„Die Engel wohnen nicht auf einem Planeten wie diese Erde, sondern sie wohnen in der Gegenwart Gottes, auf einem Himmelskörper wie ein Meer von Glas und Feuer, wo alles für ihre Herrlichkeit offenbar ist – Vergangenes, Gegenwärtiges und Zukünftiges – und sich beständig vor dem Herrn befindet."* (L&B 130:6,7)

Auch wenn diese Beschreibung sehr symbolhaft ist (Meer von Glas und Feuer), so vermittelt uns diese Beschreibung doch sehr eindrucksvoll um wieviel erhabener das Reich Gottes, im Vergleich zu unserer irdischen und vergänglichen Wohnstatt ist. Der uns umgebende Sand unserer Erde wird ersetzt durch das kristallgleiche und ewige Glas, das Symbol der Herrlichkeit. Dadurch werden einige fundamentale Kriterien klar zum Ausdruck gebracht. So wird uns darin eine Kenntnis über jene übergeordneten Dimensionen vermittelt, wie sie sich in unserer sterblichen Welt und der damit verbundenen Sichtweise, kaum erlangen lässt. Die Quintessenz ist immer wieder gleich: Alles ist gegenwärtig, es gibt keine Zeit mehr. Es wird aber auch ausgedrückt, dass „alles für ihre Herrlichkeit offenbar ist". Damit ist wohl gemeint, dass man alles wahrnehmen kann, was in niederen Dimensionen geschieht, so wie es als Folge der Entscheidungsfreiheit der Menschen eintritt. In diese Entscheidungsfreiheit kann nicht eingegriffen werden, damit der freie Wille des Menschen immer erhalten bleibt. Auch das ewige Kausalitätsprinzip bleibt unangetastet, was bedeutet: Die Menschen können sich frei entscheiden und müssen für ihre Entscheidungen die Folgen tragen.

Auch der neunte Vers im Abschnitt 130 von Lehre und Bündnisse klärt uns darüber auf, dass der Himmelskörper, auf dem wir dann wohnen werden, uns alles erkennen lassen wird, „was ein tieferstehendes Reich betrifft, oder alle Reiche einer niedrigeren Ordnung."

> *„Diese Erde wird in ihrem geheiligten und unsterblichen Zustand kristallgleich gemacht werden und wird für die Bewohner, die darauf wohnen, ein Urim und Tummim sein, wodurch alles, was ein tieferstehendes Reich betrifft, oder alle Reiche einer niedrigeren Ordnung, denen, die darauf wohnen, offenbar sein wird; und diese Erde wird Christus gehören."* (L&B 130:9)

Was genau ist damit gemeint? Unter den tieferstehenden Reichen, wie sie in den ihren zugeordneten Räumen bestehen, ist wohl einerseits das Reich und der Raum der Sterblichkeit gemeint, andererseits sind aber wohl auch alle tieferstehenden himmlischen Reiche gemeint. Alles was dort existiert, was dort passiert, wird offenbar sein, wird gegenwärtig sein. Die Zeit wird nichts anderes sein als eine zusätzliche Raumdimension, die aus dieser Perspektive dennoch als allgegenwärtig wahrgenommen wird.

In der Heiligen Schrift werden wir mit einem weiteren Symbol konfrontiert, nämlich mit einem weißen Stein, wie wir dies in der Offenbarung des Johannes untenstehend lesen können. Was immer mit diesem Symbol gemeint ist, dieser „Weiße Stein" wird jenen gegeben werden, die das Celestiale Reich ererben werden. Durch diesen weißen Stein wird ihnen alles offenbar werden, was der höheren Ordnung des Reiches Gottes angehört.

„Wer Ohren hat, der höre, was der Geist den Gemeinden sagt: Wer siegt, dem werde ich von dem verborgenen Manna geben. Ich werde ihm einen weißen Stein geben und auf dem Stein steht ein neuer Name geschrieben, den nur der kennt, der ihn empfängt. "(NT: Die Offenbarung des Johannes 2:17)

„Dann wird der weiße Stein, der in Offenbarung 2:17 erwähnt ist, für jeden, der einen empfängt, zu einem Urim und Tummim werden, wodurch das, was eine höhere Ordnung der Reiche betrifft, kundgetan werden wird." (L&B 130:10)

Was lässt sich aus diesen Offenbarungen schließen: In diesen Dimensionen braucht es keine Sonnen mehr, um Licht und Wärme zu erzeugen. Das Licht Christi wird dann immer offenbar sein und uns Licht zum Sehen geben, denn die Herrlichkeit Gottes erleuchtet alles. Es wird keine Planeten wie unsere Erde mehr geben. Der Himmelskörper, auf dem wir dann leben werden, ist wie ein Kristall, vom Licht Christi bestrahlt und unvergänglich, gebaut für die Ewigkeit. Hier begegnen wir wieder jenen Lichtern, mit denen wir uns bereits in unserer Sterblichkeit vertraut gemacht haben: Das Licht Christi und das Licht, das wir mit unseren physischen Augen sehen. Beide Lichter werden uns dann als eine Einheit erscheinen. Nur dort, wo wir jetzt leben, hier auf der Erde in unserem irdischen Reich, eingebettet in unserem vergänglichen Universum, erscheinen sie unterschiedlich, mit etwas anderen Eigenschaften. Johannes, dem Lieblingsjünger von Jesus Christus, wurde dies in einer Vision gezeigt. In seinem Buch der Offenbarungen hat er es so ausgedrückt:

„Die Stadt braucht weder Sonne noch Mond, die ihr leuchten. Denn die Herrlichkeit Gottes erleuchtet sie und ihre Leuchte ist das Lamm. Nacht wird es dort nicht mehr geben." (NT: Offenbarung 21:23,25)

„Es wird keine Nacht mehr geben und sie brauchen weder das Licht einer Lampe noch das Licht der Sonne. Denn der Herr, ihr Gott wird über ihnen leuchten und sie werden herrschen in alle Ewigkeit." (NT: Offenbarung 22:5)

Schon hunderte Jahre bevor Johannes der Offenbarer diese Wahrheiten niedergeschrieben hat, wurden sie auch dem Propheten Jesaja offenbart:

„Nicht mehr die Sonne wird dein Licht sein, um am Tage zu leuchten, sondern der HERR wird dir ein ewiges Licht sein und dein Gott dein herrlicher Glanz. Deine Sonne geht nicht mehr unter und dein Mond nimmt nicht mehr ab; denn der HERR ist dein ewiges Licht, zu Ende sind die Tage deiner Trauer." (AT: Buch Jesaja 60:19,20)

Auch der griechische Philosoph Platon erahnte die Zusammenhänge zwischen dem physischen und dem göttlichen Licht. Schreibt er doch in seinem Sonnengleichnis:

„Wie im Bereich des Sichtbaren die Sonne das Licht spendet, so ist in der geistigen Welt das Gute die Quelle von Wahrheit und Wissen. Wie die Sonne die einzelnen Dinge bescheint und damit sichtbar macht, so strahlt die Idee des Guten gleichsam ein „Licht" aus, das die Objekte geistiger Erkenntnis für die Seele wahrnehmbar macht. Diese geistige Sonne verleiht den Denkobjekten nicht nur ihre Erkennbarkeit, sondern auch ihr Dasein und ihr Wesen. Alle Inhalte des Denkens, darunter auch die Tugenden, verdanken der Idee des Guten ihre Existenz." (Platon, Politeia, sechstes Buch: Sonnengleichnis)

Manchmal ist die Rede von Geist oder Seele, vom Licht Christi, von Eingebungen, und wir verstehen nicht, was sie bedeuten. Die Kommunikation Gottes mit den Menschen erfolgt über das Licht Christi. Das Licht Christi jedoch hat seinen Ausgangspunkt in einem höheren Reich, einer höheren Dimension. Es hat die Macht, unser Universum zu durchdringen. Wie wir bereits aus früheren Kapiteln dieses Buches wissen, ist jeder Punkt unseres Universums direkt aus der höherdimensionalen Ebene zugänglich, dem Raum, in dem Gott herrscht. Auch wissen wir, dass dieses Licht gleichzeitig auch Materie[99] ist. Daran ist nichts Mystisches, nichts Übernatürliches. Es handelt sich dabei lediglich um Materie eines höheren Raumes, einer höheren Dimension. Für uns nicht sichtbar, weil durch einen Schleier abgeschirmt, aber dennoch real. Auch wird das Licht Christi nicht den

---

[99] L&B 131:7

Limitationen des physischen Lichts in unserem Universum unterworfen sein. Ist es für das irdische und physische Licht eine absolute Notwendigkeit in seiner Ausbreitungsgeschwindigkeit auf die Lichtgeschwindigkeit begrenzt zu sein, so gilt dies nicht mehr für das Licht Christi im Reich Gottes.

Die heutige Wissenschaft hat diese vielen Welten - die Schrift spricht von Welten ohne Zahl - eindrucksvoll nachgewiesen. Eine Erkenntnis, die zur Zeit von Joseph Smith nicht einmal erahnt werden konnte. Und doch hat Gott es für wichtig befunden, dem jungen Joseph Smith diese Wahrheit zu offenbaren.

Auf welcher Welt ein Kind Gottes auch leben mag, der Sinn des Lebens ist überall derselbe. Im Wesentlichen ist das irdische Leben eine Prüfungszeit, wie dies zum Beispiel aus folgender Schriftstelle hervorgeht:

„Denn siehe, dieses Leben ist die Zeit, da der Mensch sich vorbereiten soll Gott zu begegnen; ja siehe, der Tag dieses Lebens ist der Tag, da der Mensch seine Arbeit verrichten soll." (BM: Alma 34:32).

Zusammenfassung: Nach diesem irdischen Leben kommt die Unendlichkeit, in der es keine Zeit mehr gibt. Dann werden wir selbst in einem höheren Reich der Herrlichkeit leben und damit auch in einer höheren Dimension. Unsere Sichtweise und Erkenntnis werden auf ein überwältigendes Niveau gehoben, nicht mehr begrenzt durch die Limitationen von Raum und Zeit. Die Kinder Gottes, die dann in der celestialen Herrlichkeit leben werden, können dann selbst Welten schaffen, um den von ihnen erschaffenen Geistkindern ihren ewigen Fortschritt mit einem auferstandenen Körper zu ermöglichen. Die Entwicklung unseres Universums kennen wir heute bereits sehr gut. Nur seinen Anfang kennen wir nicht. Wie genau Jesus Christus im Auftrag Gott des Vaters im Raum der von ihm beherrschten höheren Dimension die niederdimensionierte Welt erschaffen hat, bleibt uns aber heute noch verborgen. Doch die dahinterstehenden Gesetze entschlüsseln wir zunehmend, insbesondere die Gesetze, denen das irdische Leben unterliegt. Und das ist für sich genommen bereits ein Wunder.

Lange bevor der Herr dem Propheten Mose Kenntnis von der Entstehung der Welt gab, sprach er zu Abraham, dem Stammvater des Volkes Israel über das Wesen der Sterne. Dabei offenbarte er ihm Dinge, die viel über das Wesen der Ewigkeit aussagen. Das war bereits zu einer Zeit, als die Menschheit noch nicht einmal im Ansatz das Wesen der Sterne und Planeten verstehen konnte. Damals lag nicht nur vieles im Dunkeln, es entstand auch geradezu ein fruchtbarer Nährboden für Mythen und Legenden. Die von Gott an Abraham gerichteten und auf Papyrus geschriebenen Offenbarungen, konnten damals noch nicht das nötige Licht ins Dunkel bringen, denn sie blieben so lange im Dunkeln verborgen, bis sie von Joseph Smith übersetzt wurden. Diese Schriften allein hätten auch noch nicht viel ans Licht bringen können, weil sie erst durch die neuzeitlichen Offenbarungen, wie sie im Buch Lehre und Bündnisse dokumentiert sind, in Verbindung mit den Aussagen der Offenbarung des Johannes in ihrer vollen Klarheit und Aussage verstanden werden können.

Die Offenlegung dieser göttlichen Geheimnisse war der Zeit der Wiederherstellung vorbehalten. Mit Joseph Smith und den ihm von Gott offenbarten Wahrheiten, wurden diese Geheimnisse endgültig gelüftet. Erst danach konnte die Wissenschaft langsam aufschließen. Nach und nach kann sie das bestätigen, was Joseph Smith schon lange Zeit vorher verkündete. Durch sein prophetisches Wirken, wie es sich nicht nur durch die an ihn gerichteten Offenbarungen, sondern auch durch seine Aufgabe, die Bücher Abraham und Mose in unsere heutige Sprache zu übersetzen, ausdrückte, wurde für die jetzt lebenden Generationen von Gläubigen der Blick frei auf jene Realitäten, die sowohl das Reich Gottes wie auch unsere eigene ewige Zukunft betreffen.

Wir lesen im Buch Abraham:

> *„Und der Herr sprach zu mir: Diese sind es, die regieren; und der Name des großen ist Kolob, weil er mir nahe ist, denn ich bin der Herr, dein Gott: Ich habe diesen so gesetzt, dass er alle jene regiere, die derselben Ordnung angehören wie der auf dem du stehst."* (KP: Abraham 3:3)

> *„Wenn es zwei Dinge gibt, und das eine steht über dem anderen, so gibt es Größeres über ihnen, darum ist Kolob der größte aller Kokabim (Anm.:*

Sterne), die du gesehen hast, denn er ist mir am nächsten." (KP: Abraham 3:16)

„Nichtsdestoweniger hat er den größeren Stern gemacht; gleichermaßen auch, wenn es zwei Geister gibt, und der eine ist intelligenter als der andere, so haben diese zwei Geister doch, obwohl der eine intelligenter ist als der andere, keinen Anfang; sie haben zuvor existiert, sie werden kein Ende haben, sie werden hernach existieren, denn sie sind n-olam oder ewig." (KP: Abraham 3:18)

Nun sind wir an einem Punkt angelangt, an dem uns die Offenbarungen Gottes in ihrer Detailhaftigkeit und Grundsätzlichkeit geradezu überwältigen. Zunächst stellt sich die Frage, was der Herr meint, wenn er von Kolob spricht. Wir wissen aus dem Text, dass damit ein Stern gemeint ist. Wir lesen auch, dass dieser Stern Gottes Wohnort am nächsten ist. Wir wissen aber auch, dass es sich nicht um einen gewöhnlichen Stern handeln kann und dass wir ihn auch nicht am Himmel mit einem Fernrohr erblicken können. Denn er ist nicht Teil unseres Universums. Wenn der Herr über Kolob spricht, so fallen auch die Begriffe Ordnung und regieren. Kolob übt eine Rolle des Regierens aus. Der Begriff Ordnung kategorisiert alle Welten, die die gleiche Aufgabe erfüllen wie beispielsweise unsere Erde. Zum richtigen Verständnis sei gesagt, dass jener Himmelskörper, von dem aus Gott regiert, nicht die Aufgabe zu erfüllen hat, wie wir dies bei den Himmelskörpern unseres Universums kennen. Sie sind weder vergänglich, noch müssen sie Licht geben. Dort jedoch hat das Licht eine andere Quelle, wie wir es aus dieser Schriftstelle erfahren:

„Die Stadt (Anm.: das neue Jerusalem) braucht weder Sonne noch Mond, die ihr leuchten. Denn die Herrlichkeit Gottes erleuchtet sie, und ihr Leuchte ist das Lamm", „Nacht wird es nicht mehr geben." (NT: Offenbarung 21:23,25)

Wenn es weder Sonne noch Mond braucht, welche Aufgabe hat dann Kolob? Die Antwort auf diese Frage finden wir in dem Buch Lehre und Bündnisse im Abschnitt 130.

„Der Ort, wo Gott wohnt, ist ein großer Urim und Tummim. Diese Erde wird in ihrem geheiligten und unsterblichen Zustand kristallgleich gemacht

werden und wird für die Bewohner, die darauf wohnen ein Urim und Tummim sein, wodurch alles, was ein tieferstehendes Reich betrifft, oder alle Reiche einer niedrigeren Ordnung, denen, die darauf wohnen offenbar sein; und diese Erde wird Christus gehören." (L&B 130:8,9)

Hier klärt sich dieses Rätsel um Kolob auf. Kolob ist kristallgleich und ein Urim und Tummim für die, die darauf wohnen. Wir begegnen in diesem Auszug aus Lehre und Bündnisse auch wieder jener Ordnung, die bereits im Buch Abraham erwähnt wurde. Da geht es offensichtlich um die Ordnung der einzelnen Reiche, wie wir sie als Reiche der Herrlichkeiten kennen. Zusammenfassend können wir festhalten: Kolob regiert die Erde. Er ist damit von einer höheren Ordnung und er beherbergt ein Reich der Herrlichkeit. Worauf aber bezieht sich dieses Regieren, wieso regiert Kolob die Erde? Dieses Regieren bezieht sich nicht auf ein physikalisches Gesetz, das besagt, dass Kolob den Lauf der Bewegungen der Erde vorschreibt. Es ist eher symbolisch gemeint bezüglich der Entwicklung der Erde hin zu einem celestialen Objekt, um den Zweck ihrer Erschaffung zu erfüllen. Dies wird auch daran deutlich, dass Kolob genau diese Himmelskörper regiert die der gleichen Ordnung wie er selbst angehört, denn Kolob ist ein celestialer Himmelskörper.

Die Auskünfte Gottes beziehen sich aber nicht nur auf Reiche und ihre Ordnungen. Er spricht auch das Thema Zeit an, genau genommen die Zeitrechnung des Kolob:

„Eine Umdrehung (Anm.: Kolobs) sei für den Herrn nach seiner Zeitrechnung ein Tag, und das seien eintausend Jahre gemäß der Zeit, die dem bestimmt ist, auf dem du stehst. Das ist die Zeitrechnung des Herrn, nämlich gemäß der Zeitrechnung des Kolob. Und so gibt es die Zeitrechnung des einen Planeten über die des anderen hinaus, bis du nahe zum Kolob kommst, und dieser Kolob folgt der Zeitrechnung des Herrn." (KP: Abraham 3:4,9)

Die Analyse dieser Schriftstelle zeigt, dass die Zeitrechnung auf der Erde durch die Umlaufzeiten in unserem Sonnensystem bestimmt wird. Wenn hier auch von einer Zeitrechnung Gottes gesprochen wird, so mag uns dies aufgrund des bisher Gelernten widersprüchlich erscheinen. Allerdings wissen wir auch, dass derartige Formulierungen nur symbolisch gemeint sind, denn bei Gott existiert Zeit nicht.

Sie ist nur dem Menschen gegeben (BM: Alma 40:8). Diese Symbolsprache macht 1000 Jahre, wie wir sie uns in unserer zeitlichen Denkweise vorstellen können, zu einem Wimpernschlag bei Gott. Bleibt noch zu erwähnen, dass der Begriff Tag bei Gott auch keinen Sinn ergibt, da es dort keine Nacht gibt, die bei uns die Unterscheidung der Tage erst ermöglicht. Im Buch Lehre und Bündnisse wird diese Tatsache noch näher beschrieben:

„Alles ist bei Gott wie ein einziger Tag" (BM: Alma 40:8)

Ein einzelner Tag vergeht nicht, es gibt dann keine Unterscheidung von Tag und Nacht, kein Tag folgt auf den anderen, es gibt keinen Sommer und keinen Winter, es gibt kein gestern und kein morgen. Wie hätte der Herr Abraham besser erklären können, dass bei ihm die Zeit überhaupt nicht vergeht, dass sie gar nicht existiert, wo ja doch die Ewigkeit weder Anfang noch Ende hat. Und Kolob folgt dieser symbolhaften Zeitrechnung, die gleichzeitig zeitlos ist, denn Kolob existiert ewig in seiner eigenen Herrlichkeit. So verläuft das gesamte Leben eines Menschen in nur einem Wimpernschlag bei Gott. Und wenn wir heimgeholt werden, dann wartet auch auf uns ein Leben in dieser ewigen Dimension - und die Herrlichkeit Gottes wird uns erleuchten.

11.5. DIE UNERMESSLICHKEIT DES RAUMES

Zum Abschluss dieses Buches wenden wir uns nochmals jener „Unermesslichkeit des Raumes" zu, die für uns doch so schwer zu erfassen ist. Wie können wir verstehen, dass das von Gott ausgehende Licht, das Licht Christi, die Unermesslichkeit des Raumes erfüllt und überall gleichzeitig wirken kann?

Wir wissen, dass in unserem materiellen Universum nichts schneller sein kann als das Licht. Und trotz seiner hohen Geschwindigkeit (300.000 Kilometer pro Sekunde) braucht das Licht Milliarden Jahre, um das Universum zu durchqueren. Dies mag nun wie ein Widerspruch erscheinen, denn wie könnte das Licht Christi auf der einen Seite gleichzeitig jeden Ort des Reiches Gottes erreichen, und andererseits das physische Licht aber so viel Zeit benötigen, bis es von Punkt A zu Punkt B gelangt? Wenn wir uns daran erinnern, dass Gott nicht innerhalb unseres Universums leben kann, dann kommen wir der Auflösung dieses Widerspruchs schon ein wenig näher. Wenn nämlich Gott (und damit sind immer alle Personen der Gottheit gemeint) innerhalb unseres Universums leben würde, hätte er einen Anfang gehabt und hätte infolgedessen auch ein Ende. Deshalb muss er in einem ewigen Raum leben, ohne Anfang und ohne Ende - und ohne Zeit. Aber dennoch kann er auf die Menschen einwirken. Diesen Einfluss hat er direkt und gleichzeitig. Dies bedingt, dass unser Universum in sein Reich eingebettet ist. Das macht es ihm möglich, jeden Punkt unseres Universums direkt und unmittelbar zu erreichen. Dadurch ist es auch möglich, dass Engel den Menschen erscheinen können und der Heilige Geist auf uns einwirken und uns die Wahrheit kundtun kann. Wenn also unser Universum in Gottes Raum eingewoben ist, dann leitet sich daraus ab, dass die Unendlichkeit um uns herum ist. Alles Ewige ist damit direkt bei uns. So können auch die verstorbenen Kinder Gottes direkt bei uns sein. Wir sehen sie nicht, aber manchmal erlauben sie es uns, sie zu spüren. Sie sind bei uns, aber nicht auf der Erde, sondern in Gottes Reich.

Ein Zweck dieses Buches ist es, eine bessere Vorstellung davon zu erlangen, wie sich unser dreidimensionales Dasein mit jenem höherdimensionalen Dasein in Einklang bringen lässt, in dem die Götter und alle anderen ewigen Wesen leben. Wir konnten mit Hilfe von Albert Einstein und einiger anderer hervorragender Wissenschaftler an Denkmuster herangeführt werden, durch die, selbst aus unserer irdischen Beschränktheit heraus, die ewigen Dimensionen der

Unendlichkeit und der Zeitlosigkeit zumindest ansatzweise nachvollziehbar wurden. Daneben lehrt uns die Mathematik die Strukturen und Eigenschaften höherdimensionaler Räume. Diese Eigenschaften vermitteln uns, dass jeder Punkt unserer Raumzeit direkt mit dem höherdimensionalen Raum Gottes verbunden ist, ohne Umwege und ohne die Notwendigkeit, der Zeit zu unterliegen.

Das Reich Gottes kann uns sehr nahe sein. Wenn Gott es möchte, kann er für kurze Augenblicke das Tor des Himmels öffnen. Viele Propheten konnten so die Himmel offen sehen. So sah beispielsweise Jakob den Himmel offen, als er auf dem Weg nach Haran war. Wir lesen auch im Buch Mormon, dass vor über zweitausend Jahren die Propheten Lehi und Nephi im alten Amerika die Himmel offen sahen. Ein weiteres Beispiel ist Paulus. Er wurde sogar in den dritten Himmel entrückt. Auch Joseph Smith sah die Himmel offen, als ihm Gott Vater und sein geliebter Sohn Jesus Christus erschienen. Den Übergang von der einen in die andere Dimension nennen wir oft das „Tor zum Himmel". Wir bezeichnen ihn oft auch als Schleier. Er kann manchmal sehr dünn sein, sodass er uns einen Hauch der Ewigkeit spüren lässt. Wo finden wir diesen Schleier, dieses Tor zum Himmel? Wir wissen nun, dass jeder Punkt unseres irdischen Zuhauses direkt und unmittelbar mit dem Reich Gottes verbunden ist. Da braucht es keine Abkürzungen oder Schleichwege. Nein, der Schleier oder das Tor zum Himmel, ist überall und ganz besonders auch in uns selbst allgegenwärtig. Der Himmel ist eine Wirklichkeit neben unserer irdischen, vergänglichen Welt. Und wenn unser Vater im Himmel es bestimmt und für passend erachtet, öffnet er diesen Schleier ein klein wenig, sodass die Kraft und Macht der Ewigkeit von uns machtvoll gespürt werden kann, als einen Hauch der Liebe Gottes, die sich in uns entfaltet. Am Ende dieses Buches dürfen wir nun demütig und ehrfürchtig anerkennen, dass unser Vater im Himmel über die Gewalten und Mächte der Ewigkeit herrscht.

Nun kommt wieder jenes Licht ins Spiel, das als das Licht Christi bezeichnet wird. Dieses Licht ist gleichermaßen Methode. Es birgt in sich die ewigen Gesetze, die alle Entstehungen, Bewegungen und Veränderungen bewirken. Darin enthalten sind auch alle Naturgesetze. Durch das Licht Christi wurden sie in unserem Universum so integriert, damit sich alles in einer Weise entwickeln konnte, wie es erforderlich war, damit alle seine Kinder einen Wohnplatz für ihre physische Existenz erhalten, um darauf Fortschritt zu machen und im Glauben leben zu können – sodass „alle Throne und Königreiche, Fürstentümer und Mächte all denen ... anheimgegeben werden, die um des Evangeliums Jesu Christi willen tapfer ausgeharrt haben." (LuB 121:29) Dies ist jedoch nur möglich, wenn die Menschen das Licht Christi in sich tragen[100]. Und wenn sie vollständig mit Licht erfüllt sind - so lautet die Verheißung - dann erfassen sie alles[63,101]: Den Zweck ihres Lebens, ihren Vater im Himmel und ihren Heiland Jesus Christus, den Einziggezeugten des Vaters im Fleisch.

Dieser Jesus Christus war es, dieser Fürst des Friedens, dieser Wunderbare Ratgeber, dieser Starke Gott, dieser Vater der Ewigkeit, um es in der Sprache von Jesaja, Kapitel 9, Vers 5 auszudrücken, er war es, der diese ewigen Gesetze zur Anwendung gebracht hat. Dazu gehören auch die uns bekannten Naturgesetze und alles, was der Vater ihm gegeben und überantwortet hat, zum Segen der Kinder Gottes bei der Erschaffung der Welt und bei der Durchführung seines Erlösungsplans. Er ist das Licht, ja das Licht Christi, das alles regiert. Es ist das gleiche Licht, das in der Sonne ist. Durch dieses Licht herrscht er über jene Macht, aus der die Sonne und alle Universen mit ihren Galaxien im Reich Gottes geschaffen wurden[102], wahrlich „Welten ohne Zahl". Sein Licht entzündet nicht nur Sonnen, sodass sie den Menschen Licht und Wärme geben können. Sein Licht entzündet auch die Herzen der Menschen und erhellt ihren Geist, sodass sie Zeugen werden vom wundersamen Wirken Gottes im Umgang mit den Kindern liebender Himmlischer Eltern, um aus ihnen mündige und würdige Erben des Reiches Gottes, den ewigen Thronen, Fürstentümern und Königreichen zu machen.

---

[100] L&B 88:13
[101] L&B 88:67
[102] L&B 88:7

Das Licht Christi

Das Licht ist vielleicht eines der größten Mysterien unserer materiellen und geistigen Welt, aber auch gleichzeitig die Quelle aller Wahrheit, Erkenntnis und Weisheit. Unmittelbar erkennt man, dass das physikalische Licht untrennbar mit dem geistigen Licht, dem Licht Christi, verwoben ist und sie gemeinsam, als eine Einheit, die Welt und das Universum regieren. Obwohl nach unserem Verständnis das Licht Christi fundamental andere Eigenschaft zu haben scheint als das physikalische Licht, so sind sie doch nichts anderes als zwei Ausprägungen derselben Grundstruktur. Dadurch sind auch die Gemeinsamkeiten so offensichtlich und überwältigend, wie die Details verwirrend sind.

„Das Licht Christi ist in allem." (L&B 88:13)

Das Licht Christi erfüllt das ganze Universum, durchdringt alle Materie, die, die für sich selbst handeln kann und die, auf die eingewirkt wird. Es durchdringt alle Menschen und jeder der möchte, kann es spüren. Durch das physikalische, natürliche Licht können wir unsere Welt in all ihrer Vielfalt wahrnehmen, weit über das hinaus, was unsere Augen wahrnehmen können. Es ist die Brücke zur Erkenntnis der Natur, obwohl es selbst Bestandteil der Natur ist. Aber das Licht ist weit mehr als ein Übermittler von Information. Das Licht ist auch eine Kraft, ein Gesetz, dass das Verhalten der Materie bestimmt und sie miteinander verbindet. Das Licht Christi ist unsere Brücke zur geistigen Welt. Durch dieses Licht erlangen wir Weisheit, erkennen wir Gut und Böse und durch dieses Licht spricht Gott mit uns. Das Licht Christi ist der Träger der ewigen Wahrheit und Intelligenz und führt uns in die Ewigkeit. Daneben ist das Licht Christi auch eine Kraft, die das Leben ermöglicht und ein Gesetz für die unbelebte Natur. Es geht von Gott aus und regiert alles in unserem Universum.

Die Verbindungen zwischen dem physikalischen Licht und dem Licht Christi sind unübersehbar und sie kommen aus einer Quelle: Jesus Christus. Und Jesus Christus hat dieses ewige Prinzip dem Propheten Joseph Smith am 27. Dezember 1832 offenbart:

„Und das Licht, das leuchtet und euch Licht gibt, ist durch ihn, der euch die Augen erleuchtet (Anm.: das physikalische Licht), und ist dasselbe Licht, das Euch den Verstand belebt (Anm.: das Licht Christi)." (L&B 88:11)

Wenn das Licht Christi und das physikalische Licht den gleichen Ursprung haben, wie in L&B 88:11 beschrieben, dann muss dies an ihren Eigenschaften erkennbar sein.

Das physikalische Licht ist einer der Grundbausteine der Natur, vielleicht sogar der Wichtigste. Es ist weit mehr als das Licht, das uns scheint, wodurch wir sehen können und dass unsere Augen erleuchtet. Es verknüpft Raum und Zeit miteinander, es beschreibt das Verhältnis zwischen Materie und Energie, über die Lichtgeschwindigkeit ist es verknüpft mit den Eigenschaften des Raumes, es hat eine endliche Ausbreitungsgeschwindigkeit und verknüpft dadurch Ursache und Wirkung. Da das physikalische Licht sich naturgemäß mit Lichtgeschwindigkeit bewegt, vergeht für das Licht keine Zeit. Auch wenn es sich für einen Außenstehenden 13,8 Milliarden Jahre lang durch das komplette sichtbare Universum bewegt hat, ist für das Licht die Zeit doch stehengeblieben. Der Zeitpunkt der Lichtausdehnung vor 13,8 Mrd. Jahre und der Zeitpunkt der Absorption des Lichtteilchens beispielsweise in unserem Auge geschieht für dieses Teilchen im selben Augenblick, also gleichzeitig. Das physische Licht erlebt weder Zeit noch Raum und hierdurch kennt es nicht die Begrenzungen, die uns sterbliche Menschen durch Zeit und Raum auferlegt sind. Allein durch diese Eigenschaft, kommt das physische Licht dem Licht Christi sehr nahe. Genauso wie für das physikalische Licht keine Zeit vergeht, dürfte es auch für das Licht Christi sein, da es generell nicht der Zeit unterliegt und sich wohl auch an keine Geschwindigkeitsgrenze halten muss, da es überall gleichzeitig wirkt.

Boyd K. Packer nennt das Licht Christi die Essenz, das Licht und das Leben der Welt[103]. Es ist also der Träger aller lebenswichtigen und lebenserhaltenden Dinge. Wenn jetzt das Licht Christi von Gott ausgeht und die Unermesslichkeit des Raumes erfüllt, in allem und durch alles ist, alles durchdringt und allem Leben und Gesetz gibt. Wenn es keine Einbahnstraße ist (Gebete sprechen – Antworten hören), dann muss es Eigenschaften haben, die uns fremd sind. Wir

---

[103] Boyd K. Packer: Das Licht Christi, Ansprache von 2004

wissen aber, dass alles Materie ist, denn unstoffliche Materie gibt es nicht[104]. Das Licht Christi muss also eine Trägersubstanz sein, über die alle göttlichen Informationen fließen.

Das Licht Christi verbinden wir mit den geistigen Begriffen wie Wahrheit, Intelligenz und Schöpfung. Es ist damit die Basis des Göttlichen. Das Licht Christi verkörpert die Energie Gottes, denn die Welten wurden durch ihn und aus ihm erschaffen.

> *„..., dass von ihm und durch ihn und aus ihm die Welten erschaffen werden und wurden."* (L&B 76:24)

Und auf der anderen Seite ist es auch das ewige Gesetz, wodurch alles regiert wird. Und das alles bezieht sich sowohl auf die unbelebte wie auch auf die geistige Welt.

> *„dieses Licht geht von der Gegenwart Gottes aus und erfüllt die Unermesslichkeit des Raumes – das Licht, das in allem ist, das allem Leben gibt, das das Gesetz ist, wodurch alles regiert wird."* (L&B 88:12-13)

Genau wie das physische Licht die Basis der Natur ist, so ist das Licht Christi ein ewiger Grundsatz des Göttlichen. Und beide sind untrennbar verbunden. Auch wenn es zwischen dem Licht Christi und dem physischen Licht viele Gemeinsamkeiten gibt und sie aus der gleichen Quelle entstammen, so ist doch das Licht Christi weit mehr, es kommt aus einer anderen Dimension, es kommt aus dem Reich Gottes. Das Licht Christi durchdringt Raum und Zeit, um den Menschen die ewige Wahrheit Gottes zuzuflüstern. Und wenn wir empfänglich für diese Worte sind, dann verspüren wir dadurch den Hauch der Ewigkeit.

---

[104] Lehre und Bündnisse 131:7

12.0. ZUSAMMENFASSUNG

Wie sieht ein Vergleich zwischen offenbarter Religion und wissenschaftlicher Erkenntnis heute, etwa 110 Jahre nach dem Erscheinen des Buches „Joseph Smith - Der Wissenschaft voraus" von John A. Widtsoe, aus? Das war die Frage, mit der dieses Buch begonnen hat. Ich glaube, es ist sehr deutlich geworden, dass sich die Naturwissenschaften in den letzten 100 Jahren in einem atemberaubenden Tempo weiterentwickelt haben. Es sind überaus viele neue und fundamentale Erkenntnisse über die Natur gewonnen worden, die unser Bild von der Schöpfung Gottes eindrucksvoll erweitert hat. Dadurch haben sich Religion und Wissenschaft immer weiter angenähert und weit größere und bedeutendere Zusammenhänge offenbar werden lassen.

Dieses Buch hat detailliert die derzeit bekannten Zusammenhänge zwischen Wissenschaft und Religion aufgezeigt. Wir haben erkennen können, dass viele Dinge, die sich für uns als voneinander unabhängig darstellen, in Wirklichkeit tief und im Grunde untrennbar miteinander verwoben sind. Zeit und Raum, Licht und Materie, Energie und Entropie, Materie und Zeitpfeil, Licht und Ewigkeit erscheinen uns voneinander unabhängig zu sein. In Wirklichkeit sind sie aber alle untrennbar miteinander verknüpft und spielen ein gemeinsames Spiel auf der Bühne des Universums und unseres irdischen Lebens. Unser Universum funktioniert nur, weil alle physikalischen Größen auf wundervolle Art und Weise zusammenwirken. Gott Vater hat seine Kinder mit Weisheit und Erkenntnis gesegnet, damit sie die Fähigkeit besitzen, diese Zusammenhänge zu entschlüsseln, um dadurch die Größe der Schöpfung Gottes, wenigstens im Ansatz, begreifen zu können. Denn Religion und Wissenschaft liefern uns nur unterschiedliche Blickwinkel auf Gottes Schöpfung, es ist, wie wenn wir durch zwei verschiedene Fenster nach außen auf die faszinierende Welt blicken. Die Wissenschaften sprechen nicht über die Wirklichkeit, wie sie wirklich ist, sondern nur darüber wie sie ihnen erscheint. Sie sprechen über das Bild, dass sie sich von der Wirklichkeit gemacht haben. Während die Religion die Wirklichkeit und ihren tieferen Sinn erklärt. Aber nur wenn wir beide gemeinsam betrachten, die Wissenschaft und die Religion, werden wir die Tiefe der Schöpfung Gottes verstehen lernen.

Auch wenn viele Details kompliziert erscheinen, zeigt sich doch sehr deutlich, wie sich die fortschreitende Wissenschaft und die Religion immer weiter annähern.

Es ist eindrucksvoll zu sehen, dass viele Offenbarungen, die Joseph Smith vor fast 200 Jahren erhalten hat, heute ihre Bestätigung in den Wissenschaften finden. Wenn wir anfangen die Wunder des Universums und des Lebens zu erkennen, dann können wir mit dem Propheten Alma sagen:

„Alles deutet daraufhin, dass es einen Gott gibt; ja, sogar die Erde und alles, was auf ihr ist, ja, und ihre Bewegung, ja, und auch alle Planeten, die sich in ihrer regelmäßigen Ordnung bewegen, bezeugen, dass es einen allerhöchsten Schöpfer gibt." (BM: Alma: 30;44)

In den kommenden Jahren werden noch größere Weltraumteleskope ins All gebracht werden und neue gewaltige erdgebundene Teleskope entstehen, mit denen man noch weiter zurück in die Vergangenheit blicken kann, bis fast zum Anfang der Zeit. Die ersten Galaxien, die nur 200-300 Millionen Jahre nach dem Beginn von Raum und Zeit entstanden sein dürften, werden sich dann vor unseren Augen entfalten. Die dadurch zu erwartenden neuen wissenschaftlichen Erkenntnisse werden Religion und Wissenschaft noch weiter zusammenführen. Die Religion wird zunehmend Fragen beantworten können, die sich auf Bereiche außerhalb der Reichweite der Wissenschaft beziehen. Es sind Fragen, die sich auf die Welt außerhalb des Universums beziehen, wie z.B. was hat den Anfang des Universums aufgelöst, was war davor, was ist außerhalb des Universums? Aber nicht nur die Wissenschaften werden gewaltige Fortschritte machen, es ist auch zu erwarten, dass unser Schöpfer zukünftig viele Geheimnisse des Universums offenlegen wird. Hat doch der heutige Prophet der Kirche Jesu Christi der Heiligen der Letzten Tage Russel M. Nelson dies in einer Ansprache verkündet:

„Für diejenigen, die Augen haben zu sehen und Ohren zum Hören, ist es klar, dass der Vater und der Sohn die Geheimnisse des Universums preisgeben werden." (Russel M. Nelson, Ansprache Generalkonferenz April 2018)

Unser Universum hatte einen Anfang, gemäß unserer Zeitrechnung vor etwa 13,8 Milliarden Jahren. Eine lange Zeit für die Menschheit, aber nur ein Wimpernschlag in der Ewigkeit. Selbst unser irdisches Leben ist nicht mehr als eine Nanosekunde im Gefüge der Ewigkeit. Aber weil das Universum einen Anfang hatte, kann Gottes Wohnstatt nicht in unserem Universum liegen. Denn dann hätte er einen Anfang haben müssen und sich selbst mit dem Universum zusammen erschaffen müssen, aber das hat er nicht getan und hätte es auch nicht tun können. Gott Vater lebt ewig, ohne Anfang und ohne Ende. Wo befindet sich seine Wohnstatt, wo lebt er? Seine Wohnstatt liegt außerhalb unseres zeitlichen und damit auch vergänglichen Universums. Deshalb muss der Schluss gezogen werden, dass unser zeitliches und damit sterbliches Universum in das ewige Reich Gottes eingebettet ist. Wissenschaftlich interpretiert muss dies bedeuten, dass Gottes Reich in einer höheren Dimension beheimatet ist. Nur dieser Umstand macht es möglich, dass Gott gleichzeitig auf alle Menschen blicken kann, dass er uns alle gleichzeitig sehen kann, unsere Empfindungen spüren kann, unsere Sorgen und unsere Freude miterleben kann. Alles gleichzeitig und ohne jegliche Beschränkungen. Das ist auch die Art und Weise, wie das Licht Christi unsere Welt durchdringen und alle Menschen die Wahrheit spüren lassen kann.

Und weil Gott Vater und der Sohn und der Heilige Geist als getrennte Wesen in einem ewigen Raum leben, haben sie nicht nur Zugriff auf die ewigen Elemente und Intelligenzen, sondern alles ist für sie gegenwärtig: die Vergangenheit, die Gegenwart und die Zukunft. Deswegen kennen Sie das Ende von Anfang an. Doch für uns Erdenbewohner stellt sich das alles völlig anders dar. In unserem endlichen Universum sind wir einer unabänderlichen Abfolge ausgesetzt, die wir als Zeit bezeichnen, die mit unserer Geburt beginnt und mit dem Tod endet. Damit verknüpft ist das Prinzip von Ursache und Wirkung, die so genannte Kausalität. Auch unsere Entscheidungsfreiheit hat mit diesem Prinzip der Kausalität etwas zu tun. Sie darf niemals eingeschränkt werden, denn sonst wäre sowohl das Prinzip des Fortschritts als auch der Plan des Glücklichseins vereitelt. In unserer Abwesenheit von unserem Himmlischen Elternhaus, müssen wir die Gelegenheit haben, uns für gut oder schlecht, für das Licht Christi oder für den Einfluss Satans, entscheiden zu können. Auf diese Weise haben wir die Möglichkeit unseren Glauben zu manifestieren und den Lohn für unsere Anstrengungen zu ernten. Obwohl der Vater im Himmel unsere frei und unabhängig getroffenen Entscheidungen kennt, beeinflusst Sein Vorherwissen dennoch nicht unsere Entscheidungsfreiheit. Dies ist wohl die wichtigste Lehre, die aus diesem Buch gezogen werden sollte. Ich hoffe, dass meine Ausführungen dazu beitragen konnten, diese Lehre besser zu verstehen.

Der Faktor Zeit ist in unserem irdischen Denkbild so stark verankert, dass wir uns ein Leben außerhalb der Zeit nicht vorstellen können. Wie ist ein Dasein ohne

Zeit möglich? Ich hoffe, dass auch in dieser Hinsicht dieses Buch für sie eine Hilfe war. Wir haben darin ja erfahren, dass es schon allein im Rahmen der physikalischen Gesetze eine Antwort auf diese Frage gibt. Auch wenn wir uns einen Zustand außerhalb der Zeit nicht vorstellen können, weil die Zeit zwangsläufig mit unserem Erdenleben verbunden ist und uns dadurch Grenzen gesetzt werden, die wir nicht übertreten können.

Wenn wir am Ende unseres Lebens durch den Schleier treten, dann unterliegen wir nicht mehr den Beschränkungen von Raum und Zeit, die uns zwangsläufig in der Sterblichkeit auferlegt sind damit wir den Zweck unseres Erdenlebens erfüllen können. Dann wird alles Wissen vor uns ausgebreitet und unser ganzes Leben wird für uns in einem Augenblick sichtbar sein. Mit all seinen Höhen und Tiefen, mit der Freude und mit dem Schmerz. Das irdische Leid wird ersetzt werden durch die Liebe Gottes, wie sie hier auf Erden nur von Jesus Christus selbst, in ihrer vollkommenen Ausprägung sichtbar gemacht werden konnte. In diesem Augenblick werden wir auch erkennen, dass unser irdisches Leben nur ein Hauch im Gefüge der Ewigkeit ist.

Gehen wir mit unseren Betrachtungen einen Schritt weiter in die Zukunft. Nachdem die Erde den Zweck ihrer Erschaffung erfüllt haben wird, kehrt sie aus ihrem jetzigen endlichen und unvollkommenen Zustand in das Reich Gottes, als ewige Wohnstatt für die Menschen, zurück. Man könnte sagen, sie wird buchstäblich dem Universum zu diesem Zweck entnommen. Sie wird dann ihre Aufgabe und somit das celestiale Gesetz erfüllt haben und steht dann für die Erfüllung ihrer ewigen Aufgabe zur Verfügung. Dann wird auch für sie keine Zeit mehr vergehen und alles wird sichtbar sein: Die Vergangenheit, die Gegenwart und die Zukunft aller Reiche auf allen Welten, die für die sterblichen Menschen geschaffen wurden und noch werden.

Lassen sie mich abschließend noch eine Schriftstelle zitieren, die so schön darlegt, auf welche Weise die ewigen Wahrheiten Gottes kundgetan werden:

„Dann wird der weiße Stein, der in Offenbarung 2:17 erwähnt ist, für jeden, der ihn empfängt, zu einem Urim und Tummim werden, wodurch das, was eine höhere Ordnung der Reiche betrifft, kundgetan werden." (L&B 130:10)

Die erhöhten Menschen werden dann alles erkennen, alle Reiche, Räume und Herrlichkeiten - wo sie auch sein mögen und welchem Zweck sie auch dienen.

Dann werden wir auch unser Leben in einem Augenblick sehen. Alle Höhen und Tiefen, alle Entscheidungen, die wir getroffen haben. Es wird uns dann auch gewahr werden, dass die Engel Gottes immer dicht bei uns waren und uns auf unserem Weg durch das mitunter beschwerliche Erdental begleitet haben, auf dem wir uns nicht beirren haben lassen von den Fallstricken des Widersachers, sondern dem Licht Christi in unserem Herzen immer Raum gegeben haben, bis der Weg uns durch das Tor des Himmels zurück in die Himmlische Herrlichkeit gebracht hat und wir werden erkennen, dass die Richtersprüche des Herrn immer gerecht sind. Doch heute flüstert uns der Tröster noch zu:

„Er wird alle Tränen von ihren Augen abwischen: Der Tod wird nicht mehr sein, keine Trauer, keine Klage, keine Mühsal. Denn was früher war, ist vergangen." (NT: Offenbarung 21:4)

Anhang 1: Vergleich der Lehren der Kirche Jesu Christi der Heiligen der Letzten Tage und der Wissenschaft im Spiegel der Zeit

Thema: Gesetze

Kirche Jesu Christi:
- Alles unterliegt Gesetzmäßigkeiten, sowohl die Natur als auch der Mensch in seinem Verhalten, d.h. die materielle Welt als auch die geistige Welt (L&B 88:38; L&B 130:20,21)
- Im Reiche Gottes gibt es keine Willkür
- Das Licht ist das Gesetz (L&B 88:13)
- „Joseph Smit hat seine Lehren auf die Erkenntnis gegründet, dass das Gesetz das Universum durchdringt und dass nichts über das Gesetz hinausgehen kann. In der Welt der Materie oder des Geistes rufen gleiche Ursachen gleiche Wirkungen hervor – die Herrschaft des Gesetzes steht über allem" (John A. Widtsoe in „Joseph Smith - Der Wissenschaft voraus, 1908)

Wissenschaft 19. Jahrhundert:
- Gesetz von Ursache und Wirkung bekannt
- Teilweise war die Naturbeschreibung noch von Mythen und Vermutungen geprägt

Wissenschaft heute:
- Die Natur und das Verhalten der Materie und der Energie wird vollständig durch Gesetze beschrieben

Thema: Energieerhaltung

Kirche Jesu Christi:
- Es kann nichts aus dem Nichts erschaffen werden (L&B 93:29)
- Die Elemente sind ewig (L&B 93:33)
- Alle Dinge sind Materie, unstoffliche Materie gibt es nicht (L&B 131:7,8)

- Materie und Intelligenzen können nicht erschaffen werden
- Alle Schöpfungen sind ewig (KP: Mose 7:31)
- Joseph Smith erklärte darüber hinaus, dass die stoffliche Welt ewige Wurzeln habe. Damit wies er das Konzept einer Schöpfung ex nihilo[105] vollkommen zurück. 1839 sagte er in einer Predigt:" Erde, Wasser usw. – all dies existierte in einem elementaren Zustand von Ewigkeit her." Gott schuf das Universum aus bereits vorhandenen Elementen. (Joseph Smith, Ansprache vor dem 8. August 1839, in Andrew F. Ehat and Lyndon W. Cook, Hg. The words of Joseph Smith: The contemporary Accounts of the Nauvoo Discourses of the Prophet Joseph, 1980, Seite 9)
- Gerhard May, Schöpfung aus dem Nichts: Die Entstehung der Lehre von der creatio ex nihilo, 1978 (Idee entstanden im 2. Jahrhundert)

Wissenschaft 19. Jahrhundert:
- Erscheinungsformen von Materie und Energie können sich ändern
- Erschaffung aus dem Nichts war Lehrmeinung

Wissenschaft heute:
- Energie und Materie sind äquivalent, sie können in Grenzen ineinander übergeführt werden
- Erschaffung aus dem Nichts wird kontrovers diskutiert, wobei das „Nichts" in der Quantenfeldtheorie Eigenschaften des Vakuums sind (also nicht wirklich ein „Nichts"
- Energieerhaltung gilt weitestgehend. Sie hängt ab von der Invarianz der physikalischen Gesetze gegenüber Zeitverschiebung (Noether-Theorem)

Thema: Raum und Zeit

Kirche Jesu Christi:
- Zeit verläuft unterschiedlich: in unserem Universum anders als im Reich Gottes (L&B 88:110)

---

[105] Creatio ex nihilo: Schöpfung aus dem Nichts

- Zeit ist geprägt durch die Umlaufbahnen in unserem Sonnensystem
  (L&B 88:42-44, KP: Abraham 3:4-10)
- Zeit ist nur den Menschen gegeben (BM: Alma 40:8)
- Es gibt keine Räume ohne Reiche und umgekehrt (L&B 88:37)
- Die Welt (das Universum) wurde durch Gott erschaffen und mit ihm Zeit
  und Raum (KP: Mose 1:33)
- Ewigkeit hat keinen Anfang und kein Ende (KP: Abraham 4:18)

Wissenschaft 19. Jahrhundert:
- Zeit und Raum sind absolut, unveränderliche Größen für das ganze Universum. Sie sind ewig
- Das Universum ist ewig und unveränderlich

Wissenschaft heute:
- Zeit und Raum sind relativ, sie hängen von äußeren Bedingungen ab
- Es gibt Situationen, in denen Zeit aufhört zu existieren
- Das Universum ist nicht ewig, es hatte einen Anfang

Thema: Universum

Kirche Jesu Christi:
- Erschaffung von Welten ohne Zahl (KP: Mose 1:33, KP: Mose 7:30)
- Sterne und Planeten sind vergänglich (KP: Mose 1:38)
- Sterne und Planeten sind dauernd in Bewegung (L&B 88:42-45; L&B
  121:30,31)
- Von Gott und durch Gott wurde die Welten erschaffen (L&B 76:24)

Wissenschaft 19. Jahrhundert:
- Es gibt ein statisches Universum
- Fixsterne sind unveränderlich, sie existieren ewig
- Das Universum existiert ewig

- Nur die Sonne und die Planeten unseres Sonnensystems waren bekannt, es gibt nur eine Erde

Wissenschaft heute:
- Das Universum hatte einen Anfang
- Es wurde nicht aus Nichts erschaffen (Quantenfluktuationen)
- Sterne werden geboren und vergehen, alles ist ein dynamischer Vorgang
- Die Bewegung der Himmelskörper ist charakteristisch für das Universum
- Das Universum expandiert
- Nach neuesten Beobachtungen gibt es allein in unserer Milchstraße 150 Millionen Planeten in habitablen Zonen

Thema: Teilchen und Kräfte

Kirche Jesu Christi:
- Es gibt eine Urkraft
- Das Licht Christi durchdringt das gesamte Universum (L&B 88:12)
- Das Licht Christi ist das Gesetz und Macht der Himmelskörper (L&B 88:7-10)
- Die Gesetze des Himmels sind durch ihn (L&B 88:42-44)

Wissenschaft 19. Jahrhundert:
- Atome und Moleküle sind bekannt
- Von den Kräften sind die elektromagnetische Kraft und die Gravitation bekannt
- Es gibt keine Vereinheitlichung der Kräfte

Wissenschaft heute:
- Drei der vier verschiedenen Kräfte lassen sich auf eine Grundkraft zurückführen

- An der Vereinheitlichung mit der Gravitation wird gearbeitet, es wird aber erwartet, dass sich alle Kräfte auf eine Grundkraft zurückführen lassen.
- Das Standardmodell der Elementarteilchen ist vollständig
- Von der dunklen Materie und der dunklen Energie sind nur die Auswirkungen sehr gut bekannt, aber das Wesen dieser Energien/Materie ist vollkommen fremd
- Das Universum ist durchdrungen von Quantenfeldern

Thema: Der Äther

Kirche Jesu Christi:
- Das Licht Christi durchdringt das gesamte Universum, es ist das Gesetz der Materie nach dem sich alles bewegt und es ist die Macht, wodurch alles erschaffen wurde (L&B 88:7,12)

Wissenschaft 19. Jahrhundert:
- Der Äther ist das allumfassende Medium, in dem sich alle Lichtwellen und elektromagnetischen Wellen bewegen

Wissenschaft heute:
- Einen Äther, der das gesamte Universum durchdringt, gibt es nicht. Es wurde experimentell nachgewiesen, dass er nicht existiert. Er ist auch nicht erforderlich zur Erklärung der Ausbreitung des Lichts im Vakuum

Thema: Die Erde

Kirche Jesu Christi:
- Die Erde wurde in sechs Zeiträumen erschaffen (KP: Abraham 4,5)

- Sie wurde aus vorhandenem Material aufgebaut (KP: Abraham 3:24)
- Die Erde ist mehrere hundert Millionen Jahre alt (John A. Widtsoe)

Wissenschaft 19. Jahrhundert:

- Die Erde ist viele Millionen Jahre alt. Berechnet aus geologischen Strukturen

Wissenschaft heute:

- Die Erde ist etwa 4.5 Milliarden Jahre alt. Nachgewiesen aus radiometrischen Untersuchungen der ältesten Gesteinsformationen. Ähnliche Ergebnisse erhielt man aus der Altersbestimmung von Mondgestein (aus Apollo-Missionen der NASA) und von Meteoriten aus der Frühzeit des Sonnensystems
- Die Erde entstand aus Material, dass in vielen Generationen vergangener Sonnen erzeugt wurde.

Thema: Das Licht

Kirche Jesu Christi:

- Das Licht ist das Gesetz, wodurch alles regiert wird (L&B 88:13)
- Das Licht ist die Macht wodurch alles gemacht und regiert wird (L&B 88:7-10)

Wissenschaft 19. Jahrhundert:

- Licht ist eine elektromagnetische Welle, die zur Fortbewegung den Äther benötigt
- Die Lichtgeschwindigkeit ist begrenzt

Wissenschaft heute:

- Das physikalische Licht ist eines der Grundbausteine der Natur, vielleicht sogar der wichtigste. Es ist weit mehr als das Licht, das uns scheint, wodurch wir sehen können und dass unsere Augen erleuchtet. Es verknüpft Raum und Zeit miteinander, es beschreibt das Verhältnis zwischen Materie und Energie, über die Lichtgeschwindigkeit ist es verknüpft mit den Eigenschaften des Raumes, es hat eine endliche Ausbreitungsgeschwindigkeit und verknüpft dadurch Ursache und Wirkung. Da das Licht sich mit Lichtgeschwindigkeit bewegt, vergeht für das Licht keine Zeit.

- Das Licht ist das Gesetz: Es ist das Wechselwirkungsteilchen der elektromagnetischen Kraft

Anhang 2: Definitionen von Begriffen aus den Heiligen Schriften

In den Heiligen Schriften haben die Begriffe Erde, Welt, Welten, Himmel und Universum in verschiedenen Zusammenhängen unterschiedliche Bedeutungen. Es ist daher nicht vermeidbar, die in diesem Buch verwendete Nomenklatur eindeutig festzulegen, um Mehrdeutigkeiten vermeiden zu helfen.

Erde: Der Planet, auf dem wir leben

Welt (Singular): Der Begriff Welt wird als Synonym für den Begriff Erde verwendet.

KP: Mose 1:7,8 „Und nun siehe, dieses eine zeige ich dir, Mose, mein Sohn, denn du bist in der Welt, und nun zeige ich es dir. Und es begab sich, Mose schaute und sah die Welt, auf der er geschaffen worden war; und Mose sah die Welt und ihre Enden sowie alle Menschenkinder"

KP: Mose 7:4 „und ich werde dir die Welt für den Zeitraum vieler Generationen zeigen"

Welten (Plural): Bewohnte, bzw. bewohnbare Planeten, wie die Erde

KP: Mose 1:33 „Und Welten ohne Zahl habe ich erschaffen; und ich habe sie ebenfalls für meinen eigenen Zweck erschaffen; und durch den Sohn habe ich sie erschaffen, nämlich meinen Einziggezeugten"

KP: Mose 1:35 „Aber nur von dieser Erde und ihren Bewohnern gebe ich dir Bericht. Denn siehe, es gibt viele Welten, die durch das Wort meiner Macht vergangen sind. Und es gibt viele, die jetzt bestehen, und unzählbar sind sie für den Menschen; aber mir sind alle Dinge gezählt, denn sie sind mein, und ich kenne sie"

L&B 76:24 „das von ihm und durch ihn und aus ihm die Welten erschaffen werden und wurden, und deren Bewohner sind für Gott gezeugte Söhne und Töchter"

Himmel (Singular)   Der Begriff Himmel (Singular) wird in den Heiligen Schriften für zwei verschiedene Bedeutungen verwendet.

- **Der physikalische Himmel über uns**

L&B 76:109 „Aber siehe, ja siehe, wir sahen die Herrlichkeit und die Bewohner der telestialen Welt, dass sie so unzählbar waren wie die Sterne am Firmament des Himmels"

NT: Offenbarung 11:6 „Der Himmel war verschlossen, so dass kein Regen fiel"

- **Der Wohnort Gottes**

L&B 76 Vorwort „so muss der Begriff ‚Himmel', wie er für die ewige Heimat der Heiligen vorgesehen ist, mehr als nur ein einziges Reich einschließen"

L&B 76:68 „Das sind diejenigen, deren Namen im Himmel aufgeschrieben sind".

L&B 121:36 „dass die Rechte des Priestertums untrennbar mit den Mächten des Himmels verbunden sind".

NT: Phil 3:20 „Unsere Heimat aber ist im Himmel"

Die Himmel (Plural):   Der Begriff Himmel (Plural: die Himmel) wird in den Heiligen Schriften meistens für die verschiedenen Reiche der Herrlichkeit verwendet

NT: 2. Kor. 12:2 „Ich kenne jemand, einen Diener Christi, der bis in den 3.Himmel entrückt wurde"

NT: Hebr 1:10 „die Himmel sind das Werk deiner Hände"

NT: **Eph 4:10** „Derselbe, der herabstieg, ist auch hinaufgestiegen bis zum höchsten Himmel"

L&B 110:11 „Nachdem diese Vision zu Ende war, öffneten sich uns die Himmel abermals."

L&B 131:1 „In der celestialen Herrlichkeit gibt es drei Himmel oder Grade"

L&B 137:1 „Die Himmel öffneten sich uns, und ich schaute das celestiale Reich"

Universum: **Der Begriff Universum kommt in den Heiligen Schriften nicht direkt vor. Er wird aber an mehreren Stellen im Schriftenführer (SF) und auch in Ansprachen auf Generalkonferenzen erwähnt.**

SF Abraham: „Abraham 3 berichtet, dass Abraham das Universum schaute"

SF Gott, Gottheit: „Gott, der Vater, ist der oberste Herrscher des Universums"

SF Intelligenz: „Sie ist das Licht der Wahrheit, das allem im Universum Licht und Leben gibt"

Ansprache Dallin H. Oaks, April 2017, „Die Gottheit und der Erlösungsplan"

„Er ist der Vater, der allmächtige Elohim, das höchste Wesen, der Schöpfer und Herrscher des Universums"

Ansprache Jeffrey R. Holland, Okt. 2019

„Mit einer ungeahnten und unerwarteten Sehkraft erblickte Joseph in einer Vision seinen himmlischen Vaters, den großen Gott des Universums und Jesus Christus, dessen vollkommenen einziggezeugten Sohn"

Anhang 3: Definition astronomischer Begriffe

In diesem Buch werden Begriffe aus der Astronomie/Kosmologie verwendet, deren Bedeutungen zum gemeinsamen Verständnis hier kurz zusammengefasst werden.

Lichtgeschwindigkeit:

Die Lichtgeschwindigkeit ist eine der zentralen und wichtigsten Größen unseres Universums. Sie beträgt etwa 300.000 km/Sekunde und kann grundsätzlich niemals übertroffen werden. Sie stellt damit die absolute Obergrenze für Geschwindigkeiten im Weltraum dar. Nur masselose Teilchen, wie das Photon, auch Lichtteilchen genannt, bewegen sich mit Lichtgeschwindigkeit. Massebehaftete Teilchen, wie das Proton oder das Neutron können sich niemals mit Lichtgeschwindigkeit bewegen. Deswegen können zum Beispiel auch Raketen niemals die Lichtgeschwindigkeit erreichen.

Lichtjahr:

Da die Entfernungen im astronomischen Maßstab extrem groß sind, werden sie nicht mehr in Kilometer angegeben, sondern in Einheiten, die das Licht in einer bestimmten Zeit zurücklegt. Die Entfernung zur Sonne beträgt etwa 150 Millionen Kilometer. Das Licht braucht für diese Strecke etwa 8 Minuten. Der Abstand zur Sonne beträgt daher 8 Lichtminuten. Der nächste Stern, Proxima Centauri, hat einen Abstand von etwa 4 Lichtjahren. Das Licht ist daher 4 Jahre unterwegs, bis es bei uns ankommt. Aber dies ist nur unsere allernächste kosmische Nachbarschaft. Die nächste größere Galaxie, die Andromeda Galaxie, ist schon 2,5 Millionen Lichtjahre von uns entfernt. Die bisher am weitesten von uns entfernten Galaxien haben einen Abstand von etwa 40 Milliarden Lichtjahren.

Sterne:

Ein Stern ist ein selbstleuchtendes Objekt, das im Wesentlichen aus Wasserstoff- und Heliumgas besteht. Seine Strahlungsenergie bezieht ein Stern aus Kernfusionsprozessen, bei denen Wasserstoff in Helium umgewandelt wird. Unsere Sonne ist ein relativ kleiner Stern mit einer Oberflächentemperatur von etwa 5800 Grad und einer Kerntemperatur von ca. 15 Millionen Grad. Diese Temperatur ist auch notwendig, um die Kernfusion im Innern ablaufen zu lassen. Die Sonne hat einen Durchmesser von etwa 1 Million km und eine berechnete Lebenszeit von etwa 8 Milliarden Jahren, bevor ihr Kernbrennstoff verbraucht ist. Sie wandelt pro Sekunde 564 Millionen Tonnen Wasserstoff (H) in 560 Millionen Tonnen Helium (He) um. Die Differenz von 4 Millionen Tonnen Materie wird in Form von Strahlung, bzw. Wärme abgestrahlt. Wegen ihrer großen Entfernung zur Erde sehen wir, bis auf die Sonne, alle anderen Sterne nur als punktförmige Objekte am Himmel.

Planeten:

Planeten sind nichtleuchtende Objekte, die die Sterne dauerhaft auf elliptischen Bahnen umkreisen und meistens mit ihnen auch gemeinsam entstanden sind. In unserem Sonnensystem unterscheiden wir die Gesteins- oder erdähnlichen Planeten Merkur, Venus, Erde und Mars, von den großen Gasplaneten Jupiter, Saturn, Uranus und Neptun, die teilweise aus gefrorenem Eis (Methaneis) bestehen. Die Planeten Merkur, Venus, Mars, Jupiter und Saturn können wir am Nachthimmel teilweise als sehr hell leuchtende kleine Scheibchen erkennen, und dies nicht, weil sie selbst leuchten, sondern weil sie von der Sonne angestrahlt werden. Ein Planet befindet sich in einer sogenannten habitablen Zone, wenn auf ihm flüssiges Wasser existieren könnte, was eine unabdingbare Voraussetzung für Leben ist.

Galaxie:

Eine Galaxie ist eine Ansammlung von Sternen, Planeten und interstellarer Materie (zum Beispiel Wolken aus Wasserstoffgas oder Staub), die durch gravitative Anziehung zusammengehalten werden. Eine durchschnittlich große Galaxie besteht aus etwa 100-200 Milliarden Sternen bei einem Durchmesser von etwa 100.000 Lichtjahren. Sie treten in der Regel immer in großen Gruppen, den Galaxienhaufen, auf, die bis zu tausend Einzel-Galaxien enthalten können. Diese Galaxienhaufen sind die größten Strukturen im Universum, die gravitativ zusammengehalten werden. Unsere Milchstraße, auch Galaxis genannt, ist ein Beispiel für eine Galaxie.

Universum:

Andere häufig verwendete Begriffe für das Universum sind das Weltall oder der Kosmos. Das Universum enthält die Gesamtheit aller Materie und Energie, die zum Beispiel in Form von Sternen, Galaxien und Galaxienhaufen, aber auch dunkler Materie und dunkler Energie vorhanden ist. Mit dem Universum sind Raum und

Zeit entstanden. Das Universum und der zugehörige Raum sind untrennbar miteinander verbunden. Das eine existiert nicht ohne das andere. Unser Universum hatte vor etwa 13,8 Milliarden Jahre seinen Anfang und dehnt sich seitdem kontinuierlich aus. Die sichtbare Ausdehnung unseres Universums beträgt heute etwa 93 Milliarden Lichtjahre. Das Licht aus diesen Außenbereichen des Universums hatte gerade genügend Zeit uns zu erreichen. Die tatsächliche Größe ist jedoch nicht bekannt, dürfte aber um ein Vielfaches größer sein. Unser Universum enthält weit über 200 Milliarden Galaxien mit jeweils mehr als 100 Milliarden Sterne. Es wird geschätzt, dass in einer einzelnen Galaxie mehr als 100 Millionen Planeten in habitablen Zonen liegen, d.h. auf denen Leben möglich ist. Wahrlich Welten ohne Zahl. Der heutige Durchmesser des für uns sichtbaren Universums wird auf etwa 93 Milliarden Lichtjahre abgeschätzt. Ob es neben dem Universum, in dem wir leben, noch weitere eigenständige Universen gibt, ist Gegenstand theoretischer Untersuchungen. Wobei es sehr fraglich ist, ob die theoretischen Ergebnisse jemals experimentell überprüfen werden können.

Dunkle Materie:

Bereits in den 1930'er Jahren hat Fritz Zwicky[106], ein Schweizer Astronom, festgestellt, dass aufgrund der Eigenbewegungen der Galaxien eines Galaxienhaufen die Gesamtmasse um ein Vielfaches größer sein muss als die direkt sichtbare Materie, die aus direkt beobachtbaren Objekten, wie zum Beispiel alle Sterne und Gaswolken, besteht. Die dunkle Materie ist hingegen nicht sichtbar und macht sich ausschließlich durch gravitative Wechselwirkungen bemerkbar. Heute hat man die Wirkung der dunklen Materie an sehr vielen astronomischen Objekten sehr präzise messen können. Es ist sogar bekannt, wie sie im Universum verteilt ist. Es gibt ungefähr fünfmal mehr dunkle als sichtbare Materie. Was sich aber hinter der dunklen Materie tatsächlich verbirgt, ist uns bis heute nicht bekannt.

Dunkle Energie:

Aus Beobachtungen und den Ergebnissen der Einstein'schen Feldgleichungen ist bekannt, dass unser Universum expandiert, wobei die Stärke der Expansion aus der Gesamtmasse des Universums abgeleitet werden kann. Ende des 20.

---

[106] F. Zwicky: *On the Masses of Nebulae and of Clusters of Nebulae.* In: *Astrophysical Journal.* vol. 86, 1937, S. 217

Jahrhunderts haben zwei Gruppen von Astronomen unabhängig voneinander beobachtet, dass die Expansion des Universums nicht gleichmäßig erfolgt, sondern sogar stark beschleunigt abläuft und dies schon seit etwa 6 Milliarden Jahren. Da eine solche Beschleunigung immer auf einer Kraft und damit einer zugeführten Energie beruht, muss die für die beschleunigte Expansion verantwortliche Energie extrem groß sein. Beschleunigt sie doch das gesamte Universum mit seinen Milliarden Galaxien und damit auch den Raum selbst. Da man das Wesen und den Ursprung der dunklen Energie bis heute nicht kennt, hat man sie dunkle Energie genannt. Man weiß aber ziemlich genau, wieviel dunkle Energie es geben muss, um die gemessene Beschleunigung zu bewirken. Etwa 68% der Gesamtenergie des Universums besteht heute aus dunkler Energie.

Die Entschlüsselung der dunklen Energie und der dunklen Materie gehört heute zu den drängendsten Aufgaben der Physik und Astronomie.

Eine Erklärung der beschleunigten Expansion des Universums könnte darin liegen, dass unser Universum in einem höher-dimensionalen Raum, physikalisch gesprochen einem Hyperraum, eingebettet ist. Dieser Hyperraum wäre gleichbedeutend mit dem Reich Gottes, indem die Zeit nicht mehr vergeht. In dem Kapitel 5.3 wurde beschrieben, dass die Materie/Energie immer dahin strebt, wo die Zeit am langsamsten vergeht. Wenn jetzt unser Universum an jedem Punkt an den Hyperraum angrenzt und dort die Zeit nicht vergeht, dann würde unser Universum immer stärker vom Hyperraum angezogen werden. Wobei diese Anziehung umso größer ist, je größer unser Universum ist. Eine exponentielle Ausdehnung unseres Universums wäre die Folge davon.

Schwarze Löcher:

Ein Schwarzes Loch entsteht, wenn ein Stern seinen Brennstoff verbraucht hat und dann unter seinem Eigengewicht wegen der enorm starken Gravitation in sich zusammenfällt. Die Hülle des Sterns wird dann in einer Supernovae abgestoßen, während der Kern unter dem Einfluss der Gravitation soweit kollabiert, bis seine Masse auf ein extrem kleines Volumen konzentriert ist. Die Gravitation dieses kompakten Kerns ist dann dermaßen groß, dass nicht einmal Licht mehr entweichen kann. Deswegen sind Schwarze Löcher auch grundsätzlich nicht sichtbar, aber wir erkennen sie an ihrer gravitativen Wechselwirkung. Ein hypothetisches Schwarzes Loch mit der Masse unserer Sonne (unsere Sonne hat immerhin einen

Durchmesser von 1 Millionen km), hätte dann einen Durchmesser von weniger als 6 km. Man vermutet, dass sich im Kern einer jeden Galaxie ein riesiges Schwarze Loch befindet. In unserer Milchstraße gibt es ein solches Schwarze Loch mit einer Gesamtmasse von 4,1 Millionen Sonnenmassen. Obwohl wir dieses Schwarze Loch in unserer Milchstraße nicht direkt sehen können, kann man aber einzelne Sterne beobachten, die dieses Schwarze Loch mit einer sehr hohen Geschwindigkeit umkreisen. Daraus lässt sich dann die Masse des Schwarzen Lochs einfach berechnen.

Das Standardmodell der Elementarteilchenphysik:

Alle Materie in unserem Universum ist aus sehr wenigen verschiedenen Elementarteilchenarten und die zwischen ihnen wirkenden Kräfte aufgebaut. Die Elementarteilchen zeichnen sich dadurch aus, dass sie nicht aus kleineren Teilchen zusammengesetzt sind. Im Standardmodell der Elementarteilchenphysik sind diese Teilchenarten und ihre zugehörigen Kräfte, die auch durch Teilchen vermittelt werden, zusammengefasst. Der Aufbau der gesamten Natur ähnelt damit einem Baukasten mit nur sehr wenigen Grundbausteinen, aus denen man aber durch die unterschiedlichsten Kombinationen dieser verschiedenen Bausteine beinahe unendlich viele verschiedene Strukturen mit den vielfältigsten Eigenschaften aufbauen kann. Genauso wie es gebraucht wird um Welten ohne Zahl zu erschaffen.

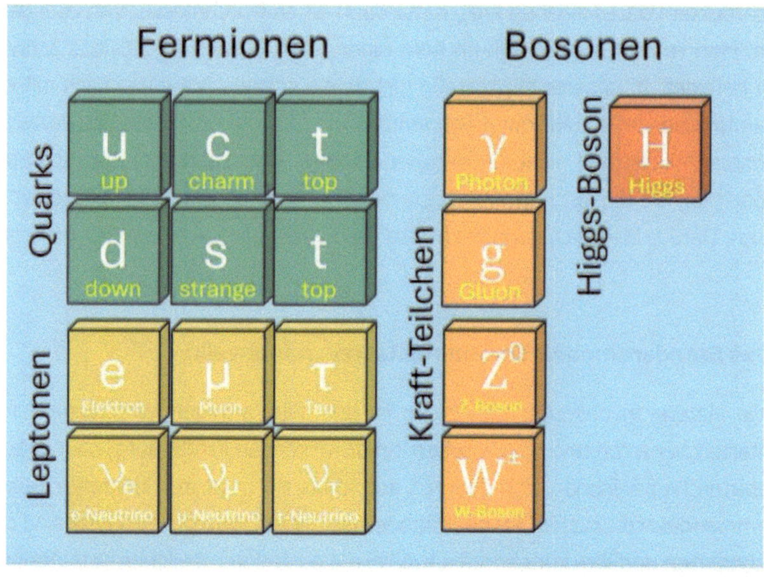

Abbildung 23   *©Rainer Graumann*

Standardmodell der Elementarteilchenphysik.

Die Elementarteilchen lassen sich ihren Aufgaben entsprechend in zwei Gruppen einordnen. Zum einen gibt es die sogenannten Fermionen, die die Grundbausteine der Materie bilden. Alle Materie von den kleinsten Atomen bis zu den größten Galaxien sind aus diesen Fermionen aufgebaut. Aber die Fermionen allein können die Materie nicht bilden, es werden noch die Kräfte benötigt, die die Struktur der Materie und ihre Eigenschaften festlegen. Diese Kräfte werden durch Teilchen vermittelt, die wir Bosonen nennen.

Kommen wir zuerst zu den Materiebauteilen, den Fermionen. Die Fermionen unterteilen sich in zwei Gruppen: den Quarks und den Leptonen. Beispielsweise sind die bekannten Protonen und Neutronen aus Quarks aufgebaut. Ein Proton besteht aus 2 up-Quarks und einem d-Quark, während das neutrale Neutron aus einem up-Quark und 2 down-Quarks zusammengesetzt ist. Bekannteste Vertreter der Leptonen sind die Elektronen.

Es gibt insgesamt 6 verschiedene Arten von Quarks und 6 unterschiedliche Leptonen. Es gibt daher 12 verschiedene Typen von Fermionen, aus denen die gesamte Welt aufgebaut ist.

Erstaunlicherweise werden aber zur Bildung der uns umgebenden Welt tatsächlich nur zwei Quarktypen, sowie das Elektron und das sogenannte Neutrino, also tatsächlich nur vier fundamentale Teilchen, benötigt. Alle weiteren Teilchen lassen sich nur experimentell oder in hochenergetischen Prozessen im Universum erzeugen. Welche Rolle diese scheinbar „überflüssigen" Teilchenarten in der Natur spielen ist bisher nicht bekannt.

Im zweiten Teil sprechen wir jetzt über die Wechselwirkungsteilchen. Wie oben bereits angedeutet werden Kräfte ebenfalls durch Teilchen vermittelt, die wir Bosonen nennen. Wobei jede einzelne fundamentale Kraft durch ein oder mehrere solcher Wechselwirkungsteilchen bewirkt wird.

Es gibt nur vier verschiedene Kräfte, die zwischen den Elementarteilchen wirken und die für die unterschiedlichen physikalischen Effekte verantwortlich sind, andere Kräfte gibt es nicht

- Die Elektromagnetische Kraft ist verantwortlich für alle elektrischen und magnetischen Wechselwirkungen
- die Schwache Wechselwirkung ist die Grundlage für alle radioaktiven Prozesse und damit für die Umwandlung von Atomkernen
- die Starke Wechselwirkung hingegen ist verantwortlich für die Entstehung stabiler Atomkerne und damit ist sie unabdingbar für die Bildung aller chemischen Elemente
- die Gravitation

Das Wechselwirkungsteilchen der elektromagnetischen Kraft ist das Photon (γ) oder auch das Lichtteilchen. Die schwache Wechselwirkungskraft wird vermittelt durch drei Bosonen mit den Namen W^+, W^- und Z^0. Die starke Wechselwirkungskraft wird bewirkt durch 8 verschiedene Gluonen, die die Quarks zusammenhalten, damit daraus zusammengesetzte Teilchen wie das Proton entstehen können. Wegen der besonderen Eigenschaften der Quarks, kann man sie niemals als einzelnes Teilchen beobachten, sondern nur die aus ihnen gebildeten Teilchen, wie das Proton oder das Neutron.

Damit haben wir insgesamt 12 Bosonen (γ, W^+, W^-, Z^0 und 8 verschiedene Gluonen), plus dem 2012 entdeckten Higgs-Boson, das für die Massen der Elementarteilchen verantwortlich ist.

In Summe kommen wir auf lediglich 25 verschiedene Grundtypen von Elementarteilchen, aus denen alle Materie und alle Kräfte des gesamten Universums aufgebaut sind: 12 Fermionen, 12 Bosonen und das Higgs-Boson.

Eine Sonderrolle spielt dabei die Gravitation. Dieser Kraft ist kein Teilchen zugeordnet, da die Gravitation letztlich eine Eigenschaft der Raum-Zeit ist und daher kein Wechselwirkungsteilchen vorhanden ist.

Danksagung

Mein ganz besonderer Dank geht an meinen Verleger der ersten Ausgabe dieses Buches, Erwin Roth. Er hat mich vom ersten Augenblick an begleitet und inspiriert. Er hat mich dazu ermuntert meine Gedanken niederzuschreiben und immer darauf hingewirkt, dass das Buch inhaltlich weit über das hinausgegangen ist, was ich mir ursprünglich vorgestellt habe.

Einen wichtigen Anstoß zu diesem Buch hat mir Dr. Herbert Bruder gegeben. In den von uns scherzhaft so genannten „philosophischen Gesprächen" plauderten wir häufiger über viele interessante wissenschaftliche und religiöse Bereiche, denen auch einige in diesem Buch behandelte Themen entwachsen sind.

Ich danke auch meiner lieben Frau Regina. Sie hat mich immer wieder liebevoll ermuntert weiterzugehen, und dabei kontinuierlich an der Ausgestaltung des Textes mitgewirkt. Sie hat maßgeblich dazu beigetragen, dass ich mich nicht häufiger im Dickicht der wissenschaftlichen Details verirrt habe, so dass das Buch auch für Nichtwissenschaftler lesbar geblieben ist.